物联网技术系列丛书

普通高等教育"十三五"应用型人才培养规划教材

物联网通信技术

主　　编　　张元斌　　杨月红
　　　　　　曾宝国　　瞿国庆

副主编　　徐晓珊　　都妍美
　　　　　　刘　阳　　杜艳花

参　　编　　刘　晓

西南交通大学出版社
·成都·

内容简介

本书由院校与企业联合编写，遵循以工作任务为导向的课程设计思路，以智能环卫监管平台项目作为课程建设平台，通过分析项目中数据传输所采用的物联网通信技术，全面、系统地介绍了物联网通信技术的基本概念、原理和体系结构，并基于工作任务开发出相应的教学案例和典型应用。

全书包括概述和 7 个项目。概述部分主要讲解通信技术的基本概念与智能环卫监管系统整体设计；项目 1 是车载智能网关串口通信设计与实施；项目 2 是 RFID 智能定位与管理子系统设计与实施；项目 3 是 WSN 环境报警子系统设计与实施；项目 4 是网络数据传输子系统设计与实施；项目 5 是 GPS 车辆智能跟踪管理子系统设计与实施；项目 6 是车载蓝牙通信子系统设计与实施；项目 7 是远程数据传输子系统设计与实施。

本书紧跟社会发展需要，以就业为导向，遵循技能人才成长和职业发展规律，能够满足学生的职业生涯发展需要。本书内容丰富，可操作性强，适用范围广泛，适合作为各类职业院校物联网应用技术及相关专业的教材，也可作为广大物联网爱好者的自学参考用书。

图书在版编目（ＣＩＰ）数据

物联网通信技术 / 张元斌等主编. —成都：西南
交通大学出版社，2018.9

（物联网技术系列丛书）

普通高等教育"十三五"应用型人才培养规划教材

ISBN 978-7-5643-6437-3

Ⅰ. ①物… Ⅱ. ①张… Ⅲ. ①互联网络 – 应用 – 高等
学校 – 教材②智能技术 – 应用 – 高等学校 – 教材　Ⅳ.
①TP393.4②TP18

中国版本图书馆 CIP 数据核字（2018）第 211694 号

物联网技术系列丛书

普通高等教育"十三五"应用型人才培养规划教材

物联网通信技术

主　编	张元斌　杨月红	责任编辑／穆　丰
	曾宝国　瞿国庆	封面设计／何东琳设计工作室

西南交通大学出版社出版发行

（四川省成都市二环路北一段 111 号西南交通大学创新大厦 21 楼　610031）

发行部电话：028-87600564　　028-87600533

网址：http://www.xnjdcbs.com

印刷：成都中永印务有限责任公司

成品尺寸　185 mm×260 mm

印张　16.5　　字数　414 千

版次　2018 年 9 月第 1 版　　印次　2018 年 9 月第 1 次

书号　ISBN 978-7-5643-6437-3

定价　39.80 元

课件咨询电话：028-87600533

前　言

物联网是国家战略性新兴产业中信息产业发展的核心领域，将对国民经济发展发挥重要作用。目前，物联网是全球研究的热点问题，许多国家都把物联网的发展提到了国家级的战略高度，被称为继计算机、互联网之后，世界信息产业的第三次浪潮。新技术发展需要大批专业技术人才。为适应国家战略性新兴产业发展需要，加大物联网领域高级专门人才培养力度，许多高校利用已有的研究基础和教学条件，设置物联网工程技术相关专业，或修订人才培养计划，推进课程体系、教学内容、教学方法的改革和创新，以满足新兴产业发展对物联网技术人才的迫切需求。

物联网应用技术专业是新兴专业，开设物联网专业的院校逐年增加，从事该行业的企业和技术人员越来越多，但在教材建设方面严重滞后于专业发展，主要表现在教材编写缺少企业参与，内容偏重理论，与企业实际项目结合较少，远离职业工作环境。

本书由院校与企业联合编写，遵循以工作项目为导向的课程设计思路，理论联系实际，通过智能环卫监管平台项目作为课程建设平台，通过分析项目中数据传输所采用的物联网通信技术，全面、系统地介绍了物联网通信技术的基本概念、原理和体系结构，基于企业项目分解出工作任务，并根据工作任务开发出教学案例，完成了工作领域向教学领域的转化，实现了企业岗位技能需求与学校课程教学设计的有效融合。

物联网的发展得益于通信的发展，尤其是无线通信的发展。物联网通信技术让具有智能的物体在局域或者广域范围内实现信息可靠传递，让分处不同地域的物体能够协同工作。本书围绕物联网通信技术展开，主要讲授数据通信技术的概念、物联网中的近距离无线通信技术和远距离通信技术的基本概念、基本原理、技术特点和应用开发等，内容包括 RFID（射频识别技术）、ZigBee、Bluetooth（蓝牙）、网络通信（Socket 套接字技术）、串口通信、GPS定位技术和移动通信技术。全书共分 8 个部分，包括概述和 7 个分解项目，主要内容如下：

概述　通信技术背景知识与智能环卫监管系统整体设计。本章主要介绍了通信的基本概念和通信的发展史，重点介绍了通信系统的组成、数据传输方式、A/D（模数）转换、调制与解调以及电磁波的传播特性。在本章的最后介绍了智能环卫监管系统的系统架构。

项目 1　车载智能网关串口通信设计与实施。串口通信是物联网应用系统开发中最重要的一个通信接口，本章介绍了串口和串口通信的基本知识以及串口参数设置，在项目实施中实现了网关和 PC 端的稳定串口通信，通过编写串口通信程序，实现串口数据的发送和接收。

项目 2　RFID 智能定位与管理子系统设计与实施。本章介绍了 RFID 电子标签、读写器和 EPC 技术，在项目实施中，使用 RFID 超高频阅读器查询标签 EPC 与序列号等，同时完成对标签的读、写和擦除操作。

项目 3　WSN 环境报警子系统设计与实施。本章主要介绍了 ZigBee 通信技术，利用ZigBee通信技术将环卫车内温湿度光照、烟雾、热释电红外等传感器设备检测数据上传至协调器，协调器再通过串口线发送给网关。在项目实施中学习 ZigBee 协议栈的配置、烧写和组网过程，实现传感器数据的传输。

项目 4　网络数据传输子系统设计与实施。本章主要介绍了计算机网络，重点介绍了WLAN（无线局域网）和 TCP/IP 核心协议，以及 Socket（套接字）通信原理，在项目实施中实现了 Windows 下基于 TCP 和 UDP 协议的 Socket 编程，通过 Socket 实现传感数据的远距离传输。

项目 5　GPS 车辆智能跟踪管理子系统设计与实施。本章介绍了卫星通信技术和 GPS 定位的基本原理，在项目实施中学习使用 GPS 模块，通过串口获取 GPS 数据，并对数据进行解析，从数据包中获取经纬度、速度、当前时间、方位角等信息。

项目 6　车载蓝牙通信子系统设计与实施。本章主要介绍了蓝牙通信的基本原理和主要标准，在项目实施环节学习使用 AT 指令设置蓝牙模块工作状态，实现手机与蓝牙模块的匹配和数据传输。

项目 7　远程数据传输子系统设计与实施。本章介绍了移动通信的基本原理、系统组成和编号计划，项目实施中学习使用 3G DTU 模块，通过该模块接入 3G 网络，实现远距离数据传输。

本书由张元斌、杨月红、曾宝国、瞿国庆担任主编，徐晓珊、都妍美、刘阳、杜艳花担任副主编，刘晓担任参编。感谢青岛山科智汇信息科技有限公司提供了项目案例，基于该项目案例，双方合作，共同完成了教学案例开发。

由于编者水平有限，物联网通信技术的发展日新月异，书中难免有疏漏之处，敬请各位读者原谅和指正，以便进一步完善和进步。

编　者

2018 年 4 月

目　录

0　概述　通信技术背景知识与智能
环卫监管系统整体设计

0.1　通信的基本概念

0.1.1　什么是通信——广义上的通信

通信（Communication），是指人与人或人与自然之间通过某种行为或媒介进行的信息交流与传递，从广义上指需要信息的双方或多方在不违背各自意愿的情况下采用任意方法、任意媒质，将信息从某一方准确安全地传送到另一方的过程。

人类社会建立在信息交流的基础上，通信是推动人类社会文明进步与发展的巨大动力。从远古时代到现代文明社会，人类社会的各种活动都与通信密切相关。

在中国古代，人们因为生产生活的需要，活动区域不断增加，逐渐延展了通信的距离，人类通过身体语言、眼神、触碰、符号、烽火报警、驿站、飞鸽传书等方式进行信息传递。这些通信系统所展示的智慧毋庸置疑，但是它们也明显存在成本、及时性、传递范围、安全性等多方面的问题。人们一直希望能有一种通信方式，能传播千里，覆盖神州的每一个角落；能传播迅速，如雷鸣闪电一样快，并把这种愿望幻化成了神话，那就是"千里眼"和"顺风耳"。可惜的是，人们一直没有找到这样的通信方式，远方的亲人要通信，依然不得不采用走驿站或者托人转寄这种高成本的方式。高昂的成本、低效的信息传递造成音讯阻隔，亲人们相思难了，因此杜甫不禁在《春望》中写道"烽火连三月，家书抵万金"，来抒发这种无奈和感慨。

人们梦想中的通信方式直到 1864 年才初现端倪，在这一年里，麦克斯韦预言了世界上存在这样一种东西：存在于广袤的天地之间，能以光速传播，这就是电磁波。麦克斯韦通过方程组完美地描述了电场和磁场的行为。在麦克斯韦方程组中，电场和磁场已经成为一个不可分割的整体：变化的磁场可以激发涡旋电场，变化的电场可以激发涡旋磁场，电场和磁场不是彼此孤立的，它们相互联系、相互激发组成一个统一的电磁场，这就是电磁波的形成原理。

直到 1887 年，赫兹通过实验证实了麦克斯韦关于电磁波存在的预言，一个崭新的电磁世界的大门才向人们打开。

随着现代科学水平的飞速发展，相继出现了无线电、固定电话、移动电话、互联网和视频电话等各种通信方式。通信已渗透到社会各个领域，各种通信产品随处可见，已成为现代文明的标志之一。通信技术拉近了人与人之间的距离，提高了生产的效率，深刻地改变了人类的生活方式和社会面貌。

0.1.2 电信与通信——狭义上的通信

从广义上来讲，只要存在信息的交换就属于通信，古代的烽火台、击鼓、旗语、信鸽，现代的邮政通信、电报、电话、快信、短信、E-MAIL 等都属于通信，包括我们日常的语言交流都属于通信的范畴。

当人类掌握了电的知识后，开始研究利用电来实现远距离通信的方法。1837 年，莫尔斯发明了莫尔斯电报，开始了电信通信，1895 年，马可尼发明无线电报机，人类正式进入无线通信时代。电信具有迅速、准确、可靠等特点，且几乎不受时间、地点、空间、距离的限制，因此得到了飞速的发展和广泛的应用。

电信的英文是"Telecommunication"，国际电信联盟对电信的定义是："电信"是指利用有线电、无线电、光电系统或其他电磁系统，传输、发射、接收或者处理语音、文字、数据、图像以及其他形式信息的活动。按照这个定义，凡是发信者利用任何电磁系统，包括有线电信系统、无线电信系统、光学通信系统以及其他电磁系统，采用任何表示形式，包括符号、文字、声音、图像以及由这些形式组合而成的各种可视、可听或可用的信号，向一个或多个接收者发送信息的过程，都称为电信。它不仅包括电报、电话等传统电信媒体，也包括光纤通信、数据通信、卫星通信等现代电信媒体，不仅包括上述双向传送信息的媒体，也包括广播、电视等单向信息传播媒体。

因此可以说电信是通信的一种新的形式，但如今，在具体工作和实践中，人们常常将"通信"和"电信"混为一谈，不再加以区分，在自然科学中，"通信"与"电信"几乎是同义词。所以在本课程中也不再进行区分，但是各位同学要明白，本课程中所说的通信，均指电通信。

通信从本质上讲就是实现信息传递功能的一门科学技术，它要将有用的信息无失真、高效率地进行传输，同时还要在传输过程中将无用和有害的信息抑制掉。当今的通信不仅要有效地传递信息，而且还要有存储、处理、采集及显示等功能，通信已成为信息科学技术的一个重要组成部分。

0.1.3 消息、信息与信息量

在日常用语中，把关于人或事物情况的报道称为消息，常常又把消息中有意义的内容称为信息。而消息被认为是信息的物质表示方式，如果收信人对传给他的消息事前一无所知，而且对收信人特别重要，则这样的消息对收信者来说，会包括较多的信息；反之，收信者事前已知的消息就无任何信息可言。因此，信息可理解为消息中大家都感兴趣、重点关注的部分，也可理解为只有消息中大家都重点关注的内容才能构成信息。

消息与信息的关系：消息携带着信息，消息是信息的运载工具，消息是信息的表现形式，信息是消息的具体内容。

信息量是对消息中不确定性的度量，一个消息的可能性越小，其信息量越大；可能性越大，其信息量越小。即事件出现的概率小，不确定性越多，信息量就越大，反之越小。

0.1.4 信号与信道

大学的《信号与系统》《通信原理》等教材通篇讲解信号，那么什么叫信号？很简单，信号就是通信系统里承载的信息流，是消息的载体，运载消息的工具。从广义上讲，它包含光信号、声信号和电信号等。烽火台上燃起的狼烟就是代表入侵的信号；飞鸽传书时，鸽子腿上绑着的信里的一行行文字编码就是信号；当我们说话时，声波传递到他人的耳朵，使他人了解我们的意图，这属于声音信号；遨游太空的各种无线电波、四通八达的电话网中的电流等，都是通过电编码、电磁编码或光编码，用来向远方表达各种消息，这属于电信号。把消息变换成适合信道传输的物理量，如光信号、电信号、声信号和生物信号等，人们通过对光、声、电信号进行接收，才知道对方要表达的消息。

信号是消息的物理体现。在通信系统中，系统传输的是信号，但本质内容的是消息；消息包含在信号之中，信号是消息的载体。通信的结果是消除或部分消除不确定性，从而获得信息。

信号可以是模拟信号，也可以是数字信号。

信道是传递信号的通道，像连接一座座烽火台的长城，用于将入侵的狼烟信号传递出去，这就构成了告警的信道；飞鸽传书时，鸽子所飞过的路径，就是"空中信道"；古时丝绸之路用于将货物从中国运到非洲和欧洲，就是连接亚非欧商品贸易的信道。用于传递电磁信号的媒介就是电磁信号的信道，可以是一根电线，一根光纤，也可以是电磁波，甚至可以是频率、时间片段，或者是编码的一个码元，都可以构成信道。

信道本身可以是模拟的，也可以是数字的，用来传输模拟信号的信道称为模拟信道，传输数字信号的信道称为数字信道。

0.1.5 信号类型

对信号的分类方法很多，基本上可以分为两大类：模拟信号（Analog Signal）和数字信号（Digital Signal）。

1. 模拟信号

模拟信号的信号幅度随时间做连续的变化，其主要特征是幅度是连续的，可取无限多个值，而在时间上则可连续，也可不连续，如图 0.1 所示。就像温度、湿度、压力、长度、电流、电压的值一样，是随着时间连续变化的量。所以，我们通常又把模拟信号称为连续信号，它在一定的时间范围内可以有无限多个不同的取值。实际生产生活中的各种物理

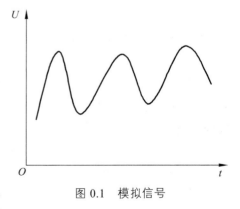

图 0.1 模拟信号

量，如摄像机摄下的图像，录音机录下的声音，车间控制室所记录的压力、流量、转速、湿度等都是模拟信号。

2. 数字信号

数字信号是人为地抽象出来的在幅度取值上不连续的信号，如图 0.2 所示。与模拟信号相反，数字信号的幅度随时间的变化只具有离散的、有限的状态，数字信号不仅在时间上是离散的，而且在幅度上也是离散的，只能取有限个数值，如电报信号就属于数字信号；二进制信号也是一种数字信号，不过它仅由 "1" 和 "0" 这两位数字的不同的组合来表示不同的信息。

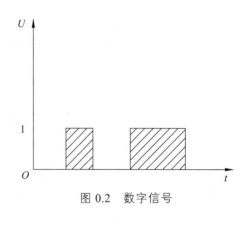

图 0.2　数字信号

人们依据在通信系统中传送的是模拟信号还是数字信号，把通信系统分成模拟通信系统或数字通信系统。如果送入传输系统的是模拟信号，则这种通信方式为模拟通信。如今所使用的大多数电话和广播、电视系统都是采用的模拟通信方式。

模拟信号和数字信号之间可以相互转换，将模拟信号转变为数字信号的过程称为 A-D 转换（模数转换），将数字信号转变为模拟信号的过程称为 D-A 转换（数模转换）。

如果把模拟信号经过采样、量化、编码变换成数字信号后再进行传送，那么这种通信方式就是数字通信。现在的移动通信网络、计算机通信、WLAN 无线局域网、光纤通信网络都是采用数字通信方式。

和模拟通信相比，数字通信虽然占用信道频带较宽，但它具有抗干扰能力强，无噪声积累，便于存储、处理和交换，保密性强，易于大规模集成、实现微型化等优点，得到越来越广泛的应用。

0.2　通信的发展史

0.2.1　通信的愿景——5W，通信人的奥林匹克精神

"更快，更高，更强"体现了奥林匹克精神，无数的运动健儿朝着这一方向努力拼搏，刷新一个又一个世界纪录。同样，一代又一代的通信人也朝着通信的奥林匹克精神努力奋斗，突破了一项又一项技术难题，制定了一个又一个通信协议，完善了一个又一个通信标准，从 2 G、3 G、4 G 到 5 G，成倍地提升通信速率、提高通信质量，使现代的通信接入更加多元化，人们之间的交流越来越快速和便捷。

那么，何为"5W"呢，"实现任何人（Whoever）在任何时候（Whenever）、任何地方（Wherever）与任何人（Whomever）进行任何方式（Whatever）通信"，即为通信的"5W"，这便是通信的最高目标。人类一直向着这一目标去努力。

0.2.2　近现代通信的发展

1835 年，美国雕塑家、画家、科学爱好者莫尔斯先生发明了有线的电磁电报。莫尔斯最有名气的是他发明的莫尔斯电码——利用"点""划"和"间隔"，实际上就是时间长短不一的电脉冲信号的不同组合来表示字母、数字、标点和符号。

1844 年 5 月，莫尔斯在国会大厦联邦最高法院会议厅用莫尔斯电码发出了人类历史上的第一份电报，从而实现了长途电报通信。

1864 年，英国物理学家麦克斯韦（J.c.Maxwel）建立了一套电磁理论，预言了电磁波的存在，说明了电磁波与光具有相同的性质，两者都是以光速传播的。

1876 年，美国人贝尔（见图 0.3）发明了电话机。贝尔和他的助手华生反复试验多年，并在这一年的某一天，他们将新的设想制成了一个小装置（见图 0.4），当天发生了一个小事故：一滴硫酸滴到贝尔的腿上，疼得他直叫喊："华生先生，我需要你，请到我这里来！"这句话由电话机经电线（在当时只是一根金属导线）传到华生的耳朵里，这就是改变人类通信历史的第一次电话通信。这个故事是否是杜撰的已经无从考证，但是贝尔先生发明了电话机是不争的事实，贝尔发明的第一架电话机如图 0.5 所示。真正被公认的第一次电话通信是 1892 年纽约到芝加哥的线路开通当天实现的，如图 0.6 所示。贝尔因此被认为是现代电信的鼻祖，以其名字命名的实验室和电信运营商至今还活跃在美国乃至全世界的电信领域。

图 0.3　贝尔

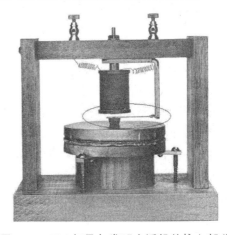

图 0.4　1876 年贝尔发明电话机的核心部分

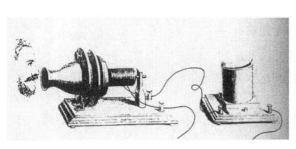

图 0.5　贝尔发明的第一架电话机

图 0.6　贝尔第一次试音："喂，芝加哥。"

1878 年，磁石电话和人工电话交换机诞生，如图 0.7 所示。

1880 年，供电式电话机诞生，通过二线制模拟用户线与本地交换机接通。

1885 年，步进制交换机诞生。

1892 年，史瑞乔发明了步进式自动电话交换机。

电报和电话开启了近代通信的历史，但是当时都是小范围的应用，在第一次世界大战以后，发展速度有所加快。

1888 年，德国青年物理学家海因里斯·赫兹（H.R.Hertz）用电磁波进行了一系列实验，发现了电磁波的存在，他用实

图 0.7　人工电话交换机

验证明了麦克斯韦的电磁理论。这个实验轰动了整个科学界，成为近代科学技术史上的一个重要里程碑，导致了无线电的诞生和电子技术的发展，无线电通信产生了，开辟了电子技术的新纪元。人们为了永远纪念他，就把频率的单位定为"赫兹"。

1901 年，意大利工程师马可尼使用他发明的火花隙无线电发报机，成功发射穿越大西洋的长波无线电信号，并因此于 1908 年获得诺贝尔奖。

1919 年，发明纵横式自动交换机。

1930 年，发明传真、超短波通信。

20 世纪 30 年代，信息论、调制论、预测论、统计论获得了一系列的突破。

1935 年，发明频率复用技术，发明模拟黑白广播电视。

I947 年，发明大容量微波接力。

1956 年，建立了欧美长途海底电话电缆传输系统。

1957 年，发明电话线数据传输。

1958 年，发明集成电路（IC），如图 0.8 所示。

20 世纪 50 年代以后，电子元件、光纤、收音机、电视机、计算机，广播电视、数字通信业开始大发展。

1962 年，美国航空航天局发射地球同步卫星。

1969 年，形成模拟彩色电视标准 NTSC、PAL 和 SECAM。

1972 年，发明了光纤。

1972 年以前，只存在一种基本的网络形态。这就是基于模拟传输，采用确定复用、有连接操作寻址和

图 0.8　集成电路

同步转移模式（STM）的公众交换电话网（PSTN）网络形态。这种技术体系和网络形态一直沿用到现在。

中国的电信网是从电话网开始的。1880 年，由丹麦人在上海创办第一个电话局，开创了中国通信历史的重要一页。

1946 年世界上第一台电子计算机 ENIAC 诞生以后，高速计算能力成为现实，二进制的

广泛应用触发了更高级别的通信机制——数字通信，计算机技术的发展加速了通信技术，尤其是数字通信技术的发展和应用。

1972 年光纤的发明和 CCITT（ITU 的前身）通过了 G711 建议书（话音频率的脉冲编码调制——PCM）和 G712 建议书（PCM 信道音频四线接口间的性能特征），电信网络发展开始进入数字化发展历程。

1972—1980 年的 8 年间，国际电信界集中研究电信设备数字化，这一数字化进程，提高了电信设备性能，降低了电信设备成本，并改善了电信业务服务质量。最终，在模拟 PSTN 形态基础上，形成了综合数字网（IDN）网络形态。在此过程中有一系列成就值得我们关注：

统一了话音信号数字编码标准；

用数字传输系统代替模拟传输系统；

用数字复用器代替载波机；

用数字电子交换机代替模拟机电交换机；

发明了分组交换机。

这个时代是中国命运的转折点。中国的改革开放就是在这段时间里开始的。应该说，就是因为这个时候的拨乱反正，彻底解放的生产关系带来了生产力的巨大发展，才让今天的中国人几乎与世界同步地享受着高科技的通信技术带来的全新体验，也让中国人感受到了全球移动通信和互联网时代一日千里的变化。

0.2.3 当代通信——移动通信和互联网时代

目前全球范围内，已形成数字传输、程控电话交换通信为主，其他非语音通信为辅的综合电信通信系统；电话网向移动方向延伸，并日益与计算机、电视等技术融合。如果我们非要给当今时代命一个名字的话，那么应该称为"移动通信和互联网时代"。

看看这个时代全球通信界标志性的里程碑：

1964 年美国 Rand 公司 Baran 提出无连接操作寻址技术，目的是在战争残存的通信网中，不考虑时延限制，尽可能可靠地传递数据报。

1969 年美军 ARPAnet 问世。

1979 年发明局域网。

1982 年发明了第二代移动蜂窝通信系统，分别是欧洲的 GSM（Global System for Mobile Communication）标准、美国的 D-AMPS 标准和日本的 D-NTT 标准（三年后中兴通信成立）。

1983 年 TCP/IP 协议成为 ARPAnet 的唯一正式协议，伯克利大学提出内含 TCP/IP 的 UNIX 软件协议。

1988 年成立"欧洲电信标准协会"（ETSI）（华为公司成立）。

1989 年原子能研究组织（CERN）发明万维网（WWW）。

1990 年第一个 GSM 规范说明完成，开始商业运营。

1992 年，GSM 被选为欧洲 900 MHz 系统的商业标准——全球移动通信系统。

2000 年，各国提出第三代多媒体蜂窝移动通信系统标准，其中包括欧洲的 WCDMA、美国的 CDMA2000 和中国的 TD-SCDMA（TD-SCDMA 是我国知识产权为主的、大唐电信研发、被国际上广泛接受和认可的无线通信国际标准，是我国电信史上重要的里程碑。据统计，截至 2014 年年底，TD-SCDMA 网络建设累计投资超过 1 880 亿元）。

2005 年，国际电信联盟（ITU）发布了《ITU 互联网报告 2005：物联网》，正式提出了"物联网"的概念。

2007 年 ITU 将 WiMAX 补选为第三代移动通信标准，同时各国已开展 4 G 标准的研究工作。

2010 年，4 G 标准网络开始大规模建设，主要包括 TD-LTE 和 FDD-LTE 两种制式。

目前，世界各国已经对 5 G 标准的制定流程达成了基本的共识，即计划在 2020 年实现 5 G 的商用。

新技术的探索，是随着经济的发展、各种自然基础学科的发展、人们生活方式的改变而不断深入的。既然是探索，就很难一帆风顺，许多被看好的技术惨遭淘汰，而很多不被看好的技术却异军突起。

我们正处于移动通信和互联网的时代，只要你打开你的手机、计算机、PDA、车载 GPS，就很容易体会到。

0.2.4　我国电信业的发展与国企改革

作为管理中国邮政与电信业务的邮电部（现电信行业归属工信部管理），自成立以来便经历了"邮电分营、邮电合一"等分合历程，在管理体制上也做了多次的调整。

1949—1966 年，作为统一管理全国邮政和电信事业的邮电部成立，部内设邮政总局和电信总局，分别经营邮政和电信业务。

1967 年 6 月，撤销邮电部，分别成立中华人民共和国邮政总局和中华人民共和国电信总局，邮政、电信正式分开，微波、电缆通信工程的大力投入和发展由此开始。

1973 年 6 月，邮电部恢复，邮电再次合一。国家通信网发展规划、业务方针政策、技术标准制定、资费标准制定等全国邮电工作，均由邮电部统一管理。

1993 年 12 月，国务院正式同意由电子、电力、铁道三部共同组建"中国联合通信有限公司"，简称"中国联通"。

1994 年 1 月，在国务院同意"中国联通"成立后，由多家大型国有企业参股组成的"吉通通信有限公司"成立，打破中国电信产业独家经营的市场格局。

1994 年 7 月，"中国联通"正式成立，注册资本 10 亿人民币，挂靠国家经贸委，享有邮电企业的各项优惠政策和进出口权。业务范围包括市话、长话、无线通信、移动通信与电信增值等基础电信业务。

1995 年 4 月，电信总局以"中国邮电电信总局"（即为旧"中国电信"）的名义进行企业法人登记，同时成立了电信政务司。

1998 年 3 月，在原邮电部和原电子部的基础上，成立信息产业部，作为电信管制机构，对电信业实行宏观管理，原邮电部对国家电信网络建设与经营管理的企业职能，交由电信企业，国家不再直接从事电信经营，并将广播电影电视部等其他部门的通信管理职能并入信息产业部。

1998 年 3 月，信息产业部挂牌，政企分开的体制架构自此完成。

1998 年 4 月，国家邮政局正式挂牌。管理全国邮政行业及管理全国邮政企业。

1999 年，为了改变旧"中国电信"的绝对垄断地位，促成电信业的有效竞争格局，信息产业部决定对旧"中国电信"进行分割，依其业务内容一分为四：

"中国电信公司"，经营有线通信及其增值业务；

"中国移动公司"，经营移动通信业务；

"中国卫星通信公司"，经营卫星通信业务；

"国信寻呼公司"经营寻呼业务。"国信寻呼公司"于 1999 年 5 月并入"中国联通"。

1999 年 8 月，由中国科学院为主体，联合铁道部、广播电视总局上海市政府四个股东共同投资的"中国网络通信有限公司"成立；

2000 年 12 月，"铁道通信信息有限公司"成立。

中国电信市场至此形成了"中国电信""中国移动""中国卫通""中国联通""吉通通信""中国网通"与"中国铁通"，7 家电信运营商竞争的格局。

2001 年 12 月，为了进一步打破本地电话业务的垄断格局，国务院对现有电信业进行第二次的战略重组，将"中国电信"从"横向"南北分家，现有资源划分为南、北两个部分，华北地区（北京、天津、河北、山西、内蒙古）、东北地区（辽宁、吉林、黑龙江）和河南、山东共 10 个省（自治区、直辖市）的电信公司归属中国电信北方部分；其余归属中国电信南方部分。北方部分和"中国网通""吉通公司"重组为"中国网络通信集团公司"；南方部分保留"中国电信集团公司"名称。

2002 年 5 月，"中国电信集团公司"和"中国网通集团公司"正式挂牌成立。在历经了引入竞争及企业拆分两个阶段改革之后，中国电信市场领域自此形成了"中国电信""中国网通""中国移动""中国联通""中国卫通"和"中国铁通"相互竞争的市场格局，促进了整个产业的竞争发展。

图 0.9 三大运营商

2008 年 4 月，中国移动将与中国铁通合并，运营 TD-SCDMA 网络，中国电信与中国联通 C（CDMA）网合并运营 CDMA2000，而中国网通和中国联通 G（GSM）网合并运营 WCDMA，三家新运营商同时也获得 3G 业务牌照，自此形成中国移动、中国电信和中国联通三足鼎立，如图 0.9 所示。

2013 年 12 月，工信部正式向三大运营商发布 4G 牌照，中国移动、中国电信和中国联通均获得 TD-LTE 牌照。

目前我国已拥有世界第一的网络规模和现代化的通信系统，截至 2015 年 12 月，我国网民规模达 6.88 亿，互联网普及率为 50.3%，无线网络覆盖明显提升，网民 Wi-Fi 使用率达到 91.8%；移动用户数达到 12.92 亿户，移动宽带（3G/4G）用户，总数达到 6.57 亿户，4G 移动电话用户达到 2 亿户；互联网宽带接入用户数达 2.06 亿户，光纤接入 FTTH/0 总数达到 8 596.5 万户；移动互联网用户数达 8.97 亿户，"三网融合"业务稳步推进，IPTV 用户总数达到 3 796.8 万户。

0.2.5　未来通信——融合网络、物联网时代

1. 三网融合

未来的通信网一定是朝着技术融合、业务融合的方向发展，并最终全面融入人类生产生活的每个角落。以思科为代表的设备制造商已经提出"融合网络"的概念，并朝着这一方向发展。

2010 年 6 月，国务院正式推出了三网融合方案及试点城市，至此国内的三网融合基本形成了具有一定共识性的"定义"，即：电信网、广播电视网、互联网在向宽带通信网、数字电视网、下一代互联网演进过程中，三大网络通过技术改造，其技术功能趋于一致，业务范围趋于相同，网络互联互通、资源共享，能为用户提供语音、数据和广播电视等多种服务，如图 0.10 所示。

图 0.10　三网融合

三网融合不仅继承了原有的话音、数据和视频业务，而且通过网络的整合，可以衍生出更加丰富的增值业务类型，如图文电视、VOIP、视频邮件和网络游戏等，极大地拓展了业务提供的范围。

三网融合的发展有利于国家"宽带战略"的推进。在中央关于推进三网融合的重点工作中，包括加强网络建设改造以及推动移动多媒体广播电视、手机电视、数字电视、宽带上网等业务的发展，而 IPTV、手机电视等融合型业务发展需要高带宽的支撑，三网融合有利于极大地减少基础建设投入，并简化网络管理，降低维护成本，使网络从各自独立的专业网络向综合性网络转变，网络性能得以提升，资源利用水平进一步提高。

2. 万物互联

物联网（IoT）的英文为 The Internet of Things，1995 年，比尔·盖茨在《未来之路》这本书中写道："因特网仅仅实现了计算机的联网，而未实现与万事万物的联网，但迫于当时网络终端技术的限制，这一构想无法真正落实。"可见当时比尔·盖茨已经预见到未来网络技术的发展趋势，而他在书中提及的各种情况现在看来都是关于物联网技术的应用范围，例如，比尔·盖茨在这本书中预测道：当你驾车驶过机场大门时，电子钱包将会与机场购票系统自动关联，为你购买机票，而机场的检票系统将自动检测你的电子钱包，查看是否已经购买机票；当袖珍个人计算机普及之后，困扰着机场终端、剧院以及其他需要排队出示身份证或票据等地方的瓶颈路段就可以被废除了。例如，当你走进机场大门时，你的袖珍个人计算机与机场的计算机联网就会证实你已经买了机票，开门也无须用钥匙或磁卡，袖珍个人计算机会向控制锁的计算机证实你的身份；丢失或者失窃的物品将自动向你发送信息，告诉它现在所处的具体位置，甚至当它已经不在你所在的城市也可以被轻松找到；你可以亲自进入地图中，这样可以方便地找到每一条街道、每一座建筑。虚拟的第二人生提供完全模拟现实的生活体验，谷歌地球提供的地图几乎可以覆盖地球上任何地方，甚至可以"找根橡皮筋儿做弹弓打你家玻璃"。

比尔·盖茨的这一构想，就是物联网时代的生活，有的已经实现，有的正在实现，但未来通信将会如何，期待大家一起来勾画。宽带、多媒体、互联网+、移动、融合、统一、演进……这些关键词的任意组合，都可以造就无数让我们热血澎湃的通信业未来的图景，大家大胆去想象，努力去实现，因为"一切皆有可能"！

0.3　通信系统的组成

0.3.1　模拟通信系统架构——固定电话

我们把具有连续的随时间变化的波形信号称为模拟信号，话音信号是个典型的模拟信号。通常情况下，影像信号也是模拟信号，当你举起摄像机进行摄影时，通过凹凸镜成像的光学信号的变化当然也是连续的和随着时间变化的。

实现信息传递所需的一切技术设备和传输媒质的总和称为通信系统，传输模拟信号的通信系统就可以叫作模拟通信系统。

你或许和小朋友一块玩过，或许在老师指导的物理课上自制过"电话"，说话的双方各拿一个纸杯既充当听筒又充当话筒，杯底打一个小洞用于系棉线，这根棉线就充当电话线了。把棉线拉得直直的，就可以互相说话了，这两个纸杯还真能凑合当小电话用，不过就是声音太不清晰了，那是因为有太多噪声的缘故。不可思议吧，你已经完成了一个简单的模拟通信系统，现在让我们分析一下这个通信系统是如何构成的，如图 0.11 所示。

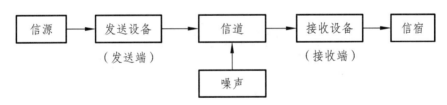

图 0.11　通信系统的一般模型

从总体上看，通信系统包括信源、发送设备、信道、接收设备和信宿五部分。

1. 信　源

信源（信息源，也称发送端）的作用是把待传输的消息转换成原始电信号，如电话系统中电话机话筒可看成是信源。

信源输出的信号称为基带信号。所谓基带信号是指没有经过调制（进行频谱搬移和变换）的原始电信号，其特点是信号频谱从零频附近开始，具有低通形式，如语音信号为 300 ~ 3 400 Hz，图像信号为 0 ~ 6 MHz。根据原始电信号的特征，基带信号可分为数字基带信号和模拟基带信号，相应地，信源也分为数字信源和模拟信源。

在物理学上，语音是一种声波，它是由人的声带生理运动所产生的。声波的传播就像水波的扩张，空气压力的影响有点类似于水波起伏，气压在某一平均值上下波动，就像水波高低起伏。能振动的物体，都能发出声音，而几乎所有的物体都能振动。人耳感受到的音量与振动的振幅有关，振动越大，声音越强。同时，声音还与频率有关，频率变化越大，声音越尖锐。女性的声音频率较高，因此声音比较尖；而男性则相反，如图 0.12 所示。

图 0.12　女性和男性的声音频率有所不同

人类声音的频率范围是 300 ～ 3 400 Hz，实际上，人们只需要 3.4 kHz 的频宽就可以用来传输语言信息，这也是电话线路的语音信号的频宽。但人类耳朵能听到的声音频率范围是 20 Hz ～ 20 kHz，高于声音的频宽。在人耳可分辨的范围，频率的提高意味着质量的提高，如普通声道的带宽是 ll kHz，立体声的带宽是 22 kHz，高保真立体声的带宽是 44 kHz，带宽越大，对传递信号的介质要求越高，如图 0.13 所示。

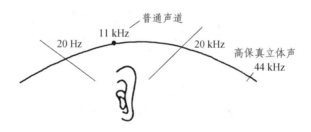

图 0.13　人的耳朵能听到的频率范围

2. 发送设备

发送设备的基本功能是将信源和信道匹配起来，即将信源产生的原始电信号（基带信号）变换成适合在信道中传输的信号。变换方式是多种多样的，在需要频谱搬移的场合，调制是最常见的变换方式；对传输数字信号来说，发送设备又常常包含信源编码和信道编码等。

贝尔发明的碳晶电话机，是基于振膜对碳晶造成忽紧忽松的压力引起其电阻的大小变化的机制，我们学过的最简单的电路公式，电流=电压/电阻，在电阻变化而电压不变的情况下，电流就会发生线性变化。忽大忽小的电流，就是我们后面要讲述的希望传输到世界上任何角落的电话信号。先假设电话信号已经传到对方的听筒，听筒内有一电磁铁随电流大小而磁性不同，它对埋有金属丝的薄膜时吸时放，薄膜便发出了类似人说话的声音。

3. 信　道

信道是指信号传输的通道，可以是有线的，也可以是无线的，可以是某个频段，可以是时间片段，还可以是码元，甚至还可以包含某些设备。

4. 接收设备

接收设备的功能与发送设备相反，即进行解调、译码、解码等。它的任务是从带有干扰的接收信号中恢复出相应的原始电信号。

5. 信　宿

信宿（也称受信者或收终端）是将复原的原始电信号转换成相应的消息，如电话机的听筒将对方传来的电信号还原成了声音。

6. 噪　声

噪声是信道中的所有噪声以及分散在通信系统中其他各处噪声的集合。噪声是一个通信系统不得不考虑的因素，噪声由外部噪声和信道乃至发射机、接收机本身产生的噪声组成，与通信系统如影随形，虽然很令人讨厌，但是却不得不接受它的存在。

在图 0.11 中，虽然勾勒出一个通信系统的模型，但没有考虑到调制。实际上，低频信号并不利于传输，需要将其调制到高频信号上去。这里，将图 0.11 所示通信系统模型中的发送设备和接收设备分别用调制器、解调器所代替，如图 0.14 所示。

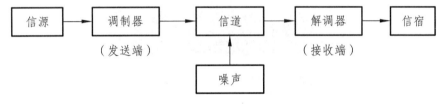

图 0.14　模拟通信系统模型

对于模拟通信系统，它主要包含两种重要变换。一是把连续消息变换成电信号（发送端信源完成）和把电信号恢复成最初的连续消息（接收端信宿完成）。由信源输出的电信号（基带信号）由于具有频率较低的频谱分量，一般不能直接作为传输信号而送到信道中去。因此，模拟通信系统里常有第二种变换，即将基带信号转换成适合信道传输的信号，这一变换由调制器完成；而在接收端同样需经相反的变换，它由解调器完成。经过调制后的信号通常称为已调信号，有三个基本特性：一是携带有消息；二是适合在信道中传输；三是频谱具有带通形式，且中心频率远离零频，因而已调信号又常称为频带信号。

0.3.2　数字通信系统架构——"0"和"1"的时代

计算机的出现改变了世界，包括通信。计算机及其数字化的信息世界以迅猛发展速度的浪潮席卷了全球，也带动了通信系统数字化的发展。

大家都知道，人类发出的声音是模拟信号，大自然的光和影是模拟信号，温度、湿度和光照等数据是模拟信号，如果要和数字信息技术进行融合，那么首先要解决的就是模拟信号的数字化转换。那么该怎样把它转换成数字信号呢？

模拟的消息是可以通过数字调制后再进行发送的。所谓调制，就是把一段连续的波形映射成一个或几个数字，这个过程称为采样、量化，然后用二进制比特进行编码，比如说把一段一定幅度和相位的正弦波映射成比特"0"，在接收端接收到这段信号之后，对其进行解调，所谓解调，就是另一个映射的过程，也就是收到的"0"映射成上面那段有一定幅度和相位的正弦波，这样就还原成了模拟信号。这个过程其实就是"模数（A/D）"和"数模（D/A）"转换，转换过程需要经过采样、量化、编码三个阶段。

数字通信系统相对模拟通信系统，无非是在发送端和接收端都增加了一个"模拟-数字"转换模块。现在部分地方的网络仍然采用电话线接入，电话线传输的是模拟信号，而计算机处理的是数字信号，所以计算机通过调制解调器（Modem）完成"模-数"和"数-模"转换，如图 0.15 所示。我们现在的电视都是数字电视，广电在有线电视线上传输的是模拟信号，所以电视终端不能直接支持模拟信号，不得不再在电视上叠加一个数字机顶盒，完成从模拟信号到数字信号的转换。

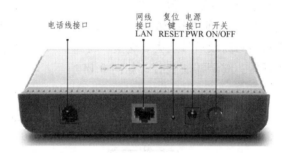

图 0.15　Modem 即是模数转换设备

我们给模拟通信系统增加一个"模拟-数字"转换模块，也就是俗称的"编码模块"，这成了数字通信系统的雏形，如图 0.16 所示。

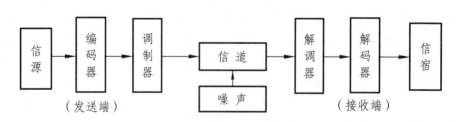

图 0.16　数字通信系统简单模型

我们希望编码尽量简洁，尽量减少冗余信息，对这一块内容的研究称之为信源编码。然后，发出去的编码一路上会受到噪声的干扰，也许会丢失不少信息。到了目的地后，我们希望接收端可以根据编码所包含的一些内容，对信息的完整性做出一个判断，尽量恢复原来的信息，对这一块内容的探讨，称之为信道编码。数字编码器就这样拆成了信源编码和信道编码两个功能模块，如图 0.17 所示。

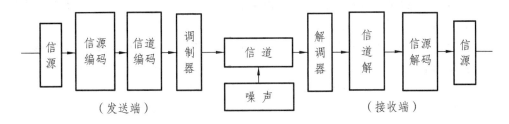

图 0.17 加入信源、信道编解码器的数字通信系统模型

调制、信源编码和信道编码都是数字通信中非常重要的概念，在这里只是一笔带过，详细的内容留待后面讨论。

0.3.3 数字通信系统的优越性

（1）数字通信相对于模拟通信，其最大的一个优点在于噪声的处理。

在数字通信中，传输的信号幅度是离散的，以二进制为例，信号的取值只有两个，这样接收端只需判别两种状态。信号在传输过程中受到噪声的干扰，必然会使波形失真，接收端对其进行采样判决，以辨别是两种状态中的哪一个。只要噪声的大小不足以影响判决的正确性，就能正确接收（再生）。而在模拟通中，传输的信号幅度是连续变化的，一旦叠加上噪声，即使噪声很小，也很难消除。

数字通信抗噪声性能好，还表现在中继通信中，它可以消除噪声积累。这是因为数字信号在每次再生后，只要不发生错码，它仍然像信源中发出的信号一样，没有噪声叠加在上面。因此中继站再多，数字通信仍具有良好的通信质量。而模拟通信中继时，只能增加信号能量（对信号放大），而不能消除噪声，如图 0.18 和图 0.19 所示。

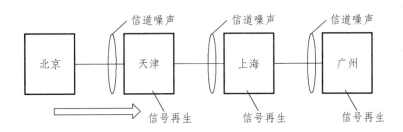

图 0.18 数字信号再生消噪处理

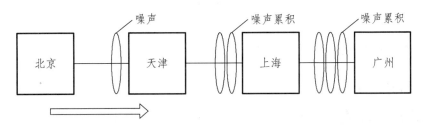

图 0.19 模拟信号传输噪声积累

（2）差错可控。数字信号在传输过程中出现的错误（差错），可通过信道编码的纠错编码技术来控制，以提高传输的可靠性。

（3）数字系统的另一大优点是便于保密。数字信号与模拟信号相比，它容易加密和解密。我们可以对基带信号进行人为的扰乱以实现加密。比如面对"00110100110001"这么一长串二进制比特序列，可以对其与一串伪随机序列"01011100101001"进行逻辑运算。如果第三方要知道原来的信息，他就必须知道所采用的算法和伪随机序列，这个难度是很大的。实际应用中的加密算法比这个要复杂得多。

（4）便于编辑与存储。由于计算机技术、数字存储技术、数字交换技术以及数字处理技术等现代技术飞速发展，许多设备、终端接口均采用数字信号，因此极易与数字通信系统相连接。

上面说的全是优点，那么数字通信有什么缺点吗？

相对于模拟通信来说，数字通信主要有以下两个缺点。

（1）频带利用率不高。

系统的频带利用率，用系统允许最大传输带宽（信道的带宽）与每路信号的有效带宽之比来表征，即

$$n = \frac{B_{\mathrm{w}}}{B_{\mathrm{i}}}$$

式中，B_{w} 为系统允许最大频带宽度；B 为每路信号的频带宽度；n 为系统在其带宽内最多能容纳（传输）的话路数。n 值愈大，系统利用率愈高。

数字通信中，数字信号占用的频带宽，以电话为例，一路模拟电话通常只占据 4 kHz 带宽，但一路接近同样语音质量的数字电话可能要占据 20 ~ 60 kHz 的带宽。因此，如果系统传输带宽一定的话，模拟电话的频带利用率要高出数字电话的 5 ~ 15 倍。

（2）系统设备复杂对同步要求高。

数字通信中，要准确地恢复信号，接收端需要严格的同步系统，以保持接收端和发送端节拍的严格一致、编组一致。因此，数字通信系统及设备一般都比较复杂。

不过，随着新的宽带传输信道（如光导纤维）的采用以及窄带调制技术、数字压缩技术和超大规模集成电路的发展，数字通信的这些缺点已经弱化。随着微电子技术和计算机技术的迅猛发展和广泛应用，数字通信已逐步取代模拟通信而占主导地位。

0.4　通信系统的分类与通信方式（数据传输方式）

0.4.1　通信系统的分类

1. 按传输媒质分

按消息传递时传输媒质的不同，通信可分为两大类：一类称为有线通信，另一类称为无线通信。所谓有线通信，是指传输媒质为架空明线、电缆、光缆、波导等形式的通信，其特

点是媒质看得见、摸得着。所谓无线通信,是指传输消息的媒质为看不见、摸不着的媒质(如电磁波)的一种通信形式。无线通信常见的形式有微波通信、短波通信、卫星通信、散射通信和激光通信等,其形式较多。

2. 按信道中传输信号的特征分

按照信道中传输的是模拟信号还是数字信号,可以相应地把通信系统分为模拟通信系统与数字通信系统。

3. 按调制方式分

根据是否采用调制,可将通信系统分为基带传输和频带(调制)传输。基带传输是将没有经过调制的信号直接传送,如音频市内电话;频带传输是对各种信号调制后再送到信道中传输的总称,调制的方式有很多。

4. 按业务的不同分

按通信业务分,通信系统可分为话务通信和非话务通信。电话业务在电信领域中一直占主导地位,它属于人与人之间的通信。近年来,非话务通信发展迅速,它主要包括数据传输、计算机通信、电子信箱、电报、传真、可视图文及会议电视、图像通信等。由于电话通信最为发达,因而其他通信常常借助于公共的电话通信系统进行。

另外从广义的角度来看,广播、电视、雷达、导航、遥控、遥测等也应列入通信的范畴,因为它们都满足通信的定义,由于广播、电视、雷达、导航等的不断发展,目前它们已从通信中派生出来,形成了独立的学科。

5. 按工作频段分

按通信设备的工作频率不同,通信系统可分为长波通信、中波通信、短波通信、微波通信等。如表 0.1 所示为电磁波频段的划分及使用的传输媒质。

表 0.1　电磁波频段的划分、传输媒质及主要用途

频率范围	波长	频段名称	常用传输媒介	主要用途
3 Hz ～ 30 kHz	$10^8 \sim 10^4$ m	甚低频 VLF	有线线对 超长波无线电	音频、电话、数据终端、长距离导航、时标
30 Hz ～ 300 kHz	$10^4 \sim 10^3$ m	低频 LF	有线线对 长波无线电	导航、信标、电力线通信
300 kHz ～ 3 MHz	$10^3 \sim 10^2$ m	中频 MF	同轴电缆 中波无线电	调幅广播、移动陆地通信、业余无线电
3 MHz ～ 30 MHz	$10^2 \sim 10$ m	高频 HF	同轴电缆 短波无线电	移动无线电话、短波广播、定点军用通信、业余无线电
30 MHz ～ 300 MHz	10 ～ 1 m	甚高频 VHF	同轴电缆 超短波/米波无线电	电视、调频广播、空中管制、车辆通信、导航、集群通信、无线寻呼
300 MHz ～ 3 GHz	100 ～ 10 cm	特高频 UHF	波导 微波/分米波无线电	电视、空间遥测、雷达导航、点对点通信、移动通信

频率范围	波长	频段名称	常用传输媒介	主要用途
3 GHz ~ 30 GHz	10 ~ 1 cm	超高频 SHF	波导 微波/厘米波无线电	微波接力、卫星和空间通信、雷达
30 GHz ~ 300 GHz	10 ~ 1 mm	极高频 EHF	波导 微波/毫米波无线电	雷达、微波接力、射电天文学
10^5 GHz ~ 10^7 GHz	3×10^{-4} ~ 3×10^{-6} cm	红外、可见光、紫外	光纤 激光空间传播	光通信

电磁波工作频率和工作波长的换算关系：

$$\lambda = \frac{c}{f}$$

式中，λ 为工作波长，单位符号为 m（米）；f 为工作频率，单位符号为 Hz；$c = 3 \times 10^8$ m/s，为电波在自由空间中的传播速度。

6. 按通信是否能够移动分

通信还可按收发信者是否能够移动分为移动通信和固定通信。移动通信是指通信双方至少有一方可以在运动中进行信息交换。由于移动通信具有建网快、投资少、机动灵活等特点，能让用户随时随地快速可靠地进行信息传递，因此已成为当前主流的通信方式。

另外，通信还有其他一些分类方法，如按多地址方式可分为频分多址通信、时分多址通信、码分多址通信等；按用户类型可分为公用通信和专用通信；按通信对象的位置分为地面通信、对空通信、深空通信、水下通信等。

0.4.2 通信方式——数据传输方式

1. 并行传输与串行传输

并行传输是指数据的各位同时进行传送，其特点是传输速度快，但当传输距离较远、位数又多时，导致了通信线路复杂且成本提高，如图 0.20 所示。

串行传输是指数据一位位地顺序传送。其特点是通信线路简单，只要一对传输线就可以实现双向通信，并可以利用电话线，从而大大降低了成本，特别适用于远距离通信，但传送速度较慢，如图 0.21 所示。

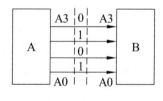

图 0.20　并行传输

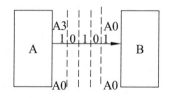

图 0.21　串行传输

一般的数字通信方式大都采用串行传输，这种方式只需占用一条通路，缺点是传输速度慢；并行传输方式在通信中也会用到，它需要占用多条通路，优点是传输速度快。

2. 单工、半双工和全双工

单工通信是指通信双方在某一时刻只能处于一种工作状态：或接收或发送，而不能同时进行收发，通信双方需要交替进行收信和发信。单工通信方式示意如图 0.22 所示，一般用于点对点通信，如对讲系统。

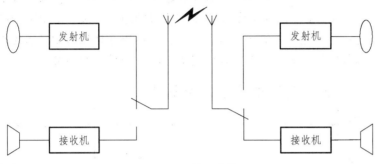

图 0.22 单工通信

半双工通信是指通信中有一方（常指基站）可以同时收发信息，而另一方（移动台）则以单工方式工作。半双工通信示意如图 0.23 所示，常用于专用移动通信系统，如调度系统。

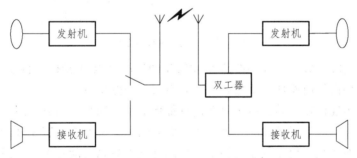

图 0.23 半双工通信

全双工通信是指通信双方可同时进行双向传输消息的工作方式。在这种方式下，双方都可同时进行收发消息，如图 0.24 所示。很明显，全双工通信的信道必须是双向信道。生活中全双工通信的例子非常多，如固定电话、手机等。

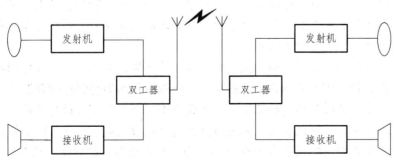

图 0.24 全双工通信

3. 同步传输与异步传输

为了保证数据正常接收，要求发送端与接收端以同一种速率在相同的起止时间内接收数据，否则可能造成收发之间的失衡，使传输的数据出错。这种使发送端和接收端动作同步的技术称为同步技术。常用的同步技术有两种：异步传输方式和同步传输方式。

异步传输（Asynchronous Transmission）：异步传输是一种字符同步，每传送一个字符都要求在字符码前面加一个起始位，以表示字符代码的开始；在字符代码和校验码后面加一个停止位，表示字符结束，如图 0.25 所示。异步传输是靠起始和停止位来实现字符定界及字符内比特同步的。一个常见的例子是计算机键盘与主机的通信。按下一个字母键、数字键或特殊字符键，就发送一个 8 比特位的 ASCII 代码。键盘可以在任何时刻发送代码，这取决于用户的输入速度，内部的硬件必须能够在任何时刻接收一个键入的字符。

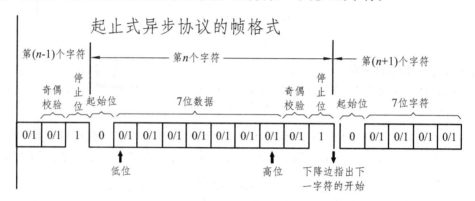

图 0.25　异步传输示意图

例如在键盘上输入数字"1"，按照 8 比特位的扩展 ASCII 编码，将发送"00110001"，同时需要在 8 比特位的前面加一个起始位，后面加一个停止位。

异步传输的实现比较容易，由于每个信息都加上了"同步"信息，因此计时的漂移不会产生大的积累，但却产生了较多的开销。在上面的例子，每 8 个比特要多传送两个比特，总的传输负载就增加 25%。对于数据传输量很小的低速设备来说问题不大，但对于那些数据传输量很大的高速设备来说，25% 的负载增值就相当严重了。因此，异步传输常用于低速设备。

同步传输（Synchronous Transmission）：同步传输的比特分组要大得多，它不是独立地发送每个字符，而是把它们组合起来一起发送。我们将这些组合称为数据帧，或简称为帧，如图 0.26 所示。

数据帧的第一部分包含一组同步字符，它是一个独特的比特组合，类似于前面提到的起始位，用于通知接收方一个帧已经到达，但它同时还能确保接收方的采样速度和比特的到达速度保持一致，使收发双方进入同步。

帧的最后一部分是一个帧结束标记。与同步字符一样，它也是一个独特的比特串，类似于前面提到的停止位，用于表示在下一帧开始之前没有别的即将到达的数据了。

同步传输通常要比异步传输快速得多。接收方不必对每个字符进行开始和停止的操作，一旦检测到帧同步字符，它就在接下来的数据到达时接收它们。另外，同步传输的开销也比较少。例如，一个典型的帧可能有 500 字节（即 4 000 比特）的数据，其中可能只包含 100 比特的开销，那么，增加的比特位使传输的比特总数增加 2.5%，这与异步传输中 25 % 的增值要小得多。随着数据帧中实际数据比特位增加，开销比特所占的百分比将相应减少。但是，数据比特位越长，缓存数据所需要的缓冲区也越大，这就限制了一个帧的大小。另外，帧越大，它占据传输媒体的连续时间也越长。在极端的情况下，这将导致其他用户等得太久。

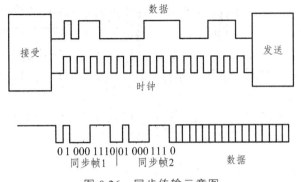

图 0.26　同步传输示意图

同步与异步传输的区别：

（1）同步传输方式中发送方和接收方的时钟是统一的、字符与字符间的传输是同步无间隔的。

（2）异步传输方式并不要求发送方和接收方的时钟完全一样，字符与字符间的传输是异步的。

（3）异步传输是面向字符的传输，而同步传输是面向比特的传输。

（4）异步传输的单位是字符而同步传输的单位是桢。

（5）异步传输通过字符起止的开始和停止码抓住再同步的机会，而同步传输则是在数据帧中抽取同步信息。

（6）异步传输对时序的要求较低，同步传输往往通过特定的时钟线路协调时序。

（7）异步传输相对于同步传输效率较低。

4. 基带传输与频带传输

基带传输：在数据通信中，由计算机或终端等数字设备直接发出的信号是二进制数字信号，是典型的矩形电脉冲信号，在数字信号频谱中，把直流（零频）开始到能量集中的一段频率范围称为基本频带，简称为基带。因此，数字信号被称为数字基带信号，在信道中直接传输这种基带信号就称为基带传输。

在基带传输中，整个信道只传输一种信号，通信信道利用率低。由于在近距离范围内，基带信号的功率衰减不大，从而信道容量也不会发生变化，因此，在局域网中通常使用基带传输技术。

频带传输：频带传输就是先将数字基带信号（二进制 0，1）调制成便于在模拟信道中传输的、具有较高频率范围的模拟信号（称为频带信号），再将这种频带信号在模拟信道中传输，如图 0.27 所示。在采用频带传输方式时要求收发两端都安装调制解调器（Modem）。

计算机网络远距离通信时经常借助于电话系统，通常采用的是频带传输。

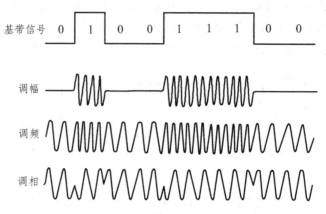

图 0.27　将基带信号调制成频带信号

0.4.3　通信系统的主要性能指标

通信系统的主要性能指标包括：传输速率、误码率、信道容量和带宽。

1. 信息传输速率 R_b

信息传输速率 R_b 简称信息速率，又可称为传信率、比特率等。它表示单位时间（每秒钟）内传递的平均信息量或比特数，用符号 R_b 表示，单位为比特/秒（bit/s），简记为 b/s。在数字信道中，当传输速率较高时，常用 kb/s、Mb/s、Gb/s、Tb/s 等来表示信息传输速率。

信息传输速率公式

$$R_b = \frac{1}{T}\log_2 N$$

式中，T 为码元长度；N 为进制数，为 2 的整数倍。

例如，若某信源在 1 s 内传送 1 200 个符号，且每一个符号的平均信息量为 1 bit，则该信源的信息传输速率 R_b = 1 200 b/s。

因为信息量与信号进制数有关，因此 R_b 也与进制有关。

2. 码元传输速率 R_B（波特率）

码元传输速率简称码元速率，通常又称为数码率、传码率、码率、信号速率或波形速率，用符号 R_B 来表示。码元速率是指单位时间（每秒）内传输码元的数目，单位为波特（Baud），常用符号 B 表示。

数字信号一般有二进制与多进制之分，但码元速率 R_B 与信号的进制数无关，只与码元长度 T 有关，码元传输速率公式

$$R_B = \frac{1}{T}$$

例如，某系统在 2 s 内共传送 4 800 个码元，则该系统的传码率为 2 400 B。

通常在给出系统码元速率时，有必要说明码元的进制。

3. R_b 与 R_B 之间的关系

根据码元速率和信息速率的定义可知，R_b 与 R_B 之间在数值上有如下关系：

$$R_b = R_B \times \log_2 N$$

应当注意，两者单位不同，前者符号为 b/s，后者符号为 B。

二进制时，

$$R_b = R_B \times \log_2 2 = R_{B2}$$

即二进制时，码元速率与信息速率数值相等，只是单位不同。

4. 误码率（码元差错率）

误码的产生是由于在信号传输中衰减改变了信号的电压，致使信号在传输中遭到破坏，判决时可能产生误码。噪音、交流电或闪电造成的脉冲、传输设备故障及其他因素都会导致误码（比如传送的信号是 1，而接收到的是 0；反之亦然）。

误码率是衡量数据在规定时间内数据传输精确性的指标，是个统计概念，误码率用 P_e 表示：

$$P_e = \frac{接收码元中的错误码元数}{接收总码元数}$$

IEEE802.3 标准为 1000Base-T 网络制定的可接受的最高限度误码率为 10^{-10}。提高传输速率与降低误码率天生就是一对矛盾，在传输条件不变的情况下，提高传输速率，误码率就会增加，纠错译码技术、有效的信源编码技术和信道差错控制编码技术都可以减少传输误码率，但会使传输速率降低。要提高通信系统的传输速率，就需要不断提高芯片的处理能力，开发出效率更高地信源压缩编码，纠错能力更强的信道编码和更高效的调制技术。

例 0-1 已知二进制数字信号在 3 分钟内传送了 72 000 个码元。试求：

（1）其码元速率和信息速率各为多少？

（2）如果码元速率不变，但改为十六进制数字信号，则其码元速率为多少？信息速率又为多少？

解：（1）在 3×60 s 内传送了 72 000 个码元，

$$R_B = \frac{72\,000}{3 \times 60} = 400 \text{ B}$$

因为是二进制传输，

$$R_b = R_B = 400 \text{ b/s}$$

（2）若改为十六进制，则

$$R_B = \frac{72\,000}{3 \times 60} = 400 \text{ B}$$

$$R_b = R_B \log_2 16 = 1\,600 \text{ b/s}$$

例 0-2 已知某八进制数字通信系统的信息速率为 15 000 b/s，在接收端 10 min 内共测得出现了 90 个错误码元，试求系统的码元传输速率和误码率。

解：（1）$R_b = 15\,000$ b/s

因为是八进制，所以

$$R_B = \frac{R_b}{\log_2 8} = 5\,000 \text{ B}$$

（2）$P_e = \dfrac{90}{5\,000 \times 10 \times 60} = 3 \times 10^{-5}$

5. 信道容量

在讲信道容量之前，大家思考一个问题，现在的世界田径百米纪录是由牙买加著名短跑健将博尔特于 2009 年 8 月 17 日在德国柏林创造的，时间是 9.58 s，世界纪录可以一次又一次的打破，那么人类百米跑的成绩可不可以无限制的提高？有没有一个极限值，极限值是多少？极限值肯定是有的，但是极限值是多少，目前没有定论。

同理，前面我们讲了信道，那么一个信道的数据传输速率可不可以无限制的提高，有没有极限值？如果有，这个极限值是多少？这就是信道容量，通信技术中，用信道容量表征一个信道传输数据的最大能力。

上述问题，香农给出了答案并进行了严格的证明，香农认为，对于数字传输而言，带宽和信噪比共同决定了一个信道的容量，这就是著名的香农定理。

无噪声的情况下：

$$C = 2B \log_2 N$$

式中，C 为信道容量；B 为信道带宽，单位符号为 Hz；N 为一个码元信号代表的有效状态数。

有噪声的情况下：

$$C = 2B \log_2 \left(1 + \frac{S}{N}\right)$$

式中，B 为信道带宽，单位符号为 Hz；S 为信号的功率；N 为噪声功率。

6. 信道带宽

模拟信道的带宽 $W = f_H - f_L$，其中 f_L 是信道能够通过的最低频率，f_H 是信道能够通过的最高频率，两者都是由信道的物理特性决定的。当组成信道的电路制成了，信道的带宽就决定了。为了使信号传输的失真小些，信道要有足够的带宽。模拟信道的带宽单位符号用 Hz 表示。

数字信道的带宽为信道能够达到的最大数据速率，从信道容量可以看到，两者可通过香农定理互相转换。

以 GSM 为例，它的某一个频道的中心频率是 890.2 MHz，那么它的频率范围就是 890.1 ~ 890.3 MHz，共 200 kHz，这 200 kHz 就是真正意义上的"带宽"，指的是频带宽度，即频谱宽度。在这个频带上，如果采用 GMSK 进行调制的话，那么在这 200 kHz 带宽内其调制速率就是 270.833 kb/s，这就是 GSM 传输的数据速率。数据速率通常是小于信道容量的，一个信道的容量在没有噪声的理想状态下可以由奈奎斯特准则测算出来，在有噪声的情况可以由香农公式测算出来。这 200 kHz 的带宽能承载的最高数据率是多少，可以根据信噪比计算出来。

我们日常生活中常常以数据传输速率（bit/s）作为"带宽"，比如我们常说家里的宽带是 100 M 的，就是指数据传输速率为 100 Mb/s。

0.5　通信知识进阶

0.5.1　如何将模拟信号转换成数字信号（A/D 转换）

在日常生活中，大部分信号（如语音信号）为连续变化的模拟信号。那么要实现模拟信号在数字系统中的传输，则必须在发送端将模拟信号数字化，即进行模/数（A/D）转换；在接收端需进行相反的转换，即数/模（D/A）转换。实现模拟信号数字化传输的系统如图 0.28 所示。

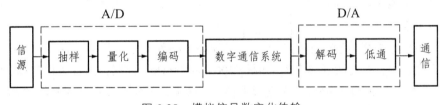

图 0.28　模拟信号数字化传输

从模拟到数字的转换包含了"采样""量化"两大过程，这两大过程是为了让模拟信号流转变成比特信号流。通常情况下，为了更有效率地表达我们想表达的内容，我们还需要对其进行"信源编码"，同时，电磁波在空中的传送是经常受到干扰的，比特信息在传送过程中出现错乱遗漏那是难免的事情，所以我们还要进行"信道编码"，增加信息的冗余度，同时想办法将连续的信息分散到不同的位置，以确保丢失的信息能够复原。

1. 声音变成比特流的第一步，采样——奈奎斯特采样定理

模拟信号数字化的第一步，就是在时间上对信号进行离散化处理，将在时间上连续的信号处理成在时间上离散的信号，这个过程叫作采样，如图 0.29 所示。就像我们在初中时画正弦曲线一样，老师会要求我们尽量多地描出一些点，比如（0，0）、（$\pi/6$，1/2）、（$\pi/4$，$\sqrt{2}/2$）等，在坐标轴上描图，然后用光滑的曲线把这些点连接起来，就成了连续的正弦函数曲线图。

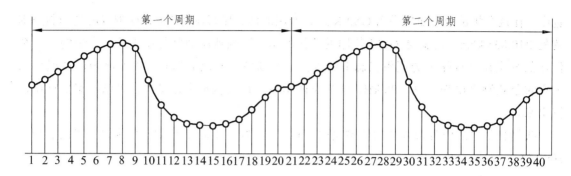

图 0.29 对模拟信号进行采样

那么问题来了，究竟要取多少个点，也就是说采样的频率多少，原有的连续时间信号所含的信息才不会丢失，才能完整地保留下来，然后无失真的将原模拟信号恢复出来？请不要小看"无失真"这三个字，如果信号失真了，你在电话里就听不出来是谁了。

通常认为肯定需要无穷个点才能保证信号能不被丢失地还原，也就是采样频率为无穷大。但在实际应用中是不可取的，采样频率越高，所采集的数据量则越大，需要占据更多的存储空间，更多的带宽和更长的传输时间，时延越大，通信效率越低。实际应用中希望采用的频率越低越好，但必须保证信号能无失真的恢复出来，那么采样频率多少合适呢？

著名的物理学家奈奎斯特给出了答案。他通过数学公式严格证明了在进行模拟/数字信号的转换过程中，当采样频率 $f_{s.max}$ 大于信号中最高频率 f_{max} 的 2 倍时（$f_{s.max} \geq 2f_{max}$），采样之后的数字信号完整地保留了原始信号中的信息，可以无失真的恢复原信号，这个结论被称为奈奎斯特采样定理。

要使模拟信号采样后能够不失真还原，采样频率必须大于信号最高频率的两倍。

在话音通信中，人类话音频率的范围是 300～3 400 Hz。根据奈奎斯特采样定理，要想无失真的恢复，需取其最大值 3 400 Hz 来进行采样，这意味着至少需要每秒 3 400×2＝6 800 次采样，产生 6 800 个采样值。但实际上，电话系统不是分配 3 400 Hz 的信道，而是分配 4 000 Hz 的信道，这是为了标准化和方便计算，所以当模拟话音信号转换为数字形式时，要保证每秒 8 000 次采样，每个采样的时间间隔是 $125\mu s \left(\dfrac{1}{8\,000} S \right)$。

2. 声音变成比特流的第二步，量化——从原始值到量化值

为什么要进行量化呢？道理很简单，电话系统中每秒钟至少要采样 8 000 次，即每秒产生 8 000 个采样值，因为采样值还是随信号幅度连续变化的，即采样值可以取无限多个可能值。采样后的最终目的是进行编码，可以想一下，需要多少位的编码才能表示无限多个值啊！假设要用一个 8 位二进制位组来进行编码，以便对该信号进行数字化处理，但是 8 位二进制比特只能表征 256 个电平值，而不能与无穷多个电平值相对应。这样一来，采样值必须被划分为 256 个离散电平，此电平被称为量化电平。

可以这样说，采样的作用是把一个时间连续信号变成时间离散的信号，而量化则是将取值连续的采样值变成取值离散的样值序列，如图 0.30 所示。

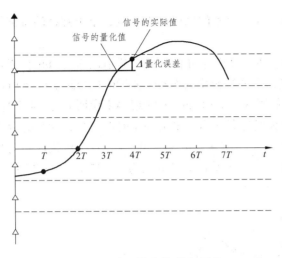

图 0.30　对采样的值进行量化

3. 声音变成比特流的第三步，信源编码——注意效率

经过了采样和量化后，我们只不过得到了一堆量化电平值，那么怎么对这些量化电平进行编码让其变成比特流呢，就涉及了编码问题，让我们来探讨一下。

其实我们每天都在编码，比方说每天说话就是在编码，每天写文章也是在编码，从某种意义上讲就是按照一定的协议规范将汉字进行排列组合。当然了，对于同一件事情，在人类世界可能有多种编码（语言）与之对应。

编码有一个最重要的问题就是效率问题，通信系统的资源是宝贵的，自然希望对一个量化电平的阐述能够尽量节约一点，占用少一点的电平。

下面用一个例子说明什么是编码的效率。将一首英文诗翻译成中文，哪一种翻译效率最高呢？

英文原文	文艺版
You say that you love rain, but you open your umbrella when it rains... You say that you love the sun, but you find a shadow spot when the sun shines... You say that you love the wind, But you close your windows when wind blows... This is why I am afraid, You say that you love me too...	你说烟雨微芒，兰亭远望； 后来轻揽婆娑，深遮霓裳。 你说春光烂漫，绿袖红香； 后来内掩西楼，静立卿旁。 你说软风轻拂，醉卧思量； 后来紧掩门窗，漫帐成殇。 你说情丝柔肠，如何相忘； 我却眼波微转，兀自成霜。
普通翻译版 你说你喜欢雨，但是下雨的时候你却撑开了伞； 你说你喜欢阳光，但当阳光播撒的时候，你却躲在阴凉之地；	**诗经版** 子言慕雨，启伞避之。 子言好阳，寻荫拒之。
你说你喜欢风，但清风扑面的时候，你却关上了窗户； 我害怕你对我也是如此之爱。	子言喜风，阖户离之。 子言偕老，吾所畏之。 **离骚版** 君乐雨兮启伞枝， 君乐昼兮林蔽日， 君乐风兮栏帐起， 君乐吾兮吾心噬。

单从编码效率而言,几个版本的翻译高下立判,至于翻译的诗词是否优美,就不是我们要考虑的内容了。

电话系统中,每秒抽取 8 000 个样值,每个样值用 8 个 bit 位来进行编码,共可以表示 2^8=256 个电平,每一路话音的数码率为 8 bit × 8 000=64 000 b/s = 64 kb/s。

为了简便起见,我们用 4 个 bit 位的 PCM 编码来说明问题。4 个比特可以表征 16 个量化电平,最高位比特设置为极性码,当电平值为正时取 "1",为负时取 "0",如图 0.31 所示。

图中共有 16 个量化区间,其量化间隔为 0.5 V,各个量化区间的判决电平依次为 − 4 V,− 3.5 V,…,3.5 V,4 V。16 个量化电平分别为 − 3.75 V,− 3.25 V,…,3.25 V 和 3.75 V。量化与编码结果如表 0.2 所示。

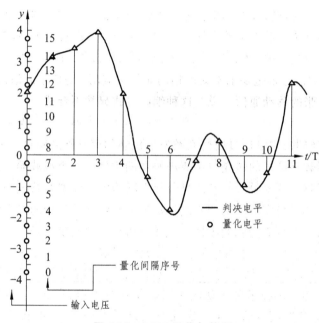

图 0.31　PCM 量化与编码

表 0.2　PCM 量化与编码

采样时间	6T	5T	7T	8T	4T	0T	1T	2T	3T
采样值	−1.76	−0.75	−0.2	0.4	1.9	2.1	3.2	3.4	3.9
量化电平	−1.75	−0.75	−0.25	0.25	1.75	2.25	3.25	3.25	3.75
二进制编码	0100	0110	0111	1000	1011	1100	1110	1110	1111

0.5.2　数字数据编码——信源编码与信道编码

数据编码有两种类型,一个是信源编码,另一个是信道编码。

1. 信源编码

上一小节所讲的编码就是信源编码，信源编码的主要作用是将来自信源的模拟信号进行数字化处理，处理后的数字信号经过信道编码后再放到信道里传输，所以信源编码的编码效率越高，说明需要传输的数据量小。信源编码的效率通常是通过压缩信源的冗余度来实现的，总结一下信源编码的作用：

（1）信源的模拟信号数字化；

（2）提高编码效率，去除冗余度，即通常所说的数据压缩。

常见信源编码方式有三种：波形编码、参量编码和混合编码。

（1）波形编码。

波形编码是直接将时域特性的模拟信号转换成数字信号，并力图使重建的模拟信号保持原信号的波形形状的方法。前面讲的采样、量化、编码（A/D 转换），就是典型的波形编码。

波形编码具有适应能力强、语音质量好等优点，但所用的编码速率高，一般在 16 ~ 64 kb/s 之间，压缩比低，在对信号带宽要求不太严格的通信中应用，适用于高清高保真音乐和语音。而对频率资源相对紧张的移动通信来说，这种编码方式显然不合适。

（2）参量编码。

参量编码又称声码器，它是通过模仿人类发生机制的声码器来构建一个话音生成的模型，从而实现话音信号到数字信号的转变。构成声码器的主体是一个滤波器，这个滤波器的作用相当于人类的发声器官——喉、嘴、舌的组合。声码器中滤波器的系数和若干声源参数由人类话音信号的频率特性所决定。声码器不断提取出人类话音信号中的各个特征参量并对特征参量进行编码，进而输出相应的脉冲序列，从而获得相应的数字信号。

具体说，参量编码是通过对语音信号特征参数的提取和编码，力图使重建语音信号具有尽可能高的可靠性，即保持原语音的语意，但重建信号的波形同原语音信号的波形可能会有相当大的差别。这种编码技术可实现低速率语音编码，一般在 2 ~ 4.8 kb/s，但语音质量只能达到中等，特别是自然度较低（不一定能听出讲话人是谁），不能满足商用话音质量的要求。

（3）混合编码。

混合编码是近年来提出的一种新的语音编码技术，是波形编码和参量编码的有机结合。它是基于话音产生模型的假定并采用了分析与合成技术，这一点与参量编码相同；同时，它又利用了话音时间波形信息，增强了重建话音的自然度，使得话音质量有明显的提高，这一点又与波形编码相似。

混合编码的特点是，数字话音信号中既包括若干话音特征参量又包括部分波形编码信息，因而综合了参量编码和波形编码各自的优点，既保持了参量编码低速率的长处，又有波形编码高质量的优点。混合编码的比特率一般在 4 ~ 16 kb/s，当编码速率在 8 ~ 16 kb/s 范围时，其话音质量可达到商用话音通信标准的要求，在现代数字移动通信系统中，基本都是采用混合编码。

2. 信道编码——寄快递了，如何运送玻璃杯

在一个通信系统中要能完成端对端的信号传递，光有信源编码是不够的。数字信号在传输中往往由于各种原因，可能在传送的数据流中产生误码，也可能丢失一些数据，比如某些比特从"0"变为"1"，某些比特从"1"变为"0"，光靠信源编码不能使接收端无差错地收到发送端发送的信号。为了达成这个目的，在信源编码的基础上，另外安排了一些冗余的比特，使系统具有一定的纠错能力和抗干扰能力，可极大地避免码流传送中误码的发生，这些"冗余编码"就称为信道编码，能使接收端自行验证信息是不是都正确了。

这就好像我们运送一批玻璃杯一样，为了保证运送途中不出现打烂玻璃杯的情况，我们通常都用一些泡沫或海绵等物将玻璃杯包装起来，这种包装使玻璃杯所占的容积变大，原来一部车能装 5 000 个玻璃杯的，包装后就只能装 4 000 个了，显然包装的代价使运送玻璃杯的有效个数减少了。同样，在带宽固定的信道中，总的传送码率也是固定的，由于信道编码增加了数据量，其结果只能是以降低传送有用信息码率为代价了。将有用比特数除以总比特数就等于编码效率，不同的编码方式，其编码效率有所不同。

信道编码是以提高信息传输的可靠性为目的的编码。通常通过增加信源的冗余度来实现。这与信源编码的效率追求看起来好像相悖，其实不然，就像玻璃杯一样，如果在保证运输途中玻璃杯不碎的前提下，减小包装体积（提高编码效率），是不是就可以装 4 500 个玻璃杯了？但前提一定是玻璃杯不能碎（数据不能损坏丢失），所以信道编码同样追求效率，前提是数据不能出错。

总结一下信道编码的作用：

（1）将信号变换为适合信道传输的信号；

（2）提高纠错能力，提高数据传输效率，降低误码率。

信道编码通过增加冗余比特的方法来使接收端发现错误，那么接收端发现了错误之后，如何才能对错误进行纠正呢？通信系统中设计了三种方式来进行纠错。

（1）检错重发法。

接收端在收到的信码中检测出错误时，立即设法通知发送端重发，直到正确接收为止。这是现代通信系统中主流的纠错方式。

（2）前向纠错法。

接收端不仅能在收到的信码中发现有错码，还能够纠正错码。对于一个二进制系统，如果能够确定错码的位置，就能够纠正它，这很好理解，因为二进制就"0"和"1"两个数字，非此即彼。这种方法不需要反向信道（传递重发指令），也不会反复重发而延误时间，实时性好。

（3）反馈校正法。

接收端将收到的信码原封不动地转发回发送端，并与原发送信码相比较，如果发现错误，则发送端再进行重发。这种方式效率相当低，一般不怎么用。

信道编码在通信中是一个非常重要的课题，与此相关的研究也层出不穷，比如线性分组码、卷积码、Turbo 码、奇偶校验码等。信道编码是如何发现自身的错误的，又是如何完成检错的？下面举个例子说明一下。

假设用 1 个 bit 编码表示天气是否下雨，0 表示晴，1 表示雨。接收端接收后，0 变成了1，1 变成了 0，请问接收端能够检测出错误吗？能进行纠错吗？答案是不能。

那么我们增加 1 位监督码,用 00 表示晴,11 表示雨。如果在传送的过程中,1 位(就是 1 个 bit)发生了错误,变成了 01 或者是 10,这个时候系统能检测出错误,但是不能进行纠正。

我们再增加 1 位监督码,用 000 表示晴,111 表示雨。如果在传送的过程中,还是 1 位发生了错误,变成了 001、010、100 或者 110、101、011,这个时候系统既能检测出错误,又能对错误进行纠正。比如出现了"100"的码型,不用说,肯定是 000 的高位发生了错误,因为"111"的码型只错一位是无论如何不会变成"100"的。但是对于 2 为错误,就没法纠正了,这就是纠错能力。

0.5.3 调制与解调——给频谱搬搬家,一楼看得近,顶楼看得远

1. 什么是调制

现代通信已完成由模拟到数字的伟大转变,所以现今的数字传输技术是通信的研究方向之一。即使是话音信号这样的模拟信号也可以先进行数字化,转变成相应的数字信号后再进行数字传输。

数字信号的传输可以分为基带传输与频带传输。基带信号一般指未经过处理的原始信号,在某些有线信道中,特别是传输距离不太远的情况下,数字基带信号可以直接传输,像计算机网络中用的双绞线传输数据,这称为基带传输。而在另外一些信道,特别是无线信道和光信道中,数字基带信号必须经过调制,将信号频谱搬移到高频处才能在信道中有效传输,这就称为频带传输或载波传输。具体来说,为了使传输的信息适合在信道中长距离传输,在发送端将基带信号(原始信号)变换成适合在信道上传输的频带信号,这个过程叫作调制;在接收端将经过处理的频带信号变换成基带信号的过程叫作解调。

2. 为什么要调制

(1)传输距离。无线通信中,电磁波走的就是大气层,而对大气层而言,语音信号的频率太低(人的耳朵能听到的声音频率范围是 20 Hz ~ 20 kHz),这个频率的信号在大气层中传输时将会急剧衰减(大家想象一下声音的传播距离,这是件好事啊,如果不衰减,那么大家还可以说悄悄话吗,这个世界是不是充满了嘈杂),较高频率范围的信号可以在大气层中传播到很远的距离。所以说,要想在大气层中长距离传输语音,就需要将语音信号嵌入到另一个高频率的载波上。

(2)天线尺寸。手机和通信基站等设备都要有天线,一般天线尺寸为电磁波波长的 1/4 为最佳。按照语音信号的最高频率 20 kHz 计算,其波长为:

$$\lambda = \frac{3 \times 10^8 / s}{20\ 000} = 15\ 000\ \text{m}$$

实际上是不可能架设这么长的天线的,所以通过调制可以将频率搬移到更高的频率上去,从而减小天线的尺寸。

（3）高频段易于频分复用。大家都听过广播，如果想听哪个节目就换到哪个频道，换频道其实就是调频。通过调制可以将不同的节目调制到不同的频段，对某个频段解调就实现了某个节目的收听。

3. 如何调制

经过上面的分析，大家在心里肯定达成了一致，要实现远距离传输就一定要经过调制，那么怎么实现调制呢？

我们知道电磁波是一种波，它具有波的特性，就像正弦波和余弦波，波具有幅度、频率和相位三个参数，调制就可以从这三个参数着手，针对原始信号的这三个参数调制，把原始信息嵌入进去，这三种调制技术分别叫作幅移键控（ASK）、频移键控（FSK）、相移键控（PSK），可以简称为调幅（AM）、调频（FM）、调相（PM），我们以数字信号为例逐一说明，如图0.32所示。

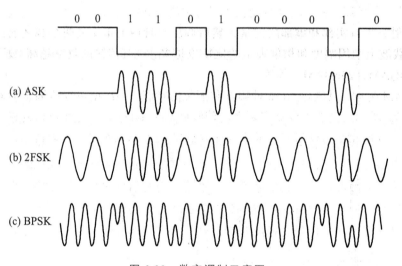

图 0.32　数字调制示意图

（1）幅移键控（ASK）。

用数字信号调制载波的振幅，如图0.32（a）所示。由于数字信号只有0和1两个电平，相乘的结果相当于将载波接通或关断，当调制的数字信号为1时，传输载波，为0时，不传输载波。表达式如下：

$$s(t) = \begin{cases} A\sin(2\pi ft) \\ 0 \end{cases}$$

（2）频移键控（FSK）。

用数字信号调制载波的频率，如图0.32（b）所示。用两个不同频率的载波表示两个二进制值，将数字信号0对应于载波f_1，数字信号1对应于载波f_2。表达式如下：

$$s(t) = \begin{cases} A\sin(2\pi f_1 t) \\ A\sin(2\pi f_2 t) \end{cases}$$

（3）相移键控（PSK）。

用数字信号调制载波的相位，如图 0.32（c）所示。使用两个相差 180° 的相位来表示两个二进制数。表达式如下：

$$s(t) = \begin{cases} A\sin(2\pi ft + 0) \\ A\sin(2\pi ft + \pi) \end{cases}$$

（4）正交振幅调制（QAM）。

如同编解码一样，调制方法也是通信科学重点研究的方向，上面是数字信号三种最基本的调制方法，但是其最大的缺点就是携带的信息量太少，后面又研究出很多种调制方法，很多调制方法都是上述三种基本方法的改进或组合，例如：正交振幅调制 QAM 就是调幅和调相的组合，QAM 是无线通信中应用最为广泛的调制方式；MSK 是 FSK 的改进；GMSK 是 MSK 的一种改进，是在 MSK（最小频移键控）调制器之前插入了高斯低通预调制滤波器，从而可以提高频谱利用率和通信质量；OFDM 则可以看作是对多载波的一种调制方法。

QAM 是一种幅度、相位联合调制技术，同时使用载波的幅度和相位来传递信息比特，将一个比特映射为具有实部和虚部的矢量，然后调制到时域上正交的两个载波上，最后进行传输。每次在载波上利用幅度和相位表示的比特位越多，则其传输的效率越高。通常有 4QAM，16QAM，64QAM，256QAM，等等。

以 16QAM 为例，其规定了 16 种幅度和相位的状态，一次就可以传输 1 个 4 位的二进制数，如图 0.33 所示。当然可以规定更多的传输状态（采样点），这种状态越多，则传输效率越高。目前 4096QAM 的调制方式都已经在研制中，而 2048QAM 的调制方式已经在微波产品中得到应用。

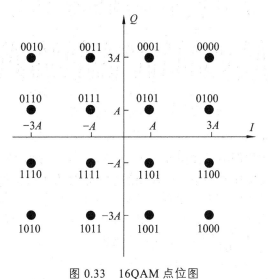

图 0.33 16QAM 点位图

0.5.4 电磁波的传输特性

1. 电磁波频谱

电磁波频谱如图 0.34 所示。

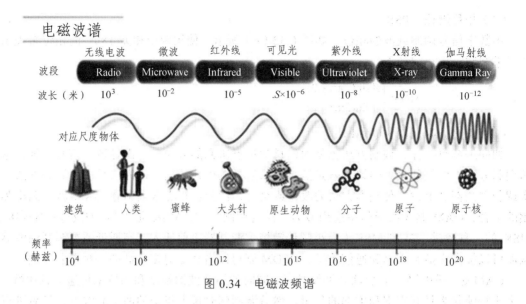

图 0.34　电磁波频谱

长波：是指频率为 300 kHz 以下，波长为 1 000～10 000 m 的无线电波。其传播方式主要是绕地球表面以电离层波的形式传播，作用距离可达几千到上万千米，它的传播距离由发射机的功率和地面情况所决定，一般不超过 3 000 km。长波可以进入海水和土壤，但中波和短波都不能进入水里，所以长波多用于海上、水下、地下的通信与导航，比如说潜艇，一般就用长波进行通信。长波主要用作无线电导航，标准频率和时间的广播以及电报通信等。

中波：频率为 300 kHz～3 MHz 的无线电波，靠地面波和天空波两种方式进行传播。在传播过程中，地面波和天空波同时存在，有时会给接收造成困难，故传输距离不会很远，一般为几百千米。主要用作近距离本地无线电广播、海上通信、无线电导航及飞机上的通信等。

短波：短波是指波长在 10～100 m，频率范围 3～30 MHz 的无线电波，短波的传播主要靠天空波来进行的，它能以很小的功率借助天空波传送到很远的距离。主要是远距离国际无线电广播、远距离无线电话及电报通信、无线电传真、海上和航空通信等。

超短波：又叫米波或甚高频无线电波，波长范围为 1 m～10 m，频率为 30～300 MHz 的无线电波。主要传播方式是直射波传播，传播距离不远，一般为几十千米。主要用作调频广播、电视、导航、雷达及射电天文学等。

微波：频率在 300 MHz～300 GHz，波长在 1 mm～1 m 的电磁波，是分米波、厘米波、毫米波的统称。微波的基本性质通常呈现为穿透、反射、吸收三个特性。对于玻璃、塑料和瓷器，微波几乎是穿越而不被吸收，对于水和食物等就会吸收微波而使自身发热（微波炉）；而对金属类东西，则会反射微波。微波主要是直射波传播。微波的天线辐射波束可做得很窄，因而天线的增益较高，有利于定向传播；又因频率高、信道容量大，应用的范围也很广，主要用作定点及移动通信、导航、雷达定位测速、卫星通信、中继通信、气象以及射电天文学等方面。

2. 电磁波传播方式

电磁波传播的方式有地表波、直射波、反射波、绕射波和散射波。

（1）地表波传播。

　　地表波的传播性能与地面的导电性能有关，导电性越好，传播损耗就越小，在同样功率的情况下传播的距离就越远。地表波的传播损耗随着频率的升高而急剧增加，一般超过 2 MHz 以上传播效果就比较差。地表波的一大优点是性能稳定，不易受季节和气候的影响，如图 0.35 所示。

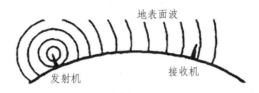

图 0.35　地表波传播

（2）直射波传播。

　　发送端与接收端在视距范围内直接传播信号，如图 0.36 所示。与地表波不同的是它几乎不受地面的影响，并且只能在视距内传播。在超短波以上波段，电磁波的传播主要以直射波为主。受地表面曲率的影响，直射波的传播一般不超过 50 km，在发射功率和接收灵敏度足够的情况下，发、收两端的天线越高，电波传播的距离就越远，一个城市里电视台的发射天线往往置于最高的建筑物上就是这个道理。电磁波在直射波信道中传播时主要要考虑的是地面或各种建筑物的反射，它会使电视图像出现重影，或使接收端的信号出现衰落。可以通过提高天线的方向性、调整接收天线以避开各个反射波来解决这个问题。

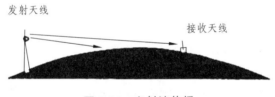

图 0.36　直射波传播

（3）反射波传播。

　　距地面 60 km 以上的空间有一个由电子、离子等组成的电离层。电离层中的电子浓度、高度和厚度等受太阳的电磁辐射、季节的变化等影响会发生随机变化。当电磁波照射到电离层时，电离层中的带电粒子受激振动，向外辐射电磁波，宏观上看形成了电磁波的折射，其中有一部分会返回地面；就好像电离层对电磁波进行了反射，故将这种信道称为电离层反射信道。电离层对短波波段（3～30 MHz）的电磁波的反射作用比较明显，故电离层反射信道常被用于短波通信和短波广播。短波也可沿地表面传播，但距离较近，一般在 20 km 以内。由于地表面对短波电磁波也有反射作用，因此借助于电离层与地面之间的多次反射，可以进行全球通信，如图 0.37 所示。

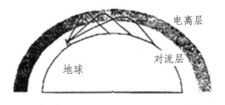

图 0.37　反射波传播

（4）绕射波传播。

物理学中把波绕过障碍物而传播的现象称为绕射，如图0.38所示。当障碍物小于电磁波的波长时，对电磁波的传播几乎没有影响，电磁波能够绕过障碍物，不受干扰的通过；当障碍物大小与电磁波波长向当时，就会出现复杂的绕射现象；当障碍物大于电磁波波长时，障碍物背后会出现电磁波阴影，大部分能量将被反射。大家可以思考一个问题，为什么汽车尾灯、交通指示灯等警告、报警用的灯光都用红光？这是因为可见光里面红色光的波长最长（频率最低，顺序为赤橙黄绿青蓝紫），容易与大气中的颗粒、水蒸气等发生绕射现象，传播距离最远（著名科学家爱因斯坦先生说过，光具有波粒二象性）。

所以，电磁波在传播途径中遇到大障碍物时，电波会绕过障碍物向前传播，这种现象叫作电磁波的绕射。

图0.38　绕射波传播

（5）散射波——为什么天空是蓝色的。

我们看到的天空，经常是蔚蓝色的，特别是一场大雨之后，天空更是幽蓝得像一泓秋水，令人心旷神怡。天空为什么是蔚蓝色的呢？阳光进入大气时，波长较长的色光，如红光，透射力大，能透过大气射向地面；而波长短的紫、蓝、青色光，碰到大气分子、冰晶、水滴等时，就很容易发生散射现象。被散射了的紫、蓝、青色光布满天空，就使天空呈现出一片蔚蓝了。

电磁波在传播的过程中遇到障碍物表面粗糙或者其体积小但数目多时，会在其表面发生散射，形成散射波。散射波可能散布于许多方向，因而电磁波的能量也被分散于多个方向。

无线信道的工作频率和传播方式如表0.3所示。

表0.3　无线信道的工作频率和传播方式

名称	频率范围	波长范围	主要传播方式	用途
长波	30～300 kHz	1～10 km	地表面波传播	远距离通信、导航
中波	300～3 000 kHz	0.1～1 km	地表面波传播	调幅广播、船舶通信、飞行通信
短波	3～30 MHz	10～100 m	地表面波传播 电离层反射传播	调幅广播、调幅与单边带通信
超短波	30～300 MHz	1～10 m	直射波传播 对流层散射传播	调频广播与通信、雷达与导航、移动通信
微波	300 MHz 以上	1 m	直射波传播	微波接力通信、卫星通信、移动通信

3. 电磁波传播现象

（1）功率计算。

常用的功率计算单位包括 dB、dBm、dBw，其中 dB 是用来衡量被测量功率与某一基准功率的比值。计算公式：被测量功率（dB）= 10×lg（测量功率/基准功率）。

当基准功率取为 1 mW 时，此 dB 值以 dBm 表示。

当基准功率取为 1 W 时，此 dB 值以 dBw 表示。

例如，100 mW 换算成 dBm，换算过程如下：

$$10 \times \lg\left(\frac{100 \text{ mW}}{1 \text{ mW}}\right) = 10 \times \lg(10^2) = 10 \times 2 = 20 \text{ dBm}$$

大家可以试计算 1 W（1 000 mW）等于多少 dBm？

使用 dB 单位可以方便地将功率间的倍数运算（乘除）转换为 dB 间的加减预算。

$$\lg(p1 \times p2) = \lg(p1) + \lg(p2)$$

$$\lg\left(\frac{p1}{p2}\right) = \lg(p1) - \lg(p2)$$

在通信中，一般电磁波功率的衰减和增益都用 dB 表示，功率的倍数和 dB 之间有个近似的换算关系，每增大或减小 3 dB，相当于功率增大或减小一半。

$$\lg\left(\frac{100 \text{ mW}}{50 \text{ mW}}\right) = \lg(2) - 3 \text{ dB}$$

例如：100 mW = 20 dBm，那么

$$200 \text{ mW} \approx 20 \text{ dBm} + 3 \text{ dB} = 23 \text{ dBm}$$

$$50 \text{ mW} \approx 20 \text{ dBm} - 3 \text{ dB} = 17 \text{ dBm}$$

dBm 与 dBw 都是绝对功率单位，代表了实际功率大小；而 dB 为相对功率单位，表示两个功率的比值。

大家可以试计算 800 mW 等于多少 dBm？25 mW 等于多少 dBm？

（2）电磁波路径损耗。

如果考虑一种理想的环境，在该空间里没有反射、折射、阻挡等情况，各向同性，电导率为 0，这叫作自由空间。电磁波在自由空间传播与在真空中传播一样，只有直线传播的损耗，那么电磁波在自由空间的路径损耗为：

$$L = 32.45 + 20 \lg f + 20 \lg d$$

其中，f 为电磁波的频率，单位符号为 MHz；d 为传输的距离，单位符号为 km。

通过公式可以看出，传播距离 d 越远，电磁波的频率 f 越高，自由空间路径损耗越大。

在实际的环境中，电磁波在空气中的传播损耗肯定要大于自由空间，当电磁波穿过障碍物时，能量将会大幅度减小（见图 0.39），不同物质对电磁波的损耗情况也不相同，如表 0.4 所示。

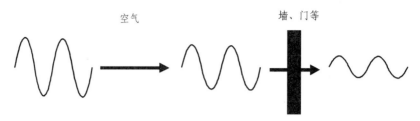

空气　　　　　　　　　墙、门等

图 0.39　电磁波路径损耗和穿透损耗

表 0.4　不同障碍物对电磁波衰减的影响

障碍物	衰减程度	举例
开阔地	极少	自助餐厅、庭院
木制品	少	内墙、办公室隔断、门、地板
石膏	少	内墙（新的石膏比老的石膏对无线信号的影响大）
合成材料	少	办公室隔断
煤渣砖块	少	内墙、外墙
石棉	少	天花板
玻璃	少	没有色彩的窗户
人体	中等	大群的人
水	中等	潮湿的木头、玻璃缸、有机体
砖块	中等	内墙、外墙、地面
大理石	中等	内墙、外墙、地面
陶瓷制品	高	陶瓷瓦片、天花板、地面
纸	高	一卷或者一堆纸
混凝土	高	地面、外墙、承重梁
防弹玻璃	高	安全棚
镀银	非常高	镜子
金属	非常高	办公桌、办公隔断、混凝土、电梯、文件柜、通风设备

（3）电磁波阴影效应。

就像物体在太阳下会留下影子一样，电磁波在障碍物后面也会留下阴影，如图 0.40 所示。

超短波、微波的频率较高，波长短，绕射能力弱，在高大建筑物后面信号强度小，形成"阴影区"。信号质量受到影响的程度，不仅与建筑物的高度、接收天线与建筑物之间的距离有关，还与频率有关。例如有一个建筑物，其高度为 10 m，在建筑物后面距离 200 m 处，接收的信号质量几乎不受影响，但

图 0.40　电磁波的阴影效应

在 100 m 处，接收信号场强比无建筑物时明显减弱。信号减弱程度还与信号频率有关，对于 216～223 MHz 的射频信号，接收信号场强比无建筑物时低 16 dB，对于 670 MHz 的射频信号，接收信号场强比无建筑物时低 20 dB。如果建筑物高度增加到 50 m 时，则在距建筑物 1 000 m 以内，接收信号的场强都将受到影响而减弱。也就是说，频率越高、建筑物越高、接收天线与建筑物越近，信号强度与通信质量受影响程度越大；相反，频率越低，建筑物越矮、接收天线与建筑物越远，影响越小。

慢衰落是指接收信号强度随机变化缓慢，具有十几分钟或几小时的长衰落周期。慢衰落主要就是由阴影效应和能量扩散引起的。

所以，通信公司一般都选择把基站建在楼顶和铁塔上。

（4）电磁波多径效应。

电磁波在传播过程中受到建筑物、起伏地形和花草树木等地形地貌的影响而产生的反射、折射、绕射、散射等，从而使电磁波沿着不同的路径传播，这称为多径传播。

这些通过不同的路径到达接收端的信号，无论是在信号的幅度，还是在到达接收端的时间及载波相位上都不尽相同，接收端接收到的信号是这些路径传播过来的信号的矢量之和，这种效应就是多径效应。多径效应是电磁波传播中最为普遍的现象，如图 0.41 所示。

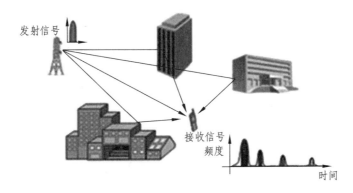

图 0.41 电磁波的多径效应

快衰落指的是接收信号强度随机变化较快，具有几秒钟或几分钟的段衰落周期。快衰落主要是由电波传播中的多径效应引起的。

除了路径损耗、阴影效应和多径效应外，电磁波在传播过程中还会受到远近效应、多普勒效应等多种传播影响，同学们可以去查找相关资料，去研究一下其他几种影响。

（5）电磁波干扰。

电磁干扰（Electromagnetic Interference，EMI）是指无线电台间的相互干扰（见图 0.42），就像在飞机上不能用电子设备，就是担心电子设备的电磁波会干扰飞机的通信、导航、操纵系统，也会影响飞机与地面塔台的联系，尤其是飞机起飞下降时干扰更大。

图 0.42 电磁波干扰示意图

电磁干扰是伴随着电磁波的发现与生俱来的，下面简要介绍三种典型的干扰。

① 同频干扰。

同频干扰是指无用信号的载频与有用信号的载频相同，相同频率的电磁波互相叠加，对接收同频有用信号的接收机造成的干扰。

在移动通信系统中，为了提高频率利用率，增加系统的容量，常常采用频率复用技术。频率复用是指在相隔一定距离后，在给定的覆盖区域内，重复使用同一个频率的载波，使用同一组频率的小区称为同频小区，如图 0.43 所示。同频小区之间的干扰就是同频干扰。

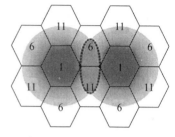

图 0.43 同频干扰

随着系统规模的不断扩大，频率复用度必然增加，从而同频干扰产生的机率也会大大增加。其实，在无线通信系统中，凡是与有用信号具有相同频率的无用信号，或者与有用信号具有不同频率，但频差不大，能进入同一接收机通带的无用信号，都能产生同频道干扰。

同频干扰是普遍存在的，所以就需要将电磁波按频段进行划分，不同频段的电磁波分给不同的应用。

② 邻频干扰。

邻频干扰是指相邻或相近的频道信号之间的相互干扰。由于调频信号含有无穷多个边频分量，当其中某些边频分量落入邻道接收机的通带内，就会造成邻频干扰，如图 0.44 所示。

在实际的使用过程中，邻频干扰主要是指所使用信号频率的相邻频率的信号干扰，接收滤波器性能不理想，使得相邻的信号泄漏到了传输带宽内引起干扰。

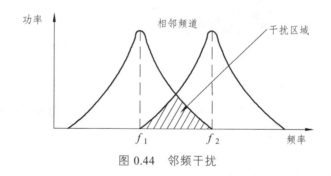

图 0.44 邻频干扰

③ 互调干扰。

互调干扰是由发射机中的非线性电路产生的，当多部不同频率的发射机设置在同一地点时，它们的信号都可能通过电磁耦合或其他途径进入到其他发射机中。在发射机非线性器件的作用下，会产生很多谐波和组合频率分量，其中与接收机所需要的信号频率 ω_0 相接近的组合频率分量会顺利通过接收机而形成干扰，这种干扰称为互调干扰。

（6）频谱资源是宝贵的。

就像土地、矿产、河流、森林一样，无线电频谱也是一种自然资源，且是一种特殊而稀缺的战略资源。在国际上，绝大多数国家都实行无线电频谱资源国家所有的制度。2007 年我国出台的《中华人民共和国物权法》第五十条规定："无线电频谱资源属于国家所有。"

从理论上讲，电磁频谱资源是无限的，因为电磁波充满整个宇宙空间。但是，受科学技术发展水平和电波传播特性的制约，人类目前能够利用的无线电频谱资源局限在一定的频率范围内。

随着各种无线电技术应用的迅猛发展，无线电频谱资源紧张的状况日益突出。各种无线电技术和业务的广泛应用，使国民经济各行业和各领域对频谱资源的需求不断增长；随着军队和国防现代化建设的推进，国防建设的用频需求也在快速增长；移动互联网、物联网等新一代信息技术的发展也对频谱资源提出新的需求。

我国的无线电是由工业和信息化部无线电管理局负责管理，主要职责有：编制无线电频谱规划；负责无线电频率的划分、分配与指配；依法监督管理无线电台（站）；负责卫星轨道位置协调和管理；协调处理军地间无线电管理相关事宜；负责无线电监测、检测、干扰查处，协调处理电磁干扰事宜，维护空中电波秩序；依法组织实施无线电管制；负责涉外无线电管理工作。我国的频率分配如图 0.45 所示。

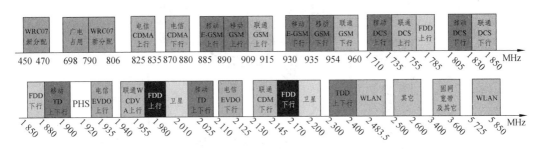

图 0.45　每个应用分配使用不同的频段

（7）ISM 频段。

ITU-R（ITU Radiocommunication Sector，国际通信联盟无线电通信局）定义了几个频段，取名叫 ISM 频段（Industrial Scientific Medical Band），主要是开放给工业、科学和医学三个主要机构使用，无须授权许可（属于 Free License）。

ISM 频段允许任何人随意地传输数据，只需要遵守一定的发射功率（一般低于 1 W），并且不要对其他频段造成干扰即可。

2.4 GHz 频段为各国共同的 ISM 频段。因此无线局域网、蓝牙、ZigBee 等无线网络，都是工作在 2.4 GHz 频段上。

0.6　智能环卫监管系统项目描述

随着各大城市经济的发展和城市规模的日益扩大，环境卫生问题越来越受到人们的关注，在增强生产能力、提高生产效率的同时，车辆调度效率、安全管理和安全运行问题也凸现出来。主要表现在：大量工作在室外反复执行，作业对象、管理对象覆盖全区，有效管理的难度较高；工作人员、工作车辆数量众多，难以有效调度，以提高工作质量和效率；工作成果直接影响市民生活质量和城市管理水平，社会期望较高；大量突发事件如火灾等联合处置往往需要市容环卫工作配合，对参与紧急事件的应急反应能力也有较高的要求等。

为提高监控管理水平，更加科学、有效地对车辆和人员进行实时监控和管理，提高区容环境管理工作效率和质量，应对区容环境管理工作日益增长的压力，更好地适应青岛市西海岸新区建设的快速发展需要，新区环卫局希望能够借助物联网技术和先进的现代通信技术构建一套完善的远程监控、指挥和调度管理系统。

本地知名物联网系统集成商"青岛山科智汇信息科技有限公司"（以下简称山科智汇）组织物联网工程技术研发团队参加了西海岸新区的招投标，并获得中标。山科智汇根据用户需求设计了基于物联网的智能环卫监管系统，主要功能框架如图 0.46 所示。

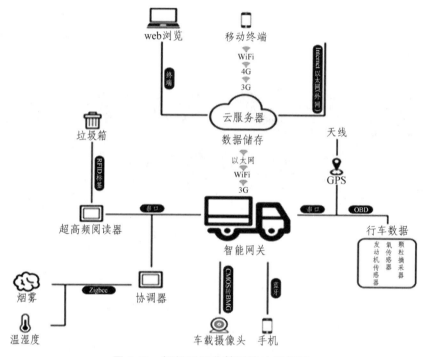

图 0.46　智能环卫监管系统功能框架

智能环卫监管系统是结合物联网教学实训平台而开发的实际应用项目，实现了应用与推广。通过本系统，不仅可以实现对垃圾桶的准确定位和有效管理，而且对于每个垃圾桶是否需要清理垃圾、何时清理等进行智能的跟踪管理，同时对垃圾车的运行轨迹、用油量、故障检测、环境报警和人员监控等方面进行管理，极大地提高了环卫工作的管理效率。

智能网关通过串口和 RFID 阅读器、协调器、GPS、OBD（On-Board Diagnostic 的缩写，中文翻译为"车载诊断系统"，这个系统随时监控发动机的运行状况和尾气后处理系统的工作状态，一旦发现有可能引起排放超标的情况，会马上发出警示）模块进行数据传输，利用 3G和云服务器进行数据交互，通过蓝牙模块和手机通信。此外，网关可外接摄像头，云平台服务器通过 3G、WiFi 等方式接收并存储网关发来的数据，并通过界面显示给用户；同时，云服务器和移动终端进行数据传输，使用户通过手机实时查看当前的车辆信息、标签信息、环境信息、报警信息、视频信息等。

从系统设计角度看，本系统主要分为三大部分，即车载终端设计、云平台服务器设计和手机终端设计。

0.6.1　车载终端

车载终端部分主要包括数据采集、数据解析、终端配置及显示、数据通信这四个模块，如图 0.47 所示。

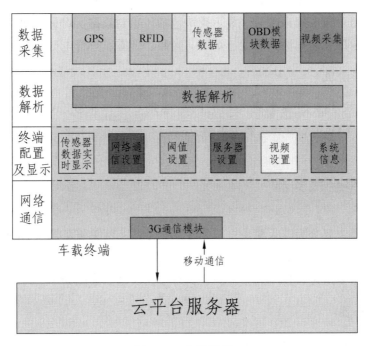

图 0.47　车载终端

1. 数据采集模块

数据采集模块的主要功能是采集终端模块的数据，其中终端模块包括 GPS 模块、RFID 模块、传感器模块、OBD 模块和视频模块。

GPS 模块：利用 GPS 模块采集车辆的位置信息，包括车辆的实时位置、实时速度、方位角等信息。

RFID 模块：垃圾箱上贴 RFID 标签，利用 RFID 标签区分每个不同的垃圾箱，利用超高频阅读器读取各 RFID 标签，并通过串口发送给网关。

传感器模块：烟雾、温湿度等传感器模块采集车厢内的烟雾、温湿度信息，并将采集到的环境信息通过 ZigBee 网络发送给协调器，协调器通过串口将信息上传给网关。

OBD 模块：OBD 模块主要用于采集车辆的行驶信息，包括行驶速度、油耗、行驶里程等。

视频采集模块：视频采集模块主要将摄像头采集到的视频数据压缩后，传送到终端，以方便监管。

2. 数据解析模块

数据解析模块主要功能是将数据采集模块采集到的数据根据制定好的通信协议进行解析处理，转换成我们能够读懂的数据格式。

3. 终端配置及显示模块

终端配置包括网络通信配置、阈值设置、服务器设置和视频设置，其中网络通信配置即选择网关端的通信方式；阈值设置即对环境信息设置低阈值和高阈值，当超出阈值范围就发出提醒或者报警；服务器配置主要用于车载终端连接服务器时，配置服务器的 IP 地址和端口号；视频设置即打开或关闭摄像头。显示模块包括传感器数据实时显示和系统信息显示，其中传感器数据显示即显示车厢内温度、湿度、光照、烟雾、热释电红外等环境信息。

4. 数据通信模块

数据通信模块主要配置车载终端的网络连接。终端提供 WCDMA、CDMA2000、TD-SCDMA、TD-LTE 等 3 G 无线数据通信方式。

0.6.2　云平台服务器

云平台服务器主要分为三大模块：车载终端服务器（网关服务器），Web 服务器和 Web Service 模块，如图 0.48 所示。

这三个模块主要通过数据库连接在一起，每个模块主要功能如下：

1. 网关服务器

网关服务器启动后，等待网关的连接。当有连接请求时，建立连接，接收网关发送的数据，并解析存储到数据库中，服务器支持并发连接。

网关服务器有简单的用户界面（UI）显示，主要显示连接信息和数据包日志信息。

2. Web 服务器

（1）车辆实时位置显示：获取数据库中所有车辆实时位置，通过调用百度地图 API（Application Programming Interface，应用程序编程接口）在百度地图上显示出来。

（2）轨迹显示：根据用户点选的车辆和时间段，查询数据库中信息，在地图中画出车辆的运行轨迹，并统计出此段时间的车辆行驶信息，显示给用户。

（3）车辆实时信息显示：地图下方以列表的形式显示车辆实时信息，如车速、方向、司机、位置等，随着车载终端上传的数据包，实时更新，方便用户查看。

（4）报警信息显示：当车的行驶状态超过预设的值时，报警提醒用户。

（5）车辆信息查询：查询车辆的车牌、车辆信息、司机信息、注册日期等信息。

（6）车辆里程信息查询：根据车辆时间段查询里程、平均时速等里程信息。

（7）车厢环境参数历史查询：根据车辆、时间段、查询车辆历史环境参数记录，并可以形成柱状图等直观的信息。

（8）报警信息历史查询：根据用户选定时间段、车辆、报警类型，查询报警历史记录。

（9）视频监控：根据选定的车辆，视频实时查看车辆状态。

（10）用户管理：管理用户登录账号信息。

（11）RFID 标签管理：管理 RFID 标签信息。

（12）车辆管理：对车辆信息的管理，注册新车辆，注销旧车辆，修改车辆信息等。

（13）报警管理：主要是对报警预值的设定，包括最高时速、停车时间、车厢环境参数、区域、路线。

（14）服务器后台：主要完成数据库数据的查询分析工作。

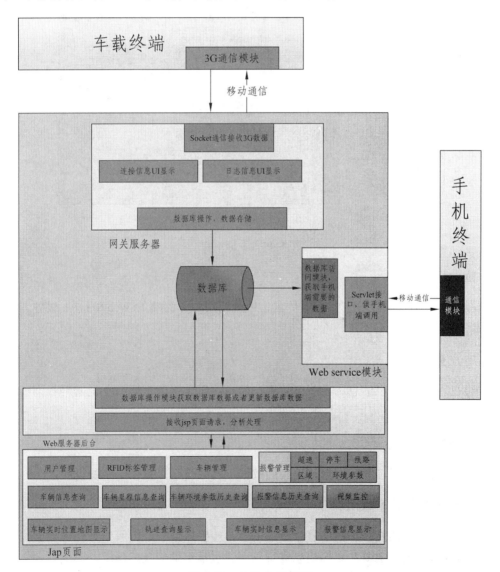

图 0.48 云平台服务器

3. Web Service 模块

通过 Web Service 为手机端远程访问数据库提供接口。

0.6.3 手机终端

手机端系统支持 Android4.0 以上版本的手机和 iOS 5 以上版本的手机。手机终端除了和云平台服务器进行通信的通信模块外，还包括用户登录模块、数据解析模块、信息管理和显示模块，如图 0.49 所示。

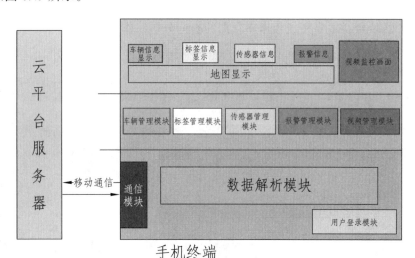

图 0.49　手机终端

1. 通信模块

该模块利用 WiFi 或 3 G 进行数据传输，通过调用服务器端的 Web Service 服务，负责与服务器端进行通信。

2. 用户登录模块

该模块负责维护用户信息，主要支持用户信息注册、修改密码、忘记密码查询和用户登录等功能。

3. 数据解析模块

该模块负责解析通过无线网络请求到的数据，将解析结果提供给别的模块。

4. 信息管理和显示模块

手机终端管理的模块有车辆信息、标签信息、传感器信息、报警信息和视频模块。

（1）车辆管理模块主要对车辆信息进行管理，包括车辆信息的请求，车辆列表的请求，将车辆信息提供给显示模块等功能。

（2）标签管理模块主要对 RFID 的标签信息进行管理，包括请求标签信息，将标签信息提供给显示模块等功能。

（3）传感器管理模块负责请求车辆的传感器数据，并将数据提供给显示模块。

（4）报警管理模块负责报警信息列表的管理，向后台请求报警列表的数据，将请求的报警数据提供给显示模块。

（5）视频管理管理模块主要负责视频相关的管理，包括从后台请求视频流，并将视频流提供给显示模块。

（6）显示模块主要负责显示各个管理模块的数据信息，并直接与用户交互，将用户的输入信息提供给相应的管理模块。

山科智汇组织了三个项目实施小组，分别从车载终端、云平台服务和手机终端三个方面同步设计和研发，小组之间互相沟通协调以保证项目进度和数据格式的统一。

大家可以看到，一个物联网项目的研发和实施涉及很多技术的综合运用，包括传感器技术（项目中用到 RFID 射频识别、视频图像采集、GPS 定位、温湿度光照传感器和烟雾传感等传感技术）、编程技术（项目中用到 C 语言和 Java 语言开发技术）、数据库技术（MySQL 和 SQL 数据库）和 Web 服务器搭建与网页开发技术等。掌握物联网应用项目软件集成的关键，是利用第三方提供的软件接口 API 或硬件 SDK 开发包将第三方软件功能或硬件设备集成到自身系统中（如项目涉及使用百度地图 API）；同时熟练掌握物联网应用项目系统实施部署的关键，利用各种通信手段实现数据畅通交互（项目中涉及串口通信，RFID、Zigbee、蓝牙和 WiFi、3 G 等近远距离通信技术）。

在物联网中，通信技术起着沟通桥梁的作用，采用各种不同的通信技术将分布在各处的物体互联起来，实现数据的传递和共享，才能实现真正意义上的"物联"。通信技术是物联网的核心和关键技术，一个好的通信技术是构建一个系统成功与否的关键。所以学好物联网中常用的通信技术，尤其是学会物联网通信技术在物联网项目研发和实施中的应用就显得至关重要。

山科智汇是学院校外实习基地，有多年的项目合作经验，本项目经过校企双方建设团队按照教学计划要求进行了精简和重构，使其符合高职教学特点和实训环境要求，经过精简后的项目内容对应的教学任务描述如表 0.5 所示。

表 0.5　典型工作项目与教学任务对照表

工作项目 （企业需求）	项目描述	教学项目 （工作任务）	任务描述
项目 1	实现车载网关的串口通信功能，使得网关通过串口和外围设备进行数据交互，如 ZigBee 无线传感采集设备、GPS 定位设备和 RFID 高频阅读器设备等	任务 1	通过串口线和电脑连接，测试串口通信，实现网关和 PC 端的稳定串口通信，监测设备是否正常运行，并接收异常数据和报警信号
		任务 2	使用 C 语言编写程序，实现串口软件工具功能，实现串口数据的读取与打印等功能

工作项目 (企业需求)	项目描述	教学项目 (工作任务)	任务描述
项目2	将 RFID 读卡器通过串口线连接到网关，网关读取并解析读卡器通过串口发送来的标签信息特别是标签的 EPC 号，并将读取的标签 EPC 号通过网络上传到服务器。服务器对 EPC 号进行解析，准确定位标签对于垃圾桶位置，并对垃圾桶当前的状态进行有效管理。	任务1	正确连接 RFID 超高频阅读器，将其通过串口或者网口与 PC 机相连，并连接电源，再打开 RFID 阅读器配置软件环境配置串口通信参数，并设置读写器的参数与工作模式
		任务2	在软件配置环境下完成标签的查询获取标签 EPC 与序列号等，同时完成对标签的读、写与擦除等功能
		任务3	掌握 RIFD 阅读器自身读取标签数据的数据协议格式，再掌握网关与后台服务器的通信协议如何封装标签信息，最后根据阅读器数据协议格式，通过自己编写串口工具获取标签 EPC 与 TID 号等
项目3	温湿度光照传感器、烟雾传感器、热释电红外传感器等传感设备检测车内的温湿度光照信息、烟雾信息、是否有人入侵的信息等，并通过无线传感网上传给协调器，协调器再通过串口线发送给网关。用户在网关界面上设置报警阈值，当传感器检测到的数据超过设定阈值，产生报警信息并上传到服务器	任务1	根据教程步骤安装 IAR 集成开发环境，使用 TI 提供的 ZigBee 协议栈安装文件进行安装，安装完成后了解如何在协议栈下开发与现有工程源码导入导出
		任务2	安装 cc_debugger 调试烧写下载工具驱动，打开 ZigBee 协议栈项目工程文件对 ZigBee 无线传感网中的协调器与节点传感器进行程序烧写
		任务3	安装 Packet_Sniffer_2.15.2.exe 协议软件，使用 cc_debugge&Packet_Sniffer 工具进行 ZigBee 无线网络组网网络通信包进行数据抓取，结合自定义的通信协议了解组网流程与数据传输形式
项目4	TCP/IP 方式与服务器实现短连接，利用 Socket 通信实现数据交互，包括传感数据、GPS 数据、RFID 标签信息、车辆行驶信息、视频采集信息等。若接收到报警信号，服务器生成对应报警信息，记录到数据库，并向用户设定的手机发送报警短信	任务1	在 Windows 下实现 TCP 通信，在 VS2010 开发环境下由 C 语言实现。TCP 服务器在 1000 端口上监听，客户机向服务器发送任意一串字符，服务器收到后，向客户机发回该字符串中的字符个数。当客户机发送"bye"时，通信结束
		任务2	在 Windows 下实现 UDP 通信，在 VS2010 开发环境下由 C 语言实现。UDP 服务器在 1000 端口上接收任意客户的 UDP 数据包。当客户机向服务器发送任意的字符串，服务器收到后，向客户机发回该字符串中的字符个数。当客户机发送"再见"时，通信结束
		任务3	熟悉网关端与应用层各个设备数据上传的通信协议格式，如 GPS、RFID 和 OBD 等，同时在自己编写的 TCP 或 UDP 网络通信模式下，根据设备协议实现制定模块通信数据的传输与解析

续表

工作项目 （企业需求）	项目描述	教学项目 （工作任务）	任务描述
项目 5	利用 GPS 模块对当前位置定位，获取 GPS 数据，并对数据进行解析和上传。GPS 数据解析是指在网关处解析 GPS 模块发送的数据包，从数据包中获取经纬度、速度、当前时间、方位角等信息。成功解析后，根据用户设置的时间间隔周期性上传数据到服务器	任务 1	利用 USB 转 TTL 电平串口模块与 GPS 定位模块连接，或其他方式，最终连接到 PC 端，在室外空旷环境下测试 GPS 数据，获取相关经纬度、时间与角度信息
		任务 2	利用 U-center 软件解析定位信息
		任务 3	将 GPS 模块通过任务要求中的方式连接 PC 端，编写串口软件，读取 GPS 定位数据并解析相关经纬度与时间数据
项目 6	车载终端和手机通过蓝牙连接，实现数据传输。为方便测试，手机端下载并运行蓝牙串口通信助手，蓝牙转串口模块使用串口线和车载终端连接，从而实现手机端和网关间的数据通信	任务 1	熟悉 AT 指令，将蓝牙模块通过串口连接电脑，掌握通过 AT 指令控制与设置蓝牙模块工作状态
		任务 2	设置蓝牙模块通信模式，手机端安装蓝牙调试助手，实现手机与蓝牙模块的匹配和数据传输
项目 7	车载终端利用 3 G 通信模块和云平台服务器进行数据传输，包括 GPS 定位信息、RFID 标签信息、传感器数据、OBD 模块数据和视频数据。手机终端利用 3 G 或 4 G 等移动通信网络来调用服务器端的 Web Service 服务，从而查看车辆位置、车辆行驶的轨迹信息、垃圾桶状态、报警信息等	任务 1	采用了 3 G DTU 模块进行 3 G 通信机制学习，搭建软硬件测试环境，配置网络路由、测试软件串口参数与设备网络参数等，实现通过 3 G 网络将 3 G 模块设备联入搭建的服务器
		任务 2	3 G 模块联入服务器后进行数据交互测试，通过服务器向 3 G 终端发送数据，再通过 3 G 终端向服务器发送数据
		任务 3	设置车载网关 3 G 通信与服务器进行连接，搭建智能环境监管平台后台服务器，设置车载网关 3 G 上网参数，联入服务器

思考与练习

一、选择题

1. 衡量数字通信系统传输质量的指标是（　　　　）。

　　A. 误码率　　　　　　　　　　B. 信噪比

　　C. 噪声功率　　　　　　　　　D. 话音清晰度

2. 模拟信号的幅度取值随时间变化是（　　　）的。

　　A. 离散　　　　　　　　　　　B. 固定

　　C. 连续　　　　　　　　　　　D. 累计

3. 数字信号的幅度取值随时间是（　　　）变化的。

    A. 离散　　　　　　　B. 固定　　　　　　　C. 连续　　　　　　　D. 累计

4. 信息传输速率的单位是（　　　）。

    A. 任意进制码元/秒　　　　　　　　B. 比特/秒　　　　　　　C. 字节/秒

5. 在时间上对模拟信号进行离散化处理的过程称为（　　　）。

    A. 编码　　　　　　B. 采样　　　　　　C. 量化　　　　　　D. 解码

6. 将幅度值为连续的信号变换为幅度值为有限个离散值的过程称为（　　　）。

    A. 编码　　　　　　B. 采样　　　　　　C. 量化　　　　　　D. 解码

7. PCM 采样频率一般取（　　　）Hz。

    A. 2 000　　　　　　B. 4 000　　　　　　C. 6 000　　　　　　D. 8 000

8. 数字信号的优点：（　　　）。

    A. 抗干扰性强　　　　　　　　　　B. 易于传输

    C. 保密性好　　　　　　　　　　　D. 传输效率高

9. 数据的基本传输方式有（　　　）。

    A. 串行传输　　　　B. 并行传输　　　　C. 异步传输

    D. 同步传输　　　　E. 多路复用

10. 通信系统必须具备的三个基本要素是（　　　）。

    A. 信源　　　　　　B. 信宿　　　　　　C. 通信媒体　　　　　　D. 终端

二、简答题

1. 什么是通信？常见的通信方式有哪些？

2. 通信系统是如何分类的？

3. 何谓数字通信？数字通信的优缺点是什么？

4. 试画出模拟通信系统的模型，并简要说明各部分的作用。

5. 试画出数字通信系统的一般模型，并简要说明各部分的作用。

6. 衡量通信系统的主要性能指标是什么？对于数字通信具体用什么来表述？

7. 何谓码元速率？何谓信息速率？它们之间的关系如何？

项目 1   车载智能网关串口通信设计与实施

1.1   项目描述

设计并实现车载网关的串口通信功能。该模块可以使网关通过串口与个人计算机（PC）等外围设备进行数据交互，如温湿度等环境信息、环卫车的行使信息、当前位置信息的采集等。通过串口线和电脑连接，实现网关和 PC 端的串口通信，监测设备是否正常运行，并接收异常数据和报警信号。另外，通过编写程序，学会串口开发过程，通过串口进行数据的传输。如无特别说明，本书的案例都是基于 C 语言编写。

串口通信在物联网系统开发和硬件设备调试中起到非常关键的作用，是从事物联网系统开发和设备安装调试的基础。目前在工业控制中，工控机经常需要与智能仪表通过串口进行通信。串口通信方便易行，应用广泛，所以一定要熟练掌握。

1.2   项目知识储备

1.2.1   上位机与下位机

在步入正题之前我们有必要介绍接口技术的两个重要概念——上位机、下位机，因为这两个概念非常的重要。

上位机：上位机是指人可以通过其直接发出操控命令的设备，一般是 PC，屏幕上显示各种信号变化（液压，水位，温度等）。上位机就是通信双方较为主动的一方，也称为主机。它可以是两台电脑中的其中一台，可以是两台设备间的其中一台，也可以是计算机与设备间的其中一台，关键是看哪一方处于比较主动的位置，一般情况下是指个人计算机。上下位机构成方式如图 1.1 所示。

上位机	下位机	上位机	下位机	上位机	下位机

类型 1   类型 2   类型 3

图 1.1   上位机与下位机构成方式

下位机：下位机是直接控制设备获取设备状况的计算机，是通信双方相比而言处于较为被动的一方，一般是 PLC 或单片机等设备，也可以是某台电脑。

上位机发出的命令首先给下位机，下位机再根据此命令解释成相应时序信号直接控制相应设备。下位机不时读取设备状态数据（一般模拟量），转化成数字信号反馈给上位机。上下位机都需要编程，都有专门的开发系统。上位机和下位机有多种通信方式，如 TCP/IP 和串口等。通信方式的选择一般取决于下位机。

1.2.2　串口通信基础知识

1. 串口通信

串口通信是指采用串行通信协议（Serial Communication）在一条信号线上将数据一个比特一个比特地逐位进行传输的通信模式。

在串行通信中，数据在 1 bit 宽的单条线路上进行传输，一个字节的数据要分为 8 次，由低位到高位按顺序一位一位地进行传送。

串行通信的数据是逐位传输的，发送方发送的每一位都具有固定的时间间隔，这就要求接收方也要按照发送方同样的时间间隔来接收每一位。不仅如此，接收方还必须能够确定一个信息组的开始和结束。

常用的两种基本串行通信方式包括同步通信和异步通信。

2. 串行同步通信

同步通信（SYNC，Synchronous Data Communication）是指在约定的通信速率下，发送端和接收端的时钟信号频率和相位始终保持一致（同步），这样就保证了通信双方在发送和接收数据时具有完全一致的定时关系。

同步通信把许多字符组成一个信息组（信息帧），每帧的开始用同步字符来指示，一次通信只传送一帧信息。在传输数据的同时还需要传输时钟信号，以便接收方可以用时针信号来确定每个信息位。

同步通信的优点是传送信息的位数几乎不受限制，一次通信传输的数据有几十到几千个字节，通信效率较高。同步通信的缺点是要求在通信中始终保持精确的同步时钟，即发送时钟和接收时钟要严格的同步（常用的做法是两个设备使用同一个时钟源）。

在开发中常用的串口开发方式以异步通信为主，所以在后续的串口通信与编程中主要是采用异步通信方式。

3. 串行异步通信

异步通信（ASYNC，Asynchronous Data Communication），又称为起止式异步通信，是以字符为单位进行传输的，字符之间没有固定的时间间隔要求，而每个字符中的各位则以固定的时间传送。

在异步通信中，收发双方取得同步是通过在字符格式中设置起始位和停止位的方法来实现的。具体来说就是，在一个有效字符正式发送之前，发送器先发送一个起始位，然后发送有效字符位，在字符结束时再发送一个停止位，起始位至停止位构成一帧。停止位至下一个起始位之间是不定长的空闲位，并且规定起始位为低电平（逻辑值为 0），停止位和空闲位都是高电平（逻辑值为 1），这样就保证了起始位开始处一定会有一个下降沿，由此就可以标志一个字符传输的起始。而根据起始位和停止位也就很容易地实现了字符的界定和同步。

显然，采用异步通信时，发送端和接收端可以由各自的时钟来控制数据的发送和接收，这两个时钟源彼此独立，可以互不同步。

下面简单地介绍下异步通信的数据发送和接收过程。

4. 串口异步通信数据格式

在介绍异步通信的数据发送和接收过程之前，有必要先弄清楚异步通信的数据格式。

异步通信规定传输的数据格式由起始位（start bit）、数据位（data bit）、奇偶校验位（parity bit）和停止位（stop bit）组成（奇偶检验位不是必须有的，可以设置为 NONE 或无），如图 1.2 所示。

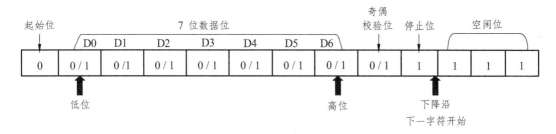

图 1.2　异步通信数据格式

（1）起始位：起始位是持续一个比特时间的逻辑 0 电平，标志传输一个字符的开始，接收方可用起始位使自己的接收时钟与发送方的数据同步。

（2）数据位：数据位紧跟在起始位之后，是通信中的真正有效信息。数据位的位数可以由通信双方共同约定，一般可以是 5 位、7 位或 8 位，标准的 ASCII 码是 0 ~ 127（7 位），扩展的 ASCII 码是 0 ~ 255（8 位）。传输数据时先传送字符的低位，后传送字符的高位。

（3）奇偶校验位：奇偶校验位仅占一位，用于进行奇校验或偶校验，奇偶检验位不是必需的。如果是奇校验，需要保证传输的数据总共有奇数个逻辑高位；如果是偶校验，需要保证传输的数据总共有偶数个逻辑高位。

举例来说，假设传输的数据位为 01001100，如果是奇校验，则奇校验位为 0（要确保总共有奇数个 1）；如果是偶校验，则偶校验位为 1（要确保总共有偶数个 1）。

由此可见，奇偶校验位仅是对数据进行简单的置逻辑高位或逻辑低位，不会对数据进行实质的判断，这样做的好处是接收设备能够知道一个位的状态，有可能判断是否有噪声干扰了通信以及传输的数据是否同步。

（4）停止位：停止位可以是 1 位、1.5 位或 2 位，可以由软件设定。它一定是逻辑 1（高）电平，标志着传输一个字符的结束。

（5）空闲位：空闲位是指从一个字符的停止位结束到下一个字符的起始位开始，表示线路处于空闲状态，由高电平来填充。

实际传输时每一位的信号宽度（每个 bit 占用的时间）与波特率有关，波特率越高，宽度越小，在进行传输之前，双方一定要使用同一个波特率。

5. 串口异步通信的数据发送过程

清楚了异步通信的数据格式之后，就可以按照指定的数据格式发送数据了，发送数据的具体步骤如下：

（1）初始化后或者没有数据需要发送时，发送端输出逻辑 1，可以有任意数量的空闲位。

（2）当需要发送数据时，发送端首先输出逻辑 0，作为起始位。

（3）接着就可以开始输出数据位了，发送端首先输出数据的最低位 D0，然后是 D1，最后是数据的最高位。

（4）如果设有奇偶检验位，发送端输出检验位。

（5）最后，发送端输出停止位（逻辑 1）。

（6）如果没有信息需要发送，发送端输出逻辑 1（空闲位），如果有信息需要发送，则转入步骤（2）。

6. 串口异步通信的数据接收过程

在异步通信中，接收端以接收时钟和波特率因子决定每一位的时间长度。下面以波特率因子等于 16（波特率因子是指发送或接收 1 个数据位所需要的时钟脉冲个数，接收时钟每 16 个时钟周期使接收移位寄存器移位一次）为例来说明。

（1）开始通信，信号线为空闲（逻辑 1），当检测到由 1 到 0 的跳变时，开始对接收时钟计数。

（2）当计到 8 个时钟的时候，对输入信号进行检测，若仍然为低电平，则确认这是起始位，而不是干扰信号。

（3）接收端检测到起始位后，隔 16 个接收时钟对输入信号检测一次，把对应的值作为 D0 位数据。

（4）再隔 16 个接收时钟，对输入信号检测一次，把对应的值作为 D1 位数据，直到全部数据位都输入。

（5）检验奇偶检验位。

（6）接收到规定的数据位个数和校验位之后，通信接口电路希望收到停止位（逻辑 1），若此时未收到逻辑 1，说明出现了错误，在状态寄存器中置"帧错误"标志；若没有错误，对全部数据位进行奇偶校验，无校验错时，把数据位从移位寄存器中取出送至数据输入寄存器，若校验错，在状态寄存器中置"奇偶错"标志。

（7）信息全部接收完，把线路上出现的高电平作为空闲位。

（8）当信号再次变为低时，开始进入下一帧的检测。

以上就是异步通信中数据发送和接收的全过程。

7. 串口通信的相关参数设置

上位机和下位机通过串口通信，上位机和下位机之间就要协商好串口通信的数据格式等参数。串口通信最重要的参数是波特率、数据位、停止位和奇偶校验。对于两个进行通行的端口，这些参数必须匹配，如图 1.3 所示。

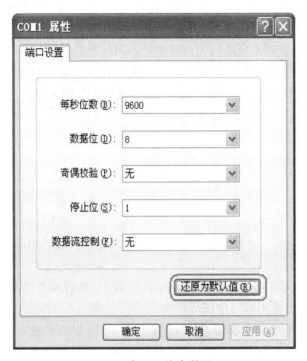

图 1.3　串口通信参数设置

（1）波特率（码元速率）。

这是一个衡量符号传输速率的参数。它表示每秒钟传送的符号的个数。例如 300 波特表示每秒钟发送 300 个符号。由于采用二进制传输数据，所以波特率等于信息速率（比特传输速率）。串口典型的传输波特率有 600 b/s，1 200 b/s，2 400 b/s，4 800 b/s，9 600 b/s，19 200 b/s，38 400 b/s。波特率可以远远大于这些值，但是波特率和传输距离成反比。高波特率常常用于放置的很近的仪器间的通信。

（2）数据位。

异步通信一个信息包中实际的数据位数，可以是 5，7 和 8 位，一般选 8 位。详见"串口异步通信数据格式"模块内容。

（3）奇偶校验。

这是在串口通信中一种简单的检错方式。有四种检错方式：偶、奇、高和低。也可以选择无，没有奇偶校验，一般选择无。详见"串口异步通信数据格式"模块内容。

（4）停止位。

用于表示单个包的最后一位。典型的值为 1，1.5 和 2 位。由于数据是在传输线上定时的，并且每一个设备有其自己的时钟，很可能在通信中两台设备间出现了小小的不同步。因此停止位不仅仅是表示传输的结束，还提供计算机校正时钟同步的机会。适用于停止位的位数越多，不同时钟同步的容忍程度越大，但是数据传输率同时也越慢。停止位必须有，一般选择 1 位停止位。

（5）数据流控制。

数据在两个串口之间传输时，常常会出现丢失数据的现象，或者两台计算机的处理速度不同，如台式机与单片机之间的通信，接收端数据缓冲区已满，则此时继续发送来的数据就会丢失。现在在网络上通过 Modem 进行数据传输，这个问题就尤为突出。流控制能解决这个问题，当接收端数据处理不过来时，就发出"不再接收"的信号，发送端就停止发送，直到收到"可以继续发送"的信号再发送数据。因此流控制可以控制数据传输的进程，防止数据的丢失。PC 机中常用的两种流控制是硬件流控制（包括 RTS/CTS、DTR/CTS 等）和软件流控制 XON/XOFF（继续/停止）。设置里面有 XON/XOFF、硬件和无三个选项，一般选无。

1.2.3　串行接口

1. 串　口

串行接口（serial port）简称串口，也称为串行通信接口或 COM 接口，是采用串行通信方式的扩展接口。

串口的出现是在 1980 年前后，数据传输率是 115～230 kb/s，串口一般用来连接鼠标和外置 Modem 以及老式摄像头和写字板等设备。

在早期的 PC 系统中串口的物理连接方式有 9 针和 25 针两种方式。随着 PC 技术的发展，25 针的串口逐渐被淘汰，目前串口都采用 9 针的连接方式直接集成在主板上。一般的 PC 主板都提供两个串口，如图 1.4 所示。

图 1.4　可在设备管理器中找到串口设备

虽然主板一般都集成两个串口，可 Windows 却最多可提供 8 个串口资源供硬件设置使用（编号 COM1 到 COM8），虽然其 I/O 地址不相同，但是总共只占据两个 IRQ（IRQ：中断请求，1、3、5、7 共享 IRQ4，2、4、6、8 共享 IRQ3），平常我们常用的是 COM1 ~ COM4 这四个端口。我们经常在使用中遇到这个问题——如果在 COM1 上安装了串口鼠标或其他外设，就不能在 COM3 上安装如 Modem 之类的其他硬件，这就是因为 IRQ 设置冲突而无法工作。

串口按电气标准及协议来划分，包括 RS-232-C、RS-422、RS485 等。RS-232-C 接口是目前最常用的一种串行通信接口，所以本项目我们重点学习 RS232 串口的通信。

2. USB 口转串口

随着技术的发展，目前部分新主板已开始取消串口，笔记本电脑上就已经没有串口了。如何通过没有串口的电脑进行开发，就需要使用 USB 转串口工具了。USB 转串口即实现计算机 USB 接口到通用串口之间的转换，使用 USB 转串口设备等于将传统的串口设备变成了即插即用的 USB 设备，支持热插拔，即插即用，传输速度快，如图 1.5 所示。

图 1.5　USB 转串口设备

3. 串口操作原理

在 Win32 下，可以使用两种编程方式实现串口通信，其一是使用 ActiveX 控件，这种方法程序简单，但欠灵活；其二是调用 Windows 的 API 函数，这种方法可以清楚地掌握串口通信的机制，并且自由灵活。本章我们只介绍 API 串口通信部分。

串口是一种资源，对串口的整个操作过程一般分为四个步骤：

打开串口；设置串口参数；读、写数据；关闭串口。

串口的开发需要围绕这几个步骤进行。

1.3　项目实施

本项目实施需完成移动车载终端系统刷机，承载平台为 Cortex-A8 网关平台，为 Linux 系统，使用 Qt 进行智能环卫监管平台车载终端软件开发。嵌入式网关系统刷机有 USB 下载、SD 卡和 TFTP 三种模式，三种烧写模式具体步骤在"光盘/刷机教程"均有介绍，此处不再详细描述烧写系统过程。智能环卫监管平台车载移动终端 Linux 系统镜像文件在"光盘/刷机教程/系统镜像文件"目录下。如果有 SD 卡的条件建议使用制作 SD 卡进行系统刷机，其次选择 USB 或 TFTP 方式进行系统刷机。

任务 1　网关与 PC 端串口通信交互测试

RS232 DB9 针串口有公头串口和母头串口两种，如图 1.6 所示。

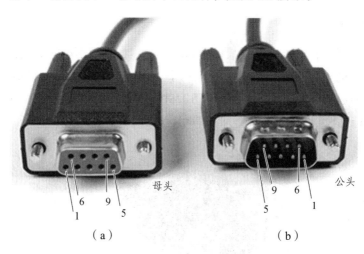

图 1.6　DB9 针串口图

其对应引脚定义相同，具体如表 1.1 所示。

表 1.1　9 针串口引脚说明

引　脚	符　号	定　义
1	DCD	载波检测
2	RXD	接收数据
3	TXD	发送数据
4	DTR	数据终端准备完成
5	SG	信号地
6	DSR	数据准备完成
7	RTS	请求发送
8	CTS	清除发送
9	RI	振铃提示

网关外围设备如图 1.7 所示，其 COM1 口和 COM2 口都是公头串口。

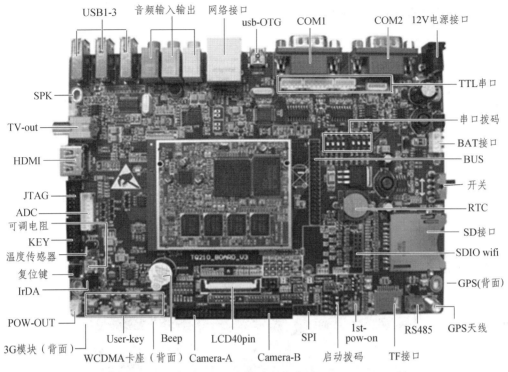

图 1.7 网关外围设备图

为方便测试，将 COM2 口的发送端口和接收端口用杜邦线短接，实现串口自发自收。若发送区发送的内容和接收区接收到的消息相同，则表明串口通信成功。

打开网关，出现车载智能网关的界面，如图 1.8 所示。

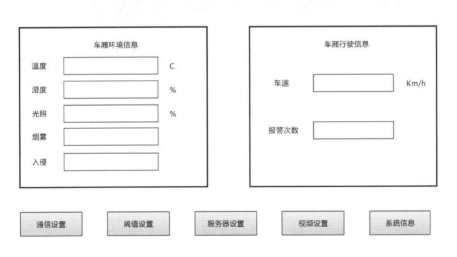

图 1.8 车载网关主界面

依次点击"通信设置"→"串口通信"，进入串口通信界面，如图 1.9 所示。使用者可通过点击"清空接收区""清空发送区"来清空接收区的内容或者发送区的内容，通过点击"返回主页"回到主界面。

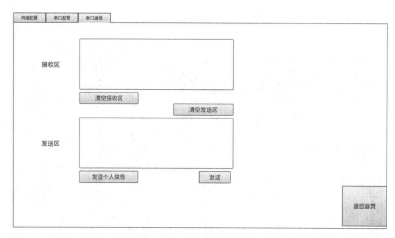

图 1.9　串口通信界面

用一根杜邦线短接 COM2 口的引脚 2 和引脚 3，如图 1.10 所示。

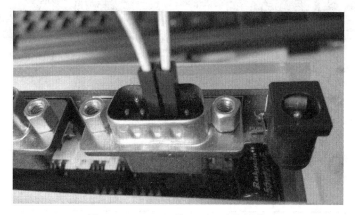

图 1.10　COM2 的 2、3 引脚短接

在发送区输入"SKZH2016"并点击发送，会在接收区收到"SKZH2016"，如图 1.11 所示。

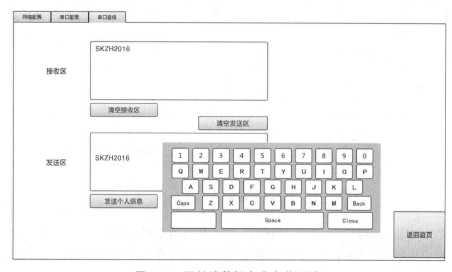

图 1.11　网关端数据自发自收测试

　　用交叉串口线将电脑串口和网关 COM2 口连接。若无交叉串口线，则将电脑端串口和网关端 COM2 串口的 RXD 引脚和 TXD 引脚用杜邦线交叉连接，即电脑端串口的 RXD 接网关 COM2 口的 TXD，电脑端串口的 TXD 接网关 COM2 口的 RXD，并用杜邦线将二者间的地线连接。

　　在"光盘/软件"目录下，双击的串口调试助手"串口调试助手 V2.2.exe"，设置串口（此为 COM2）、波特率（115 200）、校验位（NONE）、数据位（8）、停止位（1），打开串口。在网关的发送区输入"QingZhi2016"，则在串口调试助手的接收区会收到相应消息，如图 1.12 所示。

图 1.12　PC 端串口调试助手接收网关发送的信息

　　在串口调试助手的发送区输入"www.iotsk.com"，点击发送，网关端的接收区会收到对应消息，如图 1.13 所示。

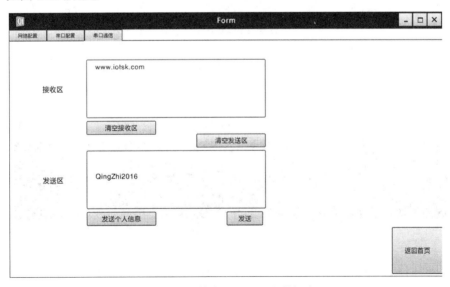

图 1.13　网关端串口和 PC 的数据交互

任务 2　PC 端串口软件实现（C 语言）

利用自制串口软件，通过设置各个参数（如 COM 口，波特率等），使串口完成一系列操作，最终完成 PC 对网关的串口数据解析。

将计算机和网关 COM1 口通过串口线连接，查看计算机端串口通信的端口号（此处为 COM5 口），如图 1.14 所示。

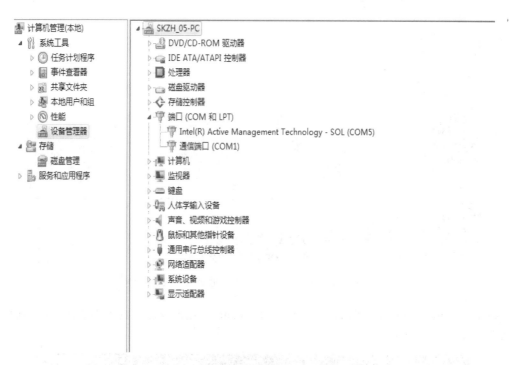

图 1.14　设备管理器中查看通信串口号

打开"光盘/资源/项目 1/PC 端串口软件实现/serialPort/Debug"目录下的 serialport.exe 文件，出现如图 1.15 所示的窗口。

图 1.15　软件界面

根据提示，在串口软件界面输入串口通信设置信息，如串口号信息、波特率，如图 1.16 所示。

图 1.16　输入串口通信设置信息

　　若输入的串口号、波特率格式正确，且串口号可用，则会提示串口连接成功，如图 1.17 所示。

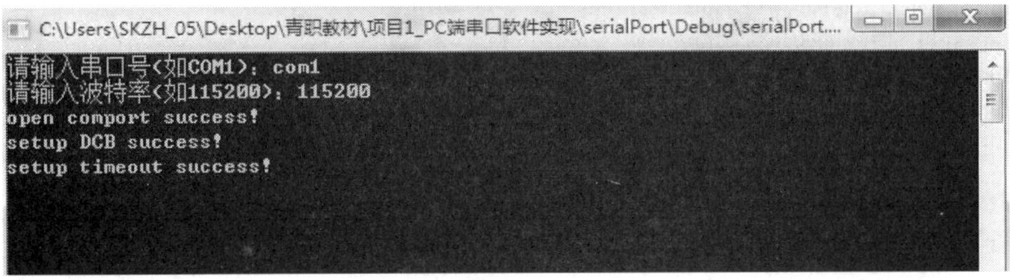

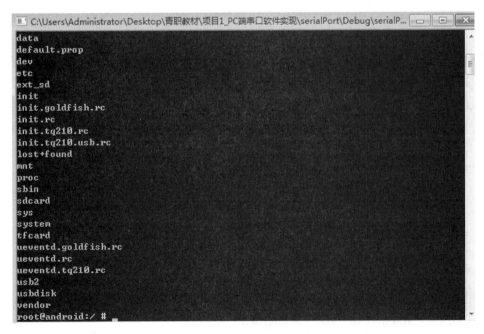

图 1.17　串口连接成功

　　串口连接成功后，给网关供电，此时串口软件窗口会输出网关的启动信息。成功启动后，可通过该窗口进入网关目录，如图 1.18 所示。

图 1.18　串口软件进入网关目录

　　其中，main 函数列出如下，关键语句已在注释中说明。

```
void main()
{
    char s[20];
    int baudRate;
start:
    printf("请输入串口号(如COM1): ");
    scanf("%s",s);
    printf("请输入波特率(如115200): ");
    scanf("%d",&baudRate);
    if (OpenComm(s))                              //打开串口
        printf("open comport success!\n");
    else
        goto start;

    if (setupdcb(baudRate))                       //配置串口
        printf("setup DCB success!\n");
    SetupComm(hCom, 1024, 1024);                  //配置串口缓冲区
    if (setuptimeout(1000, 5000, 500, 2000,500))  //设置超时限制，以避免阻塞现象
        printf("setup timeout success!\n");

    //终止目前的读或写操作
    PurgeComm(hCom,
            PURGE_RXABORT |                       //中断所有读操作并立即返回，即使读操作还没有完成
            PURGE_TXABORT |                       //中断所有写操作并立即返回，即使写操作还没有完成
            PURGE_RXCLEAR |                       //清除输入缓冲区
            PURGE_TXCLEAR);                       // 清除输出缓冲区

    HANDLE hThread1=CreateThread(NULL,0,MyThread1,0,0, NULL);  //读线程
    HANDLE hThread2=CreateThread(NULL,0,MyThread2,0,0, NULL);  //写线程
    while(1)
        Sleep(500);
}
```

本串口软件的开发环境为 VC6.0，实现方式是基于 C 语言的 Windows API。用 Windows API 编写串口程序具有巨大优点，其具备更强的控制能力和更高的效率。一般地，API 编写串口的过程如下：

（1）创建串口句柄，使用 CreateFile 函数实现；

（2）对串口的参数进行设置，其中比较重要的是波特率（BaudRate），数据宽度（BytesBits），奇偶校验（Parity），停止位（StopBits），端口号（Port）等；

（3）然后对串口进行相应的读写操作，这时候需要用到 ReadFile 和 WriteFile 函数；

（4）读写结束后，要关闭串口句柄，使用 CloseFile 函数实现。

下面依次讲述各个步骤的过程。

1. 创建串口句柄打开串口

调用 CreateFile 函数，CreateFile 函数原型如下：

HANDLE CreateFile（LPCTSTR lpFileName,

DWORD dwDesiredAccess,

DWORD dwShareMode,

LPSECURITY_ATTRIBUTES lpSecurityAttributes,

　　　　　　　　　DWORD dwCreationDisposition，

　　　　　　　　　DWORD dwFlagsAndAttributes，

　　　　　　　　　HANDLE hTemplateFile）；

　　lpFileName：指向一个以 NULL 结束的字符串，该串指定了要创建、打开或截断的文件、管道、通信源、磁盘设备或控制台的名字。当用 CreateFile 打开串口时，这个参数可用"COM1"指定串口 1，用"COM2"指定串口 2，依此类推。

　　dwDesireAccess：指定对文件访问的类型，该参数可以为 GENERIC_READ（指定对该文件的读访问权）或 GENERIC_WRITE（指定对该文件的写访问权）两个值之一或同时为这两个值。用 ENERIC_READ|GENERIC_WRITE 则指定可对串口进行读写。

　　dwShareMode：指定此文件可以怎样被共享。因为串行口不支持任何共享模式，所以 dwShareMode 必须设为 0。

　　lpSecurityAttributes：定义安全属性，一般不用，可设为 NULL。Win 9x 下该参数被忽略。

　　dwCreationDistribution：定义文件创建方式，对串口必须设为 OPEN_EXISTING，表示打开已经存在的文件。

　　dwFlagsAndAttributes：为该文件指定定义文件属性和标志，这个程序中设为 FILE_FLAG_OVERLAPPED，表示异步通信方式。

　　hTemplateFile：指向一个模板文件的句柄，串口无模板可言，设为 NULL。在 Windows 9x 下该参数必须为 NULL。

　　串口被成功打开时，返回其句柄，否则返回 INVALID_HANDLE_value（0XFFFFFFFF）。

　　上面说到了异步，那什么是异步呢？异步是相对同步这个概念而言，即在进行串口读写操作时，无须等到 I/O 操作完成后函数才返回，也即异步可以更快得响应用户操作；同步则相反，响应的 I/O 操作必须完成后函数才返回，否则阻塞线程。对于一些很简单的通信程序来说，可以选择同步，从而省去很多错误检查，但是对于复杂一点的应用程序，异步是最佳选择。

2. 设置串口

　　在打开通信设备句柄后，常常需要对串行口进行一些初始化工作，这需要通过一个 DCB 结构来进行。DCB 结构包含了诸如波特率、每个字符的数据位数、奇偶校验和停止位数等信息。在查询或配置串口的属性时，都要用 DCB 结构来作为缓冲区。

　　第一次打开串口时，串口设置为系统默认值，函数 GetCommState 和 SetCommState 可用于检索和设定端口设置的 DCB（设备控制块）结构，该结构中 BaudRate、ByteSize、StopBits 和 Parity 字段含有串口波特率、数据位数、停止位和奇偶校验控制等信息。

　　程序中用 DCB 进行串口设置时，应先调用 API 函数 GetCommState，来获得串口的设置信息。

　　BOOL GetCommState（HANDLE hFile，LPDCB lpDCB）；

　　用途：取得串口当前状态。

　　参数说明：

　　hFile：串口句柄

　　lpDCB：设备控制块（Device Control Block）结构地址。此处是与串口相关的参数。由于参数非常多，当需要设置串口参数时，通常是先取得串口的参数结构，修改部分参数后再将参数结构写入，然后在需要设置的地方对 DCB 进行设置。串口有很多的属性，下面介绍一些重要的参数：

DWORD BaudRate：串口波特率。

DWORD fParity：为 1 的话激活奇偶校验检查。

DWORD Parity：校验方式，值 0 ~ 4 分别对应无校验、奇校验、偶校验、校验置位、校验清零。

DWORD ByteSize：一个字节的数据位个数，范围是 5 ~ 8。

DWORD StopBits：停止位个数，0 ~ 2 分别对应 1 位、1.5 位、2 位停止位。

然后再末尾调用 SetCommState，这样可不必构造一个完整的 DCB 结构。

BOOL SetCommState（HANDLE hFile，LPDCB lpDCB）；

用途：设置串口状态，包括常用的更改串口号、波特率、奇偶校验方式、数据位数等。

参数说明：

hFile：串口句柄。

lpDCB：设备控制块（Device Control Block）结构地址。要更改的串口参数包含在此结构中。

还有，串口因为是 I/O 操作，可能会产生错误，这时候需要用 SetCommTimeouts()设置超时限制，以避免阻塞现象。超时设置需要一个结构体 COMMTIMEOUTS。

BOOL SetCommTimeouts（hCommDev，lpctmo）；

Lpctmo：指向包含新的超时参数的 COMMTIMEOUTS 结构。

COMMTIMEOUTS 结构定义如下：

typedef struct_COMMTIMEOUTS{
DWORD ReadIntervalTimeout；
DWORD ReadTotalTimeoutMultiplier；
DWORD ReadTotalTimeoutconstant；
DWORD WriteTotalTimeoutMultiplier；
DWORD WriteTotalTimeoutconstant；
}COMMTIMEOUTS，LPCOMMTIMEOUTS；

ReadIntervalTimeout：   以毫秒为单位指定通信线上两个字符到达之间的最大时间。在 ReadFile 操作其间，收到第一个字符时开始计算时间。若任意两个字符到达之间的间隔超过这个最大值，ReadFile 操作完成，返回缓冲数据。0 值表示不用间隔限时。若该成员为 MAXDWORD，且 ReadTotalTimeoutconstant 和 ReadTotalTimeoutMultiplier 成员为零，则指出读操作要立即返回已接收到的字符，即使未收到字符，读操作也要返回。

ReadTotalTimeoutMultiplier：以毫秒为单位指定一个乘数，该乘数用来计算读操作的总限时时间。每个读操作的总限时时间等于读操作所需的字节数与该值的乘积。

ReadTotalTimeoutConstant：以毫秒为单位指定一个常数，用于计算读操作的总限时时间。每个操作的总限时时间等于 ReadTotalTimeoutMultiplier 成员乘以读操作所需字节数再加上该值的和。ReadTotalTimeoutMultiplier 和 ReadTotalTimeoutConstant 成员的值为 0 表示读操作不使用限时时间。

WriteTotalTimeoutMultiplier 和 WriteTotalTimeoutconstant 的意义和作用分别与 ReadTotalTimeoutMultiplier 和 ReadTotalTimeoutConstant 相似，不再重复。

调用 PurgeComm 函数可以终止正在进行的读写操作，该函数还会清除输入或输出缓冲区中的内容。

BOOL PurgeComm（HANDLE hFile，DWORD dwFlags）；

功能：终止目前正在进行的读或写的动作。

参数说明：

HANDLE hFile：串口名称字符串。

dwFlags 共有四种状态标记：

PURGE_TXABORT：终止目前正在进行的（背景）写入动作。

PURGE_RXABORT：终止目前正在进行的（背景）读取动作。

PURGE_TXCLEAR：flush 写入的 buffer。

PURGE_TXCLEAR：flush 读取的 buffer。

3. 读写串口数据及关闭串口

Win32API 函数 ReadFile 和 WriteFile 支持对串行口的读写操作。在调用 ReadFile 和 WriteFile 之前，线程应该调用 ClearCommError 函数清除错误标志。该函数负责报告指定的错误和设备的当前状态。

BOOL ClearCommError（HANDLE hFile，LPDWORD lpErrors，LPCOMATAT lpStat）；

用途：清除串口错误或者读取串口现在的状态。

参数说明：

hFile：串口句柄。

lpErrors：返回错误数值。错误常数如下：

CE_BREAK：检测到中断信号。即检测到某个字节数据缺少合法的停止位。

CE_FRAME：硬件检测到帧错误。

CE_IOE：通信设备发生输入/输出错误。

CE_MODE：设置模式错误，或是 hFile 值错误。

CE_OVERRUN：溢出错误，缓冲区容量不足，数据将丢失。

CE_RXOVER：溢出错误。

CE_RXPARITY：硬件检查到校验位错误。

CE_TXFULL：发送缓冲区已满。

lpStat：指向通信端口状态的结构变量，原型如下：

typedef struct _COMSTAT{

...

...

DWORD cbInQue；　//输入缓冲区中的字节数

DWORD cbOutQue；//输出缓冲区中的字节数

}COMSTAT，*LPCOMSTAT；

该结构中对我们很重要的只有上面两个参数，其他的可以暂时不用考虑。

函数 ReadFile 和 WriteFile 的行为还受是否使用异步 I/O（Overlapped）及通信超时设置的影响。串行口读写的同步、异步方式是在打开端口的同时给 dwGlagsAndAttributes 参数传入适当的值而设定的。

BOOL WriteFile（HANDLE hFile，LPCVOID lpBuffer，DWORD nNumberOfBytesToWrite，LPDWORD lpNumberOfBytesWritten，LPOVERLAPPED lpOverlapped）；

用途：向串口写数据。

参数说明：

hFile：串口句柄。

lpBuffer：待写入数据的首地址。

nNumberOfBytesToWrite：待写入数据的字节数长度。

lpNumberOfBytesWritten：函数返回的实际写入串口的数据个数的地址，利用此变量可判断实际写入的字节数和准备写入的字节数是否相同。

lpOverlapped：重叠 I/O 结构的指针。

BOOL ReadFile（HANDLE hFile，LPVOID lpBuffer，DWORD nNumberOfBytesToRead，lpNumberOfBytesRead，lpOverlapped）；

用途：读串口数据。

参数说明：

hFile：串口句柄。

lpBuffer：存储被读出数据的首地址。

nNumberOfBytesToRead：准备读出的字节个数。

NumberOfBytesRead：实际读出的字节个数。

lpOverlapped：异步 I/O 结构。

在同步方式下，调用 ReadFile 或 WriteFile 后，当实际读写操作完成或发生超时才返回调用程序。而异步方式函数在启动接收或发送过程后立即返回，程序继续向下执行，程序在调用 ReadFile 和 WriteFile 时必须提供一个 Overlapped 数据结构指针，该结构中包含一个手动事件同步对象，其后的程序必须借助于该事件同步对象，完成数据的接收和发送过程。通信端口的超时设置对读写的处理方式也会产生影响，如果调用读写函数时发生端口超时，则读写函数立即返回并返回已传输的数据字节数。

ReadFile 函数只要在串行口输入缓冲区中读入指定数量的字符，就算完成操作。而 WriteFile 函数不但要把指定数量的字符拷入到输出缓冲中，而且要等这些字符从串行口送出去后才算完成操作。

如果不再使用某一端口，须将该端口关闭，以便其他程序可以使用该端口。如果不显式关闭某端口，当程序退出时打开的端口也将被自动关闭。但为了安全起见，最好是显式的关闭它。关闭串口的语句为 CloseHandle()。

BOOL CloseHandle（HANDLE hObjedt）

用途：关闭串口。

说明：

hObjedt：串口句柄。

操作说明：成功关闭串口时返回 TRUE，否则返回 FALSE。

当 ReadFile 和 WriteFile 返回 FALSE 时，不一定就是操作失败，线程应该调用 GetLastError 函数分析返回的结果。例如，在重叠操作时如果操作还未完成函数就返回，那么函数就返回 FALSE，而且 GetLastError 函数返回 ERROR_IO_PENDING。如果 GetLastError 函数返回 ERROR_IO_PENDING，则说明重叠操作还未完成，线程可以等待操作完成。有两种等待办法：

一种办法是用类似 WaitForSingleObject 这样的等待函数来等待 OVERLAPPED 结构的 hEvent 成员，可以规定等待的时间，在等待函数返回后，调用 GetOverlappedResult。

另一种办法是调用 GetOverlappedResult 函数等待，如果指定该函数的 bWait 参数为 TRUE，那么该函数将等待 OVERLAPPED 结构的 hEvent 事件。GetOverlappedResult 可以返回一个 OVERLAPPED 结构来报告包括实际传输字节在内的重叠操作结果。

GetOverlappedResult 函数调用方法如下：

BOOL GetOverlappedResult(HANDLE hFile, LPOVERLAPPED lpOverlapped, LPDWORD lpNumberOfBytesTransferred，BOOL bWait);

参数说明：

hFile：用 CreateFile 获得的文件句柄。

lpOverlapped：指向一个在启动重叠操作时指定的 OVERLAPPED 结构（即读写函数中指定的 OverLapped 结构）。

lpNumberOfBytesTransferred：实际传输的字节数。

bWait：是否等待悬挂的重叠操作完成，若为 TRUE，则此函数直到操作完成后才返回。

OVERLAPPED 结构定义如下：

typedef struct_OVERLAPPED {

DWORD Internal；

DWORD InternalHigh；

DWORD Offset；

DWORD OffsetHigh；

HANDLE hEvent；

} OVERLAPPED；

如果采用异步方式，则在调用 ReadFile 或 WriteFile 函数时必需指定一个 OVERLAPPED 结构，调用后程序可继续执行其他操作，在合适的地方再调用函数 GetOverlappedResult 判断异步重叠操作是否完成（判断 OVERLAPPED 结构中的 hEvent 是否被置位）。

4. 多线程串口通信

HANDLE CreateThread （ LPSECURITY_ATTRIBUTES lpThreadAttributes，DWORD dwStackSize，LPTHREAD_START_ROUTINE lpStartAddress，LPVOID lpParameter，DWORD dwCreationFlags，LPDWORD lpThreadId ）；

该函数在其调用进程的进程空间里创建一个新的线程，并返回已建线程的句柄，其中各参数说明如下：

lpThreadAttributes：指向一个 SECURITY_ATTRIBUTES 结构的指针，该结构决定了线程的安全属性，一般设置为 NULL。

dwStackSize：指定了线程的堆栈深度，一般都设置为 0。

lpStartAddress：表示新线程开始执行时代码所在函数的地址，即线程的起始地址。一般情况为（LPTHREAD_START_ROUTINE）ThreadFunc，ThreadFunc 是线程函数名。

lpParameter：指定了线程执行时传送给线程的 32 位参数，即线程函数的参数。

dwCreationFlags：控制线程创建的附加标志，可以取两种值。如果该参数为 0，线程在被创建后就会立即开始执行；如果该参数为 CREATE_SUSPENDED，则系统产生线程后，该线程处于挂起状态，并不马上执行，直至函数 ResumeThread 被调用。

lpThreadId：该参数返回所创建线程的 ID。

如果创建成功则返回线程的句柄，否则返回 NULL。

1.4 项目实训——编写串口程序接收并处理接收到的个人信息

用交叉串口线将电脑和网关连接。若无交叉串口线，则将电脑端串口和网关端串口的 RXD 引脚和 TXD 引脚交叉连接，并用杜邦线将二者间的地线连接。双击"光盘/软件"目录下的串口调试助手"串口调试助手 V2.2.exe"，设置串口（此为 COM2）、波特率（115 200）、校验位（NONE）、数据位（8）、停止位（1），打开串口。

点击"发送个人信息"按钮，在接收端会收到个人信息"Name：Zhihui，Gender：Male，Age：22"，如图 1.19 所示。

图 1.19　个人信息采集

点击"关闭串口"，解除该软件对 COM2 的占用。双击"光盘/资源/项目 1/PC 端串口软件解析个人信息/PersonInfo_Analysis/Debug"目录下的 PersonInfo_Analysis.exe，此时会弹出自制串口软件窗口。根据提示输入串口号和波特率，并点击网关端的"发送个人信息"按钮，此时串口软件会将接收到个人信息解析，如图 1.20 所示。

图 1.20　自制串口软件解析个人信息

思考与练习

一、选择题

1. 设串行异步通信的数据格式是：1 个起始位，7 个数据位，1 个校验位，1 个停止位，若传输率为 1 200，则每秒钟传输的最大字符数为（　　　）。

　　A. 10 个　　　　　　　B. 110 个　　　　　　　C. 120 个　　　　　　　D. 240 个

2. 异步串行通信中，收发双方必须保持（　　　）。

　　A. 收发时钟相同　　　　　　　　　　B. 停止位相同

　　C. 数据格式和波特率相同　　　　　　D. 以上都正确

3. 在数据传输率相同的情况下，同步传输率高于异步传输速率的原因是（　　　）。

　　A. 附加的冗余信息量少　　　　　　　B. 发生错误的概率小

　　C. 字符或组成传送，间隔少　　　　　D. 由于采用 CRC 循环码校验

4. 在异步串行通信中，使用波特率来表示数据的传送速率，它是指（　　　）。

　　A. 每秒钟传送的字符数　　　　　　　B. 每秒钟传送的字节数

　　C. 每秒钟传送的字数　　　　　　　　D. 每秒钟传送的二进制位数

5. 串行通信中，若收发双方的动作由同一个时钟信号控制，则称为（　　　）串行通信。

　　A. 同步　　　　　　　　　　　　　　B. 异步

　　C. 全双工　　　　　　　　　　　　　D. 半双工

6. 如果约定在字符编码的传送中采用偶校验，若接收到校验代码 11010010，则表明传送中（　　　）。

　　A. 未出现错误　　　　　　　　　　　B. 出现奇数位错

　　C. 出现偶数位错　　　　　　　　　　D. 最高位出错

7. 传输距离较近时，常采用（　　　）。

　　A. 串行接口　　　　　　　　　　　　B. 简单接口

　　C. 可编程接口　　　　　　　　　　　D. 并行接口

8. 串行通信适用于（　　　）微机间的数据传送。

　　A. 不同类型　　　　　　　　　　　　B. 同类型

　　C. 近距离　　　　　　　　　　　　　D. 远距离

9. 两台微机间进行串行通信时，波特率应设置为（　　　）。

  A. 不同　　　　　　　　　　　　B. 相同

  C. 可相同也可不同　　　　　　　D. 固定不变

二、简答题

1. 什么叫同步通信方式？什么叫异步通信方式？它们各有什么优缺点？

2. 串口通信的标准波特率系列指什么，有几种不同的速率，分别是多少？

3. 计算机中是如何管理串口资源的？

三、程序设计题——编写串口调试小助手程序

根据所学知识，在网上查阅相关资料和编码，基于 WinForm，用 C#语言，完成串口调试小助手程序的编写，程序界面如图 1.21 所示。在开发的过程中，可以借助"虚拟串口工具"在电脑上仿真虚拟串口，如"虚拟串口 vspd（Virtual Serial Port Driver）"工具就是一款优秀的串口仿真工具。

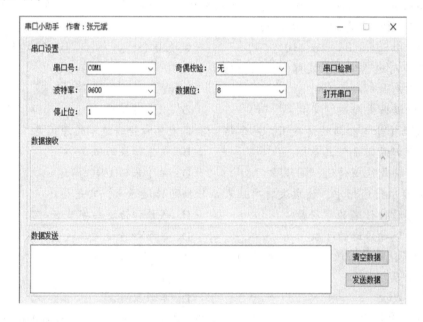

图 1.21　串口调试小助手界面

项目 2　RFID 智能定位与管理子系统设计与实施

2.1　项目描述

RFID 读卡器通过串口线连接到网关,网关读取并解析读卡器通过串口发送来的标签信息特别是标签的 EPC 号,并将读取的标签 EPC 号通过网络上传到服务器。通对 RFID 标签的读写特别是对 EPC 号的解析,准确定位垃圾桶位置,并对垃圾桶当前的状态进行有效管理,如判断每个垃圾桶内的垃圾是否需要清理,记录垃圾的清理时间并进行智能跟踪管理。

2.2　项目知识储备

射频识别（Radio Frequency Identification，RFID）技术是一种非接触式自动识别技术,通过射频信号自动识别目标对象并获取相关数据,识别工作无须人工干预,也无须识别系统与特定目标之间建立机械或光学接触,可工作于多种恶劣环境。RFID 技术可识别高速运动物体并可同时识别多个对象,操作快捷方便。RFID 也是一种传感器技术,RFID 技术是融合了无线射频技术和嵌入式技术于一体的综合技术,RFID 在自动识别、物品物流管理有着广阔的应用前景。

射频识别技术其基本原理是利用射频信号和空间耦合（电感或电磁耦合）或雷达反射的传输特性,实现对被识别物体的自动识别。它通常用来分类和追踪市场和制造厂中的产品。然而,RFID 的潜能并不仅仅是这些。现在,RFID 已经广泛地应用在供应链追踪、零售存货管理、图书馆订购追踪、停车通路控制、马拉松赛跑系统、航空公司行李追踪、电子安全钥匙、伤亡人数收集、窃盗预防和医疗等方面。

RFID 技术作为一种前沿科技,引起国内外政府、企业、零售商、科研单位的关注,其纷纷开展实质性的研发工作和应用推广。RFID 技术所带来的不仅仅是生活和工作上的便利,更意味着一种更安全、更高效、更及时的数据采集方式,在这个飞跃式发展的时代,整个人类的生活环境也会随之发生根本性变化。RFID 技术的应用包罗万象,并且在不断发掘新的应用领域和应用模式,可以说 RFID 技术将成为自动识别技术的全新力量。一套完整的 RFID 系统,是由阅读器（Reader）、电子标签（TAG）[也就是所谓的应答器（Transponder）] 及应用软件系统三个部分组成。

简明扼要地说,RFID 系统有两个主要的成分;标签和阅读器。一个标签有一个确定（身份证）号码和记忆单元，这些记忆单元用来储存数据，如制造者名字、产品型号和环境的因素，像温度、湿度等，阅读器能够经无线传输对标签进行数据读写。通常，在标签和阅读器之间有两种通信类型：一种是归纳的联结，在标签和阅读器间形成由天线构成的整体结构；另一种是用增殖电磁波增殖联结。在 RFID 的一个典型应用中，标签附着在被识别物体上（表面或内部），通过读取相邻的标签身份证号码，然后计算出可以提供身份证和物体之间映射的数据库，阅读器就能够检测对应物体的存在。

传感器网由许多传感器节点组成，这些传感器节点可以部署在地面、空气、车辆、建筑物内甚至在生物体上。传感网广泛地应用于环境监听、生物医学的观察、监视、安全等。由于传感器发出的能量不能支持长距离传输，而接收点通常距数据源很远，这就需要用多跳网络连接数据与接收点。

基于射频识别（Radio Frequency Identification，RFID）的无线传感器网络是目前最主要的一种无线传感器网络类型。射频识别是一种利用无线射频方式在读写器和电子标签之间进行非接触的双向数据传输，以达到目标识别和数据交换目的的技术。它能够通过各类集成化的微型传感器协作地进行实时监测、感知和采集各种环境或监测对象的信息，将客观世界的物理信号转换成电信号，从而实现物理世界、计算机世界以及人类社会的交流。

2.2.1　RFID 电子标签

RFID 电子标签是 RFID 系统中必备的一部分，由耦合元件及芯片组成。每个标签具有唯一的电子编码，附着在物体上标识目标对象，标签中存储着被识别物体的相关信息。当 RFID 电子标签被 RFID 读写器识别到或者电子标签主动向读写器发送信息时，标签内的物体信息将被读取或改写。其工作原理如图 2.1 所示。

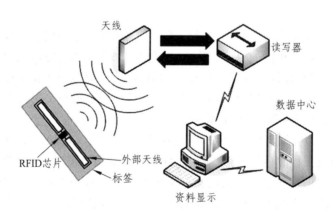

图 2.1　RFID 电子标签工作原理图

1. 标签的构成

标签是 RFID 系统的数据载体，其结构主要由芯片、标签天线（或线圈）和载体组成。

芯片由存储器和控制系统的低电集成电路组成，用来保存 ID 等特定信息；天线用来接收和发送信息和指令；载体用来安装和保护芯片和天线。每个 RFID 标签具有唯一的电子编码，附在物体上标识目标对象，如图 2.2 所示。

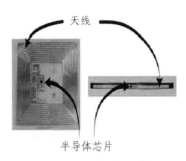

图 2.2 电子标签示意图

2. 标签的分类

RFID 标签可以按供电方式、工作频率、工作模式、读写方式、通信时序、封装材料、封装形状等技术参数进行分类。

（1）按供电方式分类。

根据标签的能量来源方式，可以分为有源标签、无源标签和半有源标签，如表 2.1 所示。

有源标签的工作能量来自自带的电池，因此标签工作能量较高，识读距离比较长，可以达到几十米甚至上百米，但寿命有限且标签体积较大，成本也较高。

无源标签中没有电池，利用波束供电技术将接收到的射频能量转化为直流电源为标签内电路供电，因此标签重量轻、体积小，可以制成很薄的卡片，其作用距离相对有源标签较短，但是寿命长，对工作环境要求不高。

半有源标签介于有源和无源两者之间，虽然带有电池，但是电池的能量只激活系统，激活后无须电池供电，进入无源标签工作模式。

表 2.1 按供电方式分类

分　类	读取距离	重量体积	成　本	适　用
有源	几十米至上百米	重量体积较大	高	不适合在恶劣环境下工作
无源	几十厘米至十米	重量轻、体积小	低	寿命长，对工作环境要求不高
半有源	介于二者之间	介于二者之间	中	介于二者之间

（2）按工作模式分类。

根据标签与读头之间数据交换方式，RFID 标签可分为主动式、被动式、半主动式三种，如表 2.2 所示。

表 2.2　按工作模式分类

分类	读取范围	穿越障碍	成本	应用
主动式	30 m 以上	1 次	高	有障碍的应用中
被动式	几十厘米至数米	2 次	低	无障碍的应用中
半主动式	介于两者之间	2 次	中	有障碍、无障碍均可

　　主动式标签本身具有内部电源供应器，用自身的射频能量主动地发送数据，标签与阅读器只需要答应一次就能完成数据采集，省去了如被动标签首先从阅读器得到能量的过程，在有障碍物的情况下，只需一次穿越障碍，因此主动式标签主要用于有障碍物的 RFID 系统中，距离可达 30 m 以上，特别是军事领域应用广泛。

　　被动式 RFID 标签必须利用阅读器的载波来调制自己的信号，标签产生电能的装置是天线和线圈，在标签进入 RFID 系统工作后，天线接收到特定电磁波，线圈产生感应电流，从而给标签供电，如图 2.3 所示。在有障碍物的情况下，阅读器必须来去两次穿越障碍，所以该类标签最好使用在无障碍的 RFID 系统中，如门禁或公交卡等。

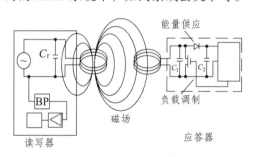

图 2.3　被动式标签能量供应原理

　　半主动式 RFID 标签虽然本身带电池，但是标签并不通过自身能量主动发生数据给阅读器，电池只负责对标签内部电路供电。标签需要被阅读器的能量激活，然后才能通过反向散射调制方式传送自身数据，因此能力介于两者之间。

　　（3）按工作频率分类。

　　根据系统工作的频率不同，RFID 系统可分为低频（Low Frequency，LF，30 ~ 300 kHz）、高频（High Frequency，HF，3 ~ 30 MHz）、超高频（Ultra High Frequency，UHF，300 ~ 1 000 MHz）和微波（Micro Wave，MW，2.45 GHz，5.8 GHz）系统，见表 2.3。

表 2.3　按工作频率分类

参数	低频（LF）	高频（HF）	超高频（UHF）	微波（MW）
频率	125 ~ 134 kHz	13.56 MHz	433 MHz 860 ~ 960 MHz	2.45 GHz 5.8 GHz
技术特点	穿透及绕射能力强（能穿透水及绕射金属物质），但速度慢、距离近	性价比适中，适用于绝大多数环境，但抗冲突能力差	速度快、作用距离远，但穿透能力弱（不能穿透水，被金属物质全反射），标准不统一	一般为有源系统，作用距离远，但抗干扰力差

参数	低频（LF）	高频（HF）	超高频（UHF）	微波（MW）
作用距离	<10 cm	1～20 cm	3～8 m	>10 m
主要应用	门禁、防盗系统 畜牧、宠物管理	智能卡 电子票务 图书管理 商品防伪	仓储管理 物流跟踪 航空包裹 自动控制	道路收费

（4）按读写性能分类。

根据芯片的存储器的不同，RFID 标签可以分为只读式（RO）、一次写入多次读出式（WORM）和多次可读写式（RW）三种类型。

只读式标签内一般有只读存储器、随机存储器和缓冲存储器，而可读写式标签一般还有非活动可编程记忆存储器。只读式标签是在标签制造过程时写入相关数据并固化的，因而成本较低，数据也最安全，一般用于大批量生产单品的防伪管理。

一次写入多次读出式标签成本较低，且使用灵活，一般生产管理、过程控制物流、供应链及图书馆藏书管理系统等大都选用这类标签。

多次可读写式标签成本最高，一般用于需要随机读写的系统，如 ETC 等收费系统。

（5）按通信时序分类。

通信时序是指读头和标签的工作次序，按通信时序分类有 RTF 标签和 TTF 标签两种。

RTF（Reader Talk First）阅读器主动唤醒标签——阅读器先讲类型

工作原理：阅读器首先向多个标签发出隔离的命令，只留下马上要识读的一个标签处于活动状态，与阅读器保持无冲撞通信联系，通信结束后立即指定该标签处于休眠状态，接着指定另一个标签执行相同的命令，如此重复，最终完成多标签的正确识读。

TTF（Tag Talk First）自报家门——标签先讲类型

由于 TIT 方式的通信协议比较简单，而且单倍的通信距离使读取速度更快，所以单标签无源识别都采用 TTF 类型。多标签同时识别的无源标签 TTF 类型的原理是：多个标签在随机时间里反复发送自己的 ID 代码，不同的标签可以在不同的时间段最终被阅读器正确识读，完成多标签识读的整个过程。

（6）按封装材料分类。

按封装材料进行分类：RFID 标签可以分为纸质封装 RFID 标签、塑料封装 RFID 标签与玻璃封装 RFID 标签三种。

纸质封装 RFID 标签一般由面层、芯片与天线电路层、胶层与底层组成。纸质 RFID 标签价格便宜，一般具有可粘贴功能，能够直接粘贴在被标识的物体上。

塑料封装 REID 标签采用特定的工艺与塑料基材，将芯片与天线封装成不同外形的标签。封装 RFID 标签的塑料可以采用不同的颜色，封装材料一般都能够耐高温。

玻璃封装 REID 标签将芯片与天线封装在不同形状的玻璃容器内，形成玻璃封装的 RFID 标签。玻璃封装 RFID 标签可以植入动物体内，用于动物的识别与跟踪，珍贵鱼类、狗、猫等宠物的管理，也可用于枪械、头盔、酒瓶、模具、珠宝或钥匙链的标识。

未来，RFID 标签会直接在制作过程中镶嵌到服装、手机、计算机、移动存储器、家电及药瓶、手术器械上。

（7）按封装形状分类。

人们可以根据实际应用的需要，设计出各种外形与结构的 RFID 标签。RFID 标签根据应用场合、成本与环境等因素，可以封装成以下几种外形：

粘贴在标识物上的薄膜型的自粘贴式标签。

可以让用户携带、类似于信用卡的卡式标签。

可以封装成能够固定在车辆或集装箱上的柱形标签。

可以封装在塑料扣中，用于动物耳标的扣式标签。

可以封装在钥匙扣中，用于用户随身携带的身份识别标签。

可以封装在玻璃管中，用于人或动物的植入式标签。

系统集成时，可根据具体的功能要求及前期系统设计方案结合上述标签选型参数。

2.2.2 RFID 读写器

RFID 读写器是 RFID 系统的中间部分，可以利用射频技术读取或者改写 RFID 电子标签中的数据信息，并且可以把这些读出的数据信息通过有线或者无线方式传输到中央信息系统进行管理和分析。RFID 读写器主要包括射频模块和读写模块以及其他一些基本功能单元。

RFID 读写器通过射频模块发送射频信号，读写模块连接射频模块，能对射频模块中得到的数据信息进行读写或改写。RFID 读写器还有其他硬件设备，包括电源和时钟等。电源用来给 RFID 读写器供电，并且通过电磁感应给无源 RFID 电子标签供电；时钟在进行射频通信时用于确定同步信息。

总的来说，读写器是一个获取（有时候可以写入）和处理电子标签内存储数据的设备。阅读器通常由耦合模块、收发模块、控制模块和借口单元组成，如图 2.4 所示。

图 2.4　RFID 阅读器

1. 读操作

阅读器最主要的任务是读取存储在电子标签中的数据。读取的过程需要优化软件算法以确保系统可靠性、安全性和识读速度。

2. 写操作

在大部分 RFID 系统中，阅读器具有双重功能，既能从电子标签读取数据，也能写入数据到电子标签。使用可读写的电子标签，用户能在电子标签生命周期内的任何时候改变数据。

3. 与服务器通信

阅读器不仅要与电子标签通信，还要与主机通信，从而实现电子标签与服务器之间的数据传输。例如便携式或手持式阅读器，往往需要与主机进行无线连接。

高频 RFID 读写器产品可简化为两个基本的功能模块：控制系统模块和由发射器及接收器组成的高频接口模块。高频接口中使用镀铂的铁皮外壳用于防止不希望出现的寄生辐射。读写器的控制系统模块采用 ASIC 组件和微控制器来实现。为了将它集成到一个应用软件中，读写器带有一个 RS232 接口，用于阅读器和外部应用软件之间的数据交换。

2.2.3　RFID 读写器天线

读写器的天线是发射和接收射频载波信号的设备。它主要负责将读写器中的电流信号转换成射频载波信号并发送给电子标签，或者接收标签发送过来的射频载波信号并将其转化为电流信号；读写器的天线可以外置也可以内置（见图 2.5）。天线的设计对读写器的工作来说非常重要，对于无源标签来说，其工作能量全部由阅读器的天线提供。

图 2.5　外置天线阅读器与内置天线阅读器

天线用于在电子标签和阅读器之间建立数据通信的通道。天线的设计和位置对系统的覆盖范围、识读距离和操作通信的准确性起着重要作用，如图 2.6 所示。例如，直线状的阅读器天线更适于自动装配线一类的场合。阅读器天线的安装也是根据应用的需要确定。

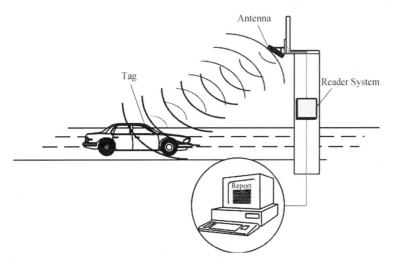

图 2.6　电子标签天线示意图

电子标签的天线通常与它的集成电路芯片封装在一起，安装在其表面。图 2.7 所示为几种常用的电子标签读写器。

图 2.7　RFID 电子标签读写器

电子标签和阅读器之间的通信受很多因素影响。首先，虽然传输的是数字信号，但天线的传输是模拟方式，传输质量很容易受到各种环境因素的影响。其次，通信过程会受到各种 RF 噪声源的干扰。例如液体、金属箔或其他金属性物体；较高的湿度；极端的温度，如非常热或非常冷的情况；电机或引擎的运转；无线设备，如手机、PDA；WiFi 或者移动通信网络等都有可能影响信号的传输。处理干扰的能力对于 RFID 系统的性能起着重要作用。因此，每个 RFID 部件安装到最理想的位置也是非常必要的。在系统设计中，不仅要从物理上克服外界影响和限制，还要采用软件的方法实现纠错、容错，这可以有效提高识读精确性和系统可靠性。

2.2.4　RFID 应用管理程序

应用管理系统的软件组件可分为 3 类：RFID 系统软件、RFID 中间件和系统应用程序。RFID 系统软件在电子标签和阅读器中执行，RFID 中间件在阅读器和主机中运行，系统应用程序在与阅读器连接的主机或通过网络连接的主机中运行。

1. RFID 系统软件

RFID 系统软件是在电子标签和阅读器之间进行通信所必需的功能集合，通信首先发生在无线电信号的处理层。下面描述典型 RFID 系统在电子标签和阅读器之间通信所需的最基本的软件功能。

（1）读写功能。读功能是每个电子标签的基本功能，写功能是针对具备可写功能的电子标签。阅读器通过电子标签发出指令来进行读或写数据。阅读器提供的写入电子标签的数据通常来自上层的应用程序。

（2）防冲突功能。当多个电子标签同时出现在一个阅读器的识读范围内，而且必须同时进行识别和跟踪时，就要使用防冲突的软件功能。而这种情况是在大多数的供应链应用系统中经常出现的典型情况。例如，每一件服装有一个单独的电子标签，而在一个包装箱内可能有几十件衣服。防冲突功能就是在电子标签和阅读器之间用以减小多个电子标签在同一时间响应阅读器的风险。

（3）错误检测与纠正功能。阅读器从电子标签读取的数据由于各种因素的影响可能产生错误，阅读器的软件应该具备自动检测、去重或补充不完整数据功能。

（4）加密、认证和授权功能。为确保数据交换安全，软件必须具备加密、认证和授权功能。如果对电子标签与阅读器之间进行数据交换有安全要求，电子标签和阅读器双方就必须合作，执行所设置的协议以达到所需的数据安全级别。例如，为了防止一个非授权的阅读器获取电子标签内的数据，电子标签和阅读器必须执行一个授权协议，通过交换密码，确认阅读器是否获得了授权。在密码信息交换并确认有效后，电子标签才能发送数据给阅读器。加密功能可以对电子标签中存储的数据或传输的数据进行加密。

（5）电子标签的安全功能。电子标签的安全功能需要电子标签内芯片硬件的支持，有安全需要的电子标签在电子标签硬件设计时就应考虑安全问题。

2. RFID 中间件

RFID 中间件是在阅读器和主机之间运行的一组软件，作为电子标签和阅读器上运行的 RFID 系统软件与在主机上运行的应用软件之间的桥梁。

RFID 中间件的主要功能如下：

（1）监视功能：控制 RFID 系统的基础设备，监视设备的工作状态。

（2）管理功能：管理、处理电子标签与阅读器的数据流。

（3）接口功能：提供与设备和主机的接口。

监视功能指能够集中地监视和报告阅读器等设备的完好状况和工作状态。例如，在大型仓库中，多个传送带安装配备有几十台阅读器，自动收集货物上电子标签的数据。当阅读器发生故障时，能够实时监控并定位发生故障的设备，及时自动或手动修复出现的问题，或者通过提高邻近阅读器的发射功率，弥补和覆盖故障机的识读区域。

管理功能指事件管理。"事件"指阅读器在特定环境下工作过程中具有某种意义的记录。在电子标签和阅读器之间传送的数据将送到主机，用于应用系统中的数据集成和处理。但是，在阅读器持续不断地识读大量电子标签数据的情况下，为保证工作秩序、系统稳定性和数据可靠性，中间件需要对电子标签数据进行预处理，例如去除重复的或者有误的数据，根据预先定义的规则收集数据，过滤出对应用程序有意义的事件提交到应用程序进行处理。

接口功能是实现数据标准化。在标准不完善时，阅读器的数据格式和与主机的通信协议都是专用的，为了更好地适应软件环境和共享数据，需要 RFID 中间件软件将各种阅读器数据格式转换为一种标准化的格式，以便在主机的应用程序、应用系统中进行集成。

RFID 中间件向下与阅读器的接口，可使不同厂商不同类型的阅读器通过中间件连接到系统中；RFID 中间件向上与主机的应用程序接口，可以提供面向服务的接口和 Web 服务器，提供远程的监视管理和查询服务。

由于不同的 RFID 系统有不同的应用需求，RFID 中间件的功能也有所区别。RFID 中间件开发商提供的软件也各有特点，在后续的章节中将对其进行具体描述。

3. 系统应用程序

系统应用程序接收由电子标签发出，经阅读器和 RFID 中间件软件处理过滤后的标准化数据。某些系统应用程序是公司自有或已有软件程序，如某个仓库的进销存管理系统。在升级为 RFID 系统之前,这些系统可能是用手工录入数据或通过条码系统识读数据。若应用程序用于数据输入的接口协议定义良好、完整,那么 RFID 中间件软件仅需要按照这个接口协议处理来自电子标签的数据并使之规范化,使用由系统应用程序定义的协议传送射频信号数据,甚至系统应用程序软件不需要知道它所得到的数据的实际来源。例如,某跟踪货架物品的管理系统,系统应用程序不需要"知道"数据是通过何种渠道采集的,无论是通过条码扫描、手工录入,或是通过电子标签识别,对于系统应用程序而言只需接收满足既定规则或协议的数据即可。

另外,某些应用程序可能需要经过修改才能接收来自 RFID 中间件的数据,因为缺少定义良好的接口协议,这种情况最有可能出现在旧版本的应用程序或专用开发的应用程序上。在更多的情况下,系统应用程序是随同系统设备购买或定制的。

这是唯一性识别带来的挑战。为了充分实现这种由 RFID 系统产生的附加数据所带来的高效管理,公司必须考虑重新构建自身的商业模型和应用程序。

2.2.5 RFID 技术的工作原理

阅读器通过发射天线发送一定频率的射频信号,当射频卡进入发射天线工作区域时产生感应电流,获得能量并被激活。射频卡将自身编码等信息通过卡内置发送天线发送出去。系统接收天线接收到从射频卡发送来的载波信号,经天线调节器传送到阅读器。阅读器对接收的信号进行解调和解码,然后送到后台主系统进行相关处理。主系统根据逻辑运算判断该卡的合法性,针对不同的设定做出相应的处理和控制,发出指令信号控制执行机构动作,具体过程如下:

(1)无线电载波信号经过射频读写器的发射天线向外发射。

(2)当射频识别标签进入发射天线的作用区域时,射频识别标签就会被激活,经过天线将自身信息的数据发射出去。

(3)射频识别标签发出的载波信号被接收天线接收,并经过天线的调节器传输给读写器。对接收到的信号,射频读写器进行解调解码后,再传送到后台的计算机控制器。

(4)该标签的合法性由计算机控制器根据逻辑运算进行判断,针对不同的设定做出相应的处理和控制。

(5)按照计算机发出的指令信号,控制执行机构进行运作。

(6)计算机通信网络通过将各个监控点连接起来,并接入总控信息平台。根据实际不同的项目要求可以设计各不相同的相应软件完成需要达到的功能。

2.2.6 EPC 技术

产品电子代码(Electronic Product Code,EPC)技术是基于 RFID 与 Internet 的一项物流信息管理技术,它通过给每一个实体对象分配一个唯一标识,借助计算机网络,应用 RFID 技术,实现对单个物体的访问,突破性实现了 EAN·UCC 系统中的 GTIN 体系所不能完成的对单品的跟踪和管理任务。EPC 是条码技术的延伸与拓展，已经成为 EAN·UCC 全球统一标识系统的重要组成部分。它可以极大地提高物流效率，降低物流成本，也是物品追踪、供应链管理、物流现代化的关键。

新一代的 EPC 编码体系是在原有 EAN·UCC 编码体系的基础上发展起来的，与原有的 EAN·UCC 编码系统相兼容。在数据载体技术方面，EPC 采用了 EAN·UCC 系统中的两大数据载体技术之一的射频识别技术。

1. EPC 系统的结构

EPC 系统是一个非常先进的、综合性的和复杂的系统，其最终目标是为每一个商品建立全球的、开放的标识标准。它由 EPC 编码体系、射频识别系统及信息网络系统三部分组成，主要包括六个方面，如表 2.4 所示。

表 2.4　EPC 系统的构成

系统构成	名　称	注　释
EPC 编码体系	EPC 编码标准	识别目标的特定代码
射频识别系统	EPC 标签	贴在物品之上或者内嵌在物品之中
	识读器	识别 EPC 标签
信息网络系统	中间件	EPC 系统的软件支持系统
	Object Naming Service（ONS），对象名解析服务	
	EPC 信息服务（EPCIS）	

（1）EPC 编码体系。

EPC 编码体系是新一代与 GTIN 兼容的编码标准，它是全球统一标识系统的延伸和拓展，是全球统一标识系统的重要组成部分，是 EPC 系统的核心与关键。EPC 代码是由标头、厂商识别代码、对象分类代码 EPC 代码、序列号等数据字段组成的一组数字。

（2）射频识别系统。

EPC 射频识别系统是实现 EPC 自动采集的功能模块，由射频标签和标签识读器组成。射频标签是产品电子代码的载体，附着于跟踪的物品上，在全球流通。射频识读器与信息系统相连，是读取标签中的 EPC 并将其输入网络信息系统的电子设备。EPC 系统射频标签与射频识别器之间利用无线感应方式进行信息交换，射频识别具有非接触识别、快速移动物品识别和多个物品同时识别的特点。

（3）信息网络系统。

信息网络系统是由本地网络和互联网组成的，是实现信息管理、信息流通的功能模块。EPC 系统的信息网络系统是在全球互联网的基础上，通过 EPC 中间件、对象命名解析服务和 EPC 信息服务三大部分来实现全球"实物互联"。其中，EPC 中间件起了系统管理的作用，ONS 起了寻址的作用，EPCIS 起了产品信息存储的作用。

EPC 中间件是具有一系列特定属性的"程序模块"或"服务",并被用户集成以满足特定的需求,EPC 中间件以前被称为 SAVANT。EPC 中间件是加工和处理来自读写器的所有信息和事件流的软件,是连接读写器和企业应用程序的纽带,主要任务是在数据被送往企业应用程序之前进行标签数据校对、读写器协调、数据传送、数据存储和任务管理。

对象名称解析服务是一个自动网络服务系统,类似于域名解析服务(Domain Name Service,DNS),ONS 给 EPC 中间件指明了存储产品相关信息的服务器。ONS 服务是连接 EPC 中间件和 EPC 信息服务的网络枢纽,并且 ONS 设计与架构都以因特网域名解析服务(DNS)为基础,因此,可以使整个 EPC 网络以因特网为依托,迅速架构并顺利延伸到世界各地。

EPC 信息服务(EPC Information service,EPCIS)提供了一个模块化、可扩展的数据和服务的接口,使得 EPC 的相关数据可以在企业内部或者企业之间共享。它负责处理与 EPC 相关的各种信息。EPCIS 有两种运行模式:一种是 EPCIS 信息被激活的 EPCIS 应用程序直接应用;另一种是将 EPCIS 信息存储在资料档案库中,以备今后查询时进行检索。

2. EPC 系统的工作流程

EPC 物联网是一个基于互联网并能够查询全球范围内每一件物品信息的网络平台,物联网的索引就是 EPC。在由 EPC 标签、读写器、EPC 中间件,Internet,ONS 服务器,EPCIS 以及众多数据库组成的实物互联网中,读写器读出的 EPC 只是一个信息参考(指针),由这个信息参考从 Internet 找到 IP 地址并获取该地址中存放的相关的物品信息,并采用分布式的 EPC 中间件处理由读写器读取的一连串 EPC 信息。由于在标签上只有一个 EPC 代码,计算机需要知道与该 EPC 匹配的其他信息,这就需要 ONS 提供一种自动化的网络数据库服务,EPC 中间件将 EPC 传给 ONS,ONS 指示 EPC 中间件到一个保存着产品文件的服务器(EPCIS)里查找,该文件可由 EPC 中间件复制,因而文件中的产品信息就能传到供应链上。EPC 系统的工作流程如图 2.8 所示。

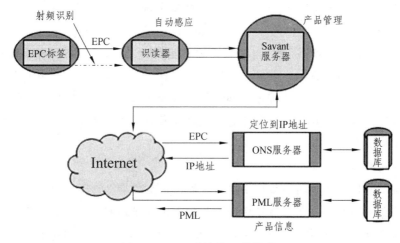

图 2.8 EPC 系统的工作流程

2.3　项目实施

任务 1　RFID 读写器参数配置

本项目使用超高频电子标签读写器（UHFReader18），且采用的是串口通信方式。将读写器与串口正确连接，再接通电源。

双击"光盘/软件/项目 2/UHFReader18 DemoV2.6/"目录下的 UHFReader18.exe，出现如图 2.9 的界面。

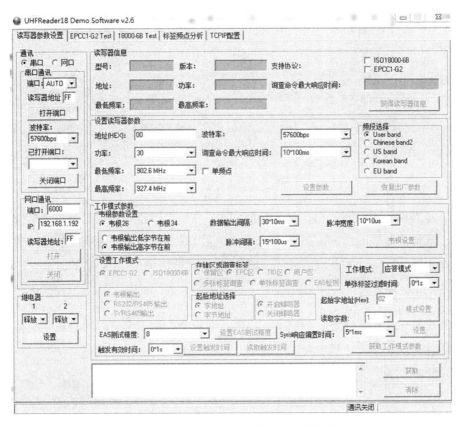

图 2.9　打开 UHF RFID 读写器配置程序

当前设置界面为"读写参数设置"界面。

1. 串口通信设置

串口通信方式下，端口设为"AUTO"，单击"打开端口"，会检测到读写器当前连接的串口号，如图 2.10 所示。由图可知，所用串口为 COM2。若未检测到可用串口，则会弹出"串口通信错误"的窗口。

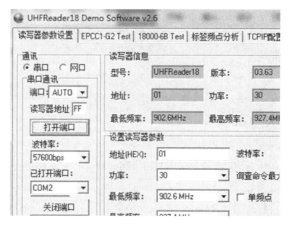

图 2.10　打开串口

当打开串口后，会自动显示读写器信息，包括型号、版本等。图 2.11 即为本项目所用读写器的信息。

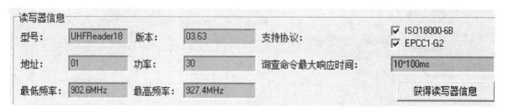

图 2.11　读写器信息

其中，若读写器地址等于 FF，则为广播方式，与该串口连接的读写器均会响应。若读写器地址等于其他值，如 00，则读写器信息中地址为 00 的读写器才会响应。波特率可自行选择，在此使用默认值 57 600 b/s。当然，也可手动选择通信端口。

2. 设置读写器参数

读写器参数设置包括地址、波特率、功率、询查命令最大响应时间、最低频率、最高频率和频段选择，具体如图 2.12 所示。

图 2.12　读写器参数设置

地址即设置读写器地址，可设为除 0xFF 之外的其他值；波特率可设为出厂默认值，即 57 600 b/s；功率即为设置读写器的输出功率；询查命令最大响应时间即读写器询查命令的最大响应时间；读写器工作的上限/下限频率以及频段可根据需要自行设置。

3. 设置工作模式参数

（1）韦根参数设置。韦根参数包括韦根 26/34 协议、韦根格式、数据输出间隔、脉冲间隔和脉冲宽度，具体如图 2.13 所示。

图 2.13　韦根参数设置

数据输出间隔即输出韦根数据的最小时间间隔，脉冲宽度和脉冲间隔都与韦根协议有关，且二者的和为脉冲周期。

（2）工作模式设置。工作模式设为主动模式或触发模式，才能进行工作模式设置，如图 2.14 所示，否则参数无效。

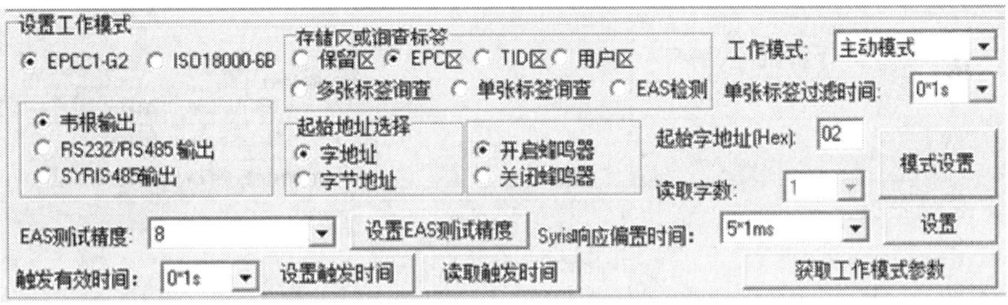

图 2.14　工作模式为主动模式

EPCC1-G2 和 ISO18000-6B 是读写器支持的两种协议，选择 EPCC1-G2 表示读写器只能对支持 ISO18000-6C 协议的标签操作，此选项支持右侧的"存储区或询查标签"和"起始地址选择"；选择 ISO18000-6B 表示读写器只能对支持 ISO18000-6B 协议的标签操作。读写器的输出方式可选择韦根输出、RS232/RS485 输出、SYRIS485 输出。可通过选择"开启蜂鸣器""关闭蜂鸣器"来设置读写器读到数据时是否有蜂鸣音。

选择 EPCC1-G2 时，"起始字地址（Hex）"指读写器读取的起始地址和所要读取的字数，0 表示从第一个字开始读，02 表示从第三个字开始读。选择 ISO18000-6B 时，"起始字地址（Hex）"指读写器读取的起始地址和所要读取的字节数，0 表示从第一个字节开始读，02 表示从第三个字节开始读。起始字地址和读取字数的总长度不能超过标签相应存储区所能读取数据的最大地址，否则读写器不能读到数据。

若工作模式选择 EPCC1-G2，输出方式为 RS232/RS485，"存储区或询查标签"为 EPC 区，读写器询查标签的 EPC 号与起始地址和读取字数无关；若输出方式为韦根输出，则读取字数固定为 2，"起始地址+2"大于标签相应存储区所能读取数据的地址，读写器不能读到数据。

点击"获取工作模式参数"按钮，可获取读写器的韦根参数和工作模式参数。使用者可设置 EAS 测试精度和 Syris 响应偏置时间，设置/读取触发时间。界面左下侧还可设置两个继电器的状态（释放/闭合）。

任务 2　RFID 电子标签的读写测试

打开"EPCC1-G2 Test"选项卡，读写测试界面如图 2.15 所示。

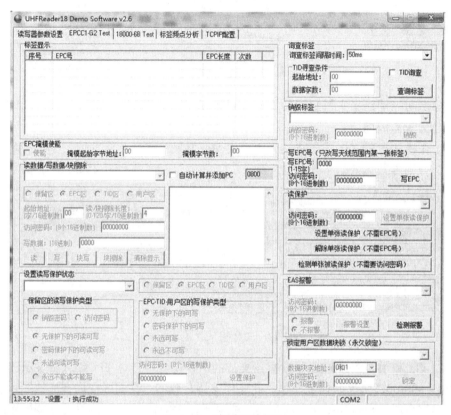

图 2.15　读写测试界面

1. 询查标签

将标签放到读写器上，默认询查标签间隔时间为 50 ms，点击"查询标签"按钮，可以看到标签显示界面如图 2.16 所示。

图 2.16　标签显示

由图可知，该标签的 EPC 号是 E200206755160260。

选择 TID 询查，并设置 TID 询查的起始地址为 00，数据字数为 03，点击"查询标签"按钮，查看标签显示如图 2.17 所示。

图 2.17　TID 询查

2. 标签数据的读、写、擦除

进行标签数据的读、写、擦除操作时，需先"查询标签"，再选择标签。

读数据。选择标签，输入起始地址、读长度和访问密码（若无，则随意填写，不能为空）。点击"读"按钮，结果如图 2.18 所示。读取过程中，页面左下角会有"读数据"执行成功的提示。

图 2.18　读数据

写数据。选择标签，输入起始地址、读长度和访问密码（若无，则随意填写，不能为空），写入"11223344"。点击"写"按钮，结果如图 2.19 所示。若写入成功，则页面左下角提示数据完全写入成功。

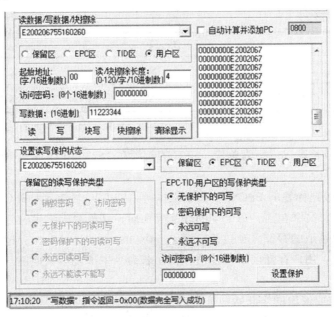

图 2.19　写数据

此时再读标签，会发现上面的"11223344"被写入，如图 2.20 所示。

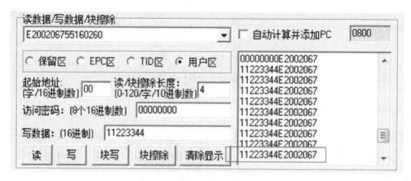

图 2.20　写入数据后，读数据

任务 3　RFID 的通信协议解析

1. 网关和读卡器间的数据传送

（1）读数据。

该命令以字为单位，从指定地址开始读标签的保留区、EPC 存储区、TID 存储区或用户存储区中的数据。网关想要读取标签中的数据时，向读卡器发送读数据指令，指令格式如下：

Len	Adr	Cmd	Data[]	CRC-16	
0xXX	0xXX	0x02	—	LSB	MSB

前三个字节分别表示指令长度、地址、指令类型（0x02 是读指令）。

其中，Data[]参数如下：

Data[]							
ENum	EPC	Mem	WordPtr	Num	Pwd	MaskAdr	MaskLen
0xXX	变长	0xXX	0xXX	0xXX	4 Byte	0xXX	0xXX

参数解析：

ENum：EPC 号长度，以字为单位。EPC 的长度在 15 个字以内，不能为 0。超出范围，将返回参数错误信息。

EPC：要读取数据标签的 EPC 号。长度根据所给的 EPC 号决定，EPC 号以字为单位，且必须是整数个长度。高字在前，每个字的高字节在前，这里要求给出的是完整的 EPC 号。

Mem：选择要读取的存储区，占 1 个字节。0x00：保留区；0x01：EPC 存储区；0x02：TID 存储区；0x03：用户存储区，其他值保留。若命令中出现了其他值，将返回参数出错的消息。

WordPtr：指定要读取的字起始地址，占 1 个字节。0x00 表示从第 1 个字（第 1 个 16 位存储区）开始读，0x01 表示从第 2 个字开始读，依次类推。

Num：要读取的字的个数，占 1 个字节。不能设置为 0x00，否则将返回参数错误信息。Num 不能超过 120，即最多读取 120 个字。若 Num 设置为 0 或者超过了 120，将返回参数出错的消息。

Pwd：这 4 个字节是访问密码，占 4 个字节。32 位的访问密码的最高位在 Pwd 的第 1 字节（从左往右）的最高位，访问密码最低位在 Pwd 第四字节的最低位，Pwd 的前两个字节放置访问密码的高字。只有当读保留区，并且相应存储区设置为密码锁、标签的访问密码为非 0 的时候，才需要使用正确的访问密码。在其他情况下，Pwd 为零或正确的访问密码。

MaskAdr：掩模 EPC 号的起始字节地址，占 1 个字节。0x00 表示从 EPC 号的最高字节开始掩模，0x01 表示从 EPC 号的第 2 字节开始掩模，以此类推。

MaskLen：掩模的字节数，占 1 个字节。掩模起始字节地址与掩模字节数之和不能大于 EPC 号字节长度，否则返回参数错误信息。

注：当 MaskAdr、MaskLen 为空时，表示以完整的 EPC 号掩模。

读卡器收到网关发送的指令后，将标签信息发送给网关。其应答的格式为：

Len	Adr	reCmd	Status	Data[]	CRC-16	
0xXX	0xXX	0x02	0x00	Word1，Word2，…	LSB	MSB

参数解析：

Word1，Word2…：以字为单位。每个字都是 2 个字节，高字节在前。Word1 是从起始地址读到的字，Word2 是起始地址后一个字地址上读到的字，以此类推。

实际情况中，读数据的解析函数如图所示。

```
void ReadCardG2(BYTE member)              //读标签信息
{
    BYTE Mem, Num, WordPtr,EPClength, maskFlag, maskadr, maskLen ;
    int i,Errorcode = 0 ;
    BYTE CardData[320];
    BYTE fPassword[4] = {0x00};
    Mem = member;      //输入变量，一个字节。选择要读取的存储区。
    Num = 4;           //输入变量，一个字节。要读取的字的个数。
    WordPtr = 0x00;    //输入变量，一个字节。指定要读取的字起始地址。
    EPClength = 8;     //该值由查询标签EPC得
    maskFlag = 0;
    maskadr = 0;
    maskLen = 0;
    int fCmdRet = RR_ReadCard_G2(&ComAddr,     //输入变量，读写器地址。
        fOperEPC,     //指向输入数组变量（输入的是每字节都转化为字符的数据）。是电子标签的EPC号
        Mem,          //输入变量，一个字节。选择要读取的存储区。
                      //0x00：保留区 0x01：EPC存储器；0x02：TID存储器；0x03：用户存储器。
        WordPtr,      //输入变量，一个字节。指定要读取的字起始地址。
                      //0x00 表示从第一字（第一个16位存储体）开始读，0x01表示从第2个字开始读，依次类推。
        Num,          //输入变量，一个字节。要读取的字的个数。
        fPassword,    //指向输入数组变量（输入的是每字节都转化为字符的数据），四个字节，这四个字节是访问密码。
        maskadr,      //输入变量，EPC掩模起始字节地址。
        maskLen,      //输入变量，掩模字节数。
        maskFlag,     //输入变量，掩模使能标志。
        CardData,     //指向输出数组变量（输出的是每字节都转化为字符的数据），是从标签中读取的数据。
        EPClength,    //输入变量，一个字节。EPC号的字节长度。
        &Errorcode,   //输出变量，一个字节，读写器返回响应状态为0xFC时，返回错误代码。
        FrmHandle);   //输入变量，返回与读写器连接端口对应的句柄，应用程序通过该句柄可以操作连接在相应端口的读写器。
```

Long WINAPI ReadCard_G2(unsigned char &ComAddr, unsigned char fOperEPC, unsigned char Mem, unsigned char WordPtr, unsigned char Num, unsigned char fPassword, unsigned char maskadr，unsigned char maskLen，unsigned char maskFlag，unsigned char CardData，unsigned char EPClength，unsigned char &Errorcode，long FrmHandle）；

功能描述：

这个命令读取标签的整个或部分保留区、EPC 存储器、TID 存储器或用户存储器中的数据。从指定的地址开始读，以字为单位。

参数解析：

ComAddr：输入变量，读写器地址。

fOperEPC：指向输入数组变量（输入的是每字节都转化为字符的数据），这是电子标签的 EPC 号。

Mem：选择要读取的存储区，输入变量，占 1 个字节。。

0x00：保留区。

0x01：EPC 存储器。

0x02：TID 存储器。

0x03：用户存储器。

其他值保留。若命令中出现了其他值，将返回参数出错的消息。

WordPtr：指定要读取的字起始地址，为输入变量，占 1 个字节。0x00 表示从第 1 个字（第 1 个 16 位存储体）开始读，0x01 表示从第 2 个字开始读，依次类推。

Num：要读取的字的个数，输入变量，一个字节。不能设置为 0x00，将返回参数错误信息。Num 不能超过 120，即最多读取 120 个字。若 Num 设置为 0 或者超过了 120，将返回参数出错的消息。

fPassword：指向输入数组变量（输入的是每字节都转化为字符的数据），占 4 个字节，这 4 个字节是访问密码。32 位的访问密码的最高位在 PassWord 的第 1 字节（从左往右）的最高位，访问密码最低位在 PassWord 第 4 字节的最低位，PassWord 的前两个字节放置访问密码的高字。

CardData：指向输出数组变量（输出的是每字节都转化为字符的数据），是从标签中读取的数据。

EPClength：EPC 号的字节长度，为输入变量，占 1 个字节。

Errorcode：输出变量，占 1 个字节，读写器返回响应状态为 0xFC 时，返回错误代码。

maskadr：输入变量，EPC 掩模起始字节地址。

maskLen：输入变量，掩模字节数。

maskFlag：输入变量，掩模使能标记。

maskFlag = 1：掩模使能。

maskFlag = 0：掩模禁止。

FrmHandle：输入变量，返回与读写器连接端口对应的句柄，应用程序通过该句柄可以操作连接在相应端口的读写器。如果打开不成功，返回的句柄值为 – 1。

返回值：如果该函数调用成功，返回一个零值，读到的数据在 Data 中；返回非零值请查看其他返回值定义，返回的错误代码请查看错误代码定义。

（2）写数据。

网关向读卡器发送写数据指令，该命令可以一次性向保留区、TID 存储区或用户存储区中写入若干个字。命令格式为：

Len	Adr	Cmd	Data[]	CRC-16	
0xXX	0xXX	0x03	——	LSB	MSB

Data 参数如下：

Data[]								
WNum	ENum	EPC	Mem	WordPtr	Wdt	Pwd	MaskAdr	MaskLen
0xXX	0xXX	变长	0xXX	0xXX	变长	4Byte	0xXX	0xXX

参数解析：

WNum：待写入的字个数，1 个字为 2 个字节。这里字的个数必须和实际待写入的数据个数相等。WNum 必须大于 0，若上位机给出的 WNum 为 0 或者 WNum 和实际字个数不相等，将返回参数错误的消息。

ENum：EPC 号长度，以字为单位。EPC 的长度在 15 个字以内，可以为 0；否则返回参数错误信息。

EPC：要写入数据标签的 EPC 号。长度由所给的 EPC 号决定，EPC 号以字为单位，且必须是整数个长度。高字在前，每个字的高字节在前。这里要求给出的是完整的 EPC 号。

Mem：选择要写入的存储区，占 1 个字节。0x00：保留区；0x01：EPC 存储区；0x02：TID 存储区；0x03：用户存储区。其他值保留。若命令中出现了其他值，将返回参数出错的消息。

WordPtr：指定要写入数据的起始地址，占 1 个字节。

Wdt：待写入的字。字的个数必须与 WNum 指定的一致，这是要写入到存储区的数据，每个字的高字节在前。如果给出的数据不是整数个字长度，Data[] 中前面的字写在标签的低地址中，后面的字写在标签的高地址中。比如，WordPtr 等于 0x02，则 Data[] 中第 1 个字（从左边起）写在 Mem 指定的存储区的地址 0x02 中，第 2 个字写在 0x03 中，依次类推。

Pwd：4 个字节的访问密码。32 位的访问密码的最高位在 Pwd 的第 1 字节（从左往右）的最高位，访问密码最低位在 Pwd 第 4 字节的最低位，Pwd 的前 2 个字节放置访问密码的高字。在写操作时，应给出正确的访问密码，当相应存储区未设置成密码锁时 Pwd 可以为零。

MaskAdr：掩模 EPC 号的起始字节地址，占 1 个字节。0x00 表示从 EPC 号的最高字节开始掩模，0x01 表示从 EPC 号的第二字节开始掩模，以此类推。

MaskLen：掩模的字节数，占 1 个字节。掩模起始字节地址与掩模字节数之和不能大于EPC 号字节长度，否则返回参数错误信息。

注：当 MaskAdr、MaskLen 为空时表示完整的 EPC 号掩模。

读卡器收到写数据指令后，应答指令如下：

Len	Adr	reCmd	Status	Data[]	CRC-16	
0x05	0xXX	0x03	0x00	——	LSB	MSB

实际情况中，写数据的解析函数如下所示：

```
void WriteCardG2(BYTE *CardData)                    //写标签信息
    BYTE Mem, Writedatalen, WordPtr,EPClength, maskFlag, maskadr, maskLen ;
    int i,Errorcode ,WritedataNum;
    BYTE fOperEPC[320];
    BYTE fPassword[4];
    maskFlag = 0;
    maskadr = 0;
    maskLen = 0;
int fCmdRet =  RR_WriteCard_G2(&ComAddr, //输入变量，读写器地址。
        fOperEPC, //指向输入数组变量(输入的是每字节都转化为字符的数据)。
                              //是电子标签的EPC号。
        Mem,      //输入变量，一字节。选择要读取的存储区
        WordPtr,  //输入变量，一字节。指定要写入的字起始地址。
                              //指定要写入数据的起始地址。
        Writedatalen, //输入变量，一个字节。待写入的字节数（长度必须为偶数字节数）。
        CardData, //指向输入数组变量（输入的是每字节都转化为字符的数据）。
        fPassword, //指向输入数组变量（输入的是每字节都转化为字符的数据），四个字节，这四个字节是访问密码。
        maskadr,  //输入变量，EPC掩模起始字节地址。
        maskLen,  //输入变量，掩模字节数。
        maskFlag, //输入变量，掩模使能标记。
        &WritedataNum, //输出变量，已经写入的字的个数。（以字为单位）
        EPClength, //输入变量，一个字节。EPC号的字节长度。
        &Errorcode, //输出变量，一个字节，读写器返回响应状态为0xFC时，返回错误代码。
        FrmHandle);//输入变量，返回与读写器连接端口对应的句柄。
                              //应用程序通过该句柄可以操作连接在相应端口的读写器。
```

Long WINAPI WriteCard_G2(unsigned char &ComAddr, unsigned char fOperEPC, unsigned char Mem, unsigned char WordPtr, unsigned char Writedatalen, unsigned char CardData, unsigned char fPassword, unsigned char maskadr, unsigned char maskLen, unsigned char maskFlag, long *WrittenDataNum, unsigned char EPClength, unsigned char &Errorcode, long FrmHandle);

功能描述：

这个命令可以一次性往保留内存、EPC 存储器、TID 存储器或用户存储器中写入若干个字。

参数解析：

ComAddr：输入变量，读写器地址。

fOperEPC：指向输入数组变量（输入的是每字节都转化为字符的数据），是电子标签的 EPC 号。

Mem：选择要读取的存储区，输入变量，占 1 个字节。

0x00：保留区。

0x01：EPC 存储器。

0x02：TID 存储器。

0x03：用户存储器。

其他值保留。若命令中出现了其他值，将返回参数出错的消息。

WordPtr：指定要写入的字起始地址，输入变量，占 1 个字节。如果写的是 EPC 区，则

会忽略这个起始地址。EPC 区总是规定从 EPC 区 0x02 地址（EPC 号的第 1 个字节）开始写。

Writedatalen：待写入的字节数（长度必须为偶数字节数），输入变量，占 1 个字节。Writedatalen 必须大于 0，这里字节数必须和实际待写入的数据个数相等，否则将会返回参数错误的消息。

CardData：指向输入数组变量（输入的是每字节都转化为字符的数据），表示待写入的字。这是要写入到存储区的数据，比如，WordPtr 等于 0x02，则输出变量 Data 中第一个字（从左边起）写在 Mem 指定的存储区的地址 0x02 中，第二个字写在 0x03 中，依次类推。

Password：指向输入数组变量（输入的是每字节都转化为字符的数据），占 4 个字节，这 4 个字节是访问密码。32 位的访问密码的最高位在 PassWord 的第 1 字节（从左往右）的最高位，访问密码最低位在 PassWord 第 4 字节的最低位，PassWord 的前 2 个字节放置访问密码的高字。

WrittenDataNum：输出变量，已经写入的字的个数（以字为单位）。

EPClength：EPC 号的字节长度，输入变量，占 1 个字节。

Errorcode：输出变量，占 1 个字节，读写器返回响应状态为 0xFC 时，返回错误代码。

maskadr：输入变量，EPC 掩模起始字节地址。

maskLen：输入变量，掩模字节数。

maskFlag：输入变量，掩模使能标记。

maskFlag = 1：掩模使能。

maskFlag = 0：掩模禁止。

FrmHandle：输入变量，返回与读写器连接端口对应的句柄，应用程序通过该句柄可以操作连接在相应端口的读写器。如果打开不成功，返回的句柄值为 −1。

2. 服务器和网关间的通信协议

车载终端通过 RFID 读卡器获取射频标签的 EPC 号，并将 EPC 号上传到服务器。EPC 号格式如下：

帧　头	EE EE
设备 ID	11 22 33 44
指令类型	02
数据长度	XX
数据域	
校验	XX
帧尾	FF FF

参数解析：

指令类型：02 代表 RFID 数据包指令。

数据域：数据为 HEX 码，RFID 射频标签 EPC 号。

2.4　项目实训——RFID 阅读器数据串口解析

本实训是上位机应用程序通过 UHFReader18.DLL 操作 EPCC1-G2 格式电子标签读写器。

将 PC 端和 RFID 阅读器进行串口通信，使用自制 PC 端串口软件，在 PC 端完成 RFID 标签信息的阅读。

RFID 阅读器接通电源，串口与上位机 PC 串口相连，如图 2.21 所示。

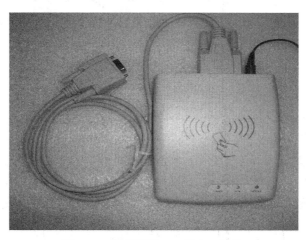

图 2.21　阅读器和 PC 端串口连接

打开"光盘/资源/项目/PC 串口读取显示 RFID 标签信息/FRIDPort20160126/Debug"目录下的可执行文件 FRIDPort.exe，会弹出输入串口信息窗口，根据提示进行参数设置。然后，将 RFID 标签放在阅读器上，串口软件输出标签的阅读结果，包括版本号、读卡器型号、标签的 EPC 号等，具体如图 2.22 所示。

图 2.22　利用串口软件读取标签信息

其中，main 函数列出如下，关键语句已在注释中说明。

```
void main()
{
    int port;
    initLibrary();              //初始化设置动态库
start:
    printf("请输入与读写器连接的串口号, (如COM5, 输入5):");
    scanf("%d",&port);
    if(!openComm(port))         //打开串口
    {
        goto start;
    }
    GetReaderInformation();//读取读写器信息
    SetWorkMode();              //设置工作模式
    if(InventoryG2())           //巡查标签
    {
        printf("读标签保留区的数据为:");
        ReadCardG2(0x00);   //读保留区
        printf("读标签EPC存储区的数据为:");
        ReadCardG2(0x01);   //读EPC存储区
        printf("读标签TID存储区的数据为:");
        ReadCardG2(0x02);   //读TID存储区
        printf("读标签用户存储区的数据为:");
        ReadCardG2(0x03);   //读用户存储区
    }
    closeComm();
}
```

注：该程序的开发环境为 VS2010，运行过程中可能出现闪退情况，可通过使用 VS2010 打开工程文件重新编译运行解决。

1. 程序运行过程

打开串口→读取读写器信息→设置工作模式→巡查标签→获取标签信息。

2. 函数的描述

（1）OpenComPort()：连接到指定串口。

功能描述：

该函数用于指定串口初始化，并通过连接串口和读写器以创建通信连接。数据传输速率是 19 200 b/s，8 位数据，1 位停止位，没有奇偶校验位。在调用其他函数之前，必须先通过串口连接读写器。

应用：

Long WINAPI OpenComPort(long Port, unsigned char *ComAdr, unsigned char Baud, long *FrmHandle);

参数解析：

Port：输入变量，COM1～COM9 常数。

ComAdr：输入/输出变量，远距离读写器的地址。以广播地址（0xFF）调用此函数，函数将检测指定端口，并将检测到的连接在此端口上的读写器的实际地址回写到指针 ComAdr

所指变量中；以其他地址调用此函数，将检测指定端口上是否连接了具有指定 ComAdr 地址的读写器。

Baud：输入变量，用该值设置或更改串口通信控件的波特率，参数设置如下：

Baud	实际波特率
0	9 600 b/s
1	19 200 b/s
2	38 400 b/s
4	56 000 b/s
5	57 600 b/s
6	115 200 b/s

FrmHandle：输出变量，返回与读写器连接端口对应的句柄，应用程序通过该句柄可以操作连接在相应端口的读写器。如果打开不成功，返回的句柄值为 – 1。

COM1 ~ COM9 的定义如下：

#define COM1   1
#define COM2   2
#define COM3   3
#define COM4   4
#define COM5   5
#define COM6   6
#define COM7   7
#define COM8   8
#define COM9   9

返回值：如果该函数调用成功，返回一个零值；返回非零值请查看其他返回值定义，返回的错误代码请查看错误代码定义。

（2）CloseComPort()：关闭串口连接。

功能描述：

该函数用于撤销串口和读写器的连接并释放相应资源。在一些开发环境里，串口资源必须在离开该程序前被释放，否则可能会造成系统不稳定。

应用：

long WINAPI CloseComPort（void）;

返回值：如果该函数调用成功，返回一个零值；返回非零值请查看其他返回值定义，返回的错误代码请查看错误代码定义。

（3）GetReaderInformation()：获得读写器的信息。

功能描述：

执行该命令后，将获得读写器的信息，这其中包括读写器地址（ComAdr）和读写器软件版本（VersionInfo）的信息等多项信息。

应用：

Long WINAPI GetReaderInformation（unsigned char *ComAdr，unsigned char *VersionInfo，unsigned char *ReaderType，unsigned char *TrType，unsigned char * dmaxfre，unsigned char *dminfre，unsigned char *powerdBm，unsigned char *ScanTime，long FrmHandle）；

参数解析：

ComAdr：输入/输出变量，远距离读写器的地址。以广播地址（0xFF）调用此函数，ComAdr 将返回读写器的实际地址；以其他地址调用此函数，将由 ComAdr 地址指定的读写器执行此函数命令。

VersionInfo：指向输出数组变量（输出的是每字节都转化为字符的数据），远距离读写器版本信息，长度 2 个字节。第 1 个字节为版本号，第 2 个字节为子版本号。

ReaderType：输出变量，读写器类型代码，0x09 代表 UHFReader18。

TrType：输出变量读写器协议支持信息，具体定义请参见用户手册。（bit1 为 1 表示支持 18000-6 c 协议，其他位保留）

dmaxfre：输出变量，Bit7 ~ Bit6 用于频段设置，Bit5 ~ Bit0 表示当前读写器工作的最大频率，具体定义请参见用户手册。

dminfre：输出变量，Bit7 ~ Bit6 用于频段设置；Bit5 ~ Bit0 表示当前读写器工作的最小频率，具体定义请参见用户手册。

PowerdBm：输出变量，读写器的输出功率，范围是 0 ~ 18。

ScanTime：输出变量，读写器询查命令最大响应时间。

FrmHandle：输入变量，返回与读写器连接端口对应的句柄，应用程序通过该句柄可以操作连接在相应端口的读写器。如果打开不成功，返回的句柄值为 – 1。

返回值：如果该函数调用成功，返回一个零值。返回非零值请查看其他返回值定义，返回的错误代码请查看错误代码定义。

（4）SetWorkMode()：设置工作模式。

功能描述：此命令用来设置工作模式参数。

应用：

long WINAPI SetWorkMode（unsigned char *ComAdr，unsigned char * Parameter，long FrmHandle）；

参数解析：

ComAdr：输入变量，读写器地址。

Parameter：指向输入数组变量，6 个字节。从第一个字节至第六个分别为：

Read_Mode：

Bit0：协议选择位。

Bit0 = 0 时读写器支持 18000-6C 协议；

Bit0 = 1 时读写器支持 18000-6B 协议。

Bit1：输出方式选择位。

Bit1 = 0 时韦根输出；Bit1 = 1 时 RS232/RS485 输出。

Bit2：蜂鸣器提示选择位。

Bit2 = 0 时开蜂鸣器提示；Bit2 = 1 时关蜂鸣器提示，默认值为 0。

Bit3：韦根输出模式下 First_Adr 参数为字地址或字节地址选择位。

Bit3 = 0 时 First_Adr 为字地址；Bit3 = 1 时 First_Adr 为字节地址。

Bit4：RS485 选择位，Bit1 = 0 时该位无效。

Bit4 =0 时是普通 485 输出方式；Bit4 = 1 时是 RS485 模式。

RS485 模式下只支持单标签操作，18000-6C、18000-6B 标准均有效（读保留区、EPC 区、TID 区、用户区、单张查询）。RS485 模式下 First_Adr 为字节地址。其他位保留，默认为 0。

Mem_Inven：当读写器工作在 18000-6C 协议时才有效，选择要读取的存储区或询查标签。0x00：保留区；0x01：EPC 存储器；0x02：TID 存储器；0x03：用户存储器；0x04：多张查询；0x05：单张查询；0x06：EAS 检测。其他值保留，若命令中出现了其他值，将返回参数出错的消息。

First_Adr：指定要读取的起始地址。18000-6C 协议中，0x00 表示从第一个字（第一个 16 位存储区）开始读，0x01 表示从第 2 个字开始读，依次类推；18000-6B 中，0x00 表示从第一个字节开始读，0x01 表示从第 2 个字节开始读，依次类推。

Word_Num：要读取的字的个数，RS232 输出方式下才有效。不能设置为 0x00，否则将返回参数错误信息。Word_Num 不能超过 32，若 Word_Num 设置为 0 或者超过了 32，将返回参数出错的消息。

Tag_Time：主动模式下单张标签操作（读保留区、EPC 区、TID 区、用户区、单张查询）间隔时间（0～255）*1 s，对同一张标签在间隔时间内只操作一次。默认值为零，即对标签操作不用等待时间。

FrmHandle：输入变量，返回与读写器连接端口对应的句柄，应用程序通过该句柄可以操作连接在相应端口的读写器。如果打开不成功，返回的句柄值为-1。

返回值：如果该函数调用成功，返回一个零值。返回非零值请查看其他返回值定义，返回的错误代码请查看错误代码定义。

（5）Inventory_G2()：G2 询查命令。

功能描述：

询查命令的作用是检查有效范围内是否有符合协议的电子标签存在。

应用：

Long WINAPI Inventory_G2(unsigned char *ComAdr, unsigned char AdrTID, unsigned char LenTID, unsigned char TIDFlag, unsigned char *EPClenandEPC, long * Totallen, long *CardNum, long FrmHandle);

参数解析：

ComAdr：输入变量，读写器地址。

AdrTID：输入变量，询查 TID 区的起始字地址。

LenTID：输入变量，询查 TID 区的数据字数。LenTID 取值为 0～15。

TIDFlag：输入变量，TIDFlag=1：表示询查 TID 区；TIDFlag=0：表示询查 EPC。

EPClenandEPC：指向输出数组变量（输出的是每字节都转化为字符的数据）。是读到的电子标签的 EPC 数据，一张标签的 EPC 长度与一张标签的 EPC 号，依次累加。每个电子标签 EPC 号高字在前，每一个字的最高位在前。

Totallen：输出变量，EPClenandEPC 的字节数。

CardNum：输出变量，电子标签的张数。

FrmHandle：输入变量，返回与读写器连接端口对应的句柄，应用程序通过该句柄可以操作连接在相应端口的读写器。如果打开不成功，返回的句柄值为 – 1。

返回值：

如果该函数调用成功，返回值：

0x01：询查时间结束前返回。

0x02：询查时间结束使得询查退出。

0x03：如果读到的标签数量无法在一条消息内传送完，将分多次发送。如果 Status 为 0x0D，则表示这条数据结束后，还有数据。

0x04：还有电子标签未读取，电子标签数量太多，MCU 存储不了。

返回其他值，请查看其他返回值定义，返回的错误代码请查看错误代码定义。

（6）ReadCard_G2()：G2 读取数据命令。

功能描述：

这个命令读取标签的整个或部分保留区、EPC 存储器、TID 存储器或用户存储器中的数据。从指定的地址开始读，以字为单位。

应用：

Long WINAPI ReadCard_G2（unsigned char *ComAdr, unsigned char * EPC, unsigned char Mem, unsigned char WordPtr, unsigned char Num, unsigned char * Password, unsigned char maskadr, unsigned char maskLen, unsigned char maskFlag, unsigned char * Data, unsigned char EPClength, unsigned char * errorcode, long FrmHandle）;

参数解析：

ComAdr：输入变量，读写器地址。

EPC：指向输入数组变量（输入的是每字节都转化为字符的数据）。是电子标签的 EPC 号。

Mem：选择要读取的存储区，输入变量，占 1 个字节。

0x00：保留区；

0x01：EPC 存储器；

0x02：TID 存储器；

0x03：用户存储器。

其他值保留。若命令中出现了其他值，将返回参数出错的消息。

WordPtr：指定要读取的字起始地址，输入变量，占 1 个字节。0x00 表示从第 1 个字（第 1 个 16 位存储体）开始读，0x01 表示从第 2 个字开始读，依次类推。

Num：要读取的字的个数，输入变量，占 1 个字节。不能设置为 0x00，将返回参数错误信息。Num 不能超过 120，即最多读取 120 个字。若 Num 设置为 0 或者超过了 120，将返回参数出错的消息。

Password：指向输入数组变量（输入的是每字节都转化为字符的数据），4 个字节，这 4 个字节是访问密码。32 位的访问密码的最高位在 PassWord 的第 1 字节（从左往右）的最高位，访问密码最低位在 PassWord 第 4 字节的最低位，PassWord 的前 2 个字节放置访问密码的高字。

Data：指向输出数组变量（输出的是每字节都转化为字符的数据），是从标签中读取的数据。

EPClength：EPC 号的字节长度，输入变量，占 1 个字节。

Errorcode：输出变量，占 1 个字节，读写器返回响应状态为 0xFC 时，返回错误代码。

maskadr：输入变量，EPC 掩模起始字节地址。

maskLen：输入变量，掩模字节数。

maskFlag：输入变量，掩模使能标记，maskFlag=1 表示掩模使能；maskFlag=0 表示掩模禁止。

FrmHandle：输入变量，返回与读写器连接端口对应的句柄，应用程序通过该句柄可以操作连接在相应端口的读写器。如果打开不成功，返回的句柄值为 – 1。

返回值：

如果该函数调用成功，返回一个零值，读到的数据在 Data 中。返回非零值请查看其他返回值定义，返回的错误代码请查看错误代码定义。

以上介绍的是动态库 UHFReader18.DLL 的函数及函数原型，使用上述函数前必须加载动态库。

（7）LoadLibrary()：载入指定的动态链接库，并将它映射到当前进程使用的地址空间。一旦载入，即可访问库内保存的资源。

应用：HMODULE WINAPI LoadLibrary（_In_ LPCTSTR lpFileName）。

参数解析：

lpLibFileName String，指定要载入的动态链接库的名称。采用与 CreateProcess 函数的 lpCommandLine 参数指定的同样的搜索顺序。

返回值：Long，成功则返回库模块的句柄，零表示失败。

（8）GetProcAddress()：函数检索指定的动态链接库（DLL）中的输出库函数地址。

应用：FARPROC GetProcAddress（HMODULE hModule，LPCSTR lpProcName）。

参数解析：

hModule：包含此函数的 DLL 模块的句柄。LoadLibrary、AfxLoadLibrary 或者 GetModuleHandle 函数可以返回此句柄。

lpProcName：包含函数名的以 NULL 结尾的字符串，或者指定函数的序数值。如果此参数是一个序数值，它必须在一个字的底字节，高字节必须为 0。

返回值：

如果函数调用成功，返回值是 DLL 中的输出函数地址；如果函数调用失败，返回值是 NULL。

思考与练习

一、选择题

1. (　　　) 标签工作频率是 30~300 kHz。

　　A. 低频　　　　　　　　　　　　B. 特高频

　　C. 高频　　　　　　　　　　　　D. 微波

2. (　　　) 对接收的信号进行解调和译码然后送到后台软件系统处理?

　　A. 天线　　　　　　　　　　　　B. 中间件

　　C. 读写器　　　　　　　　　　　D. 射频卡

3. RFID 标签按 (　　　) 可分为：主动式标签和被动式标签。

　　A. 通信方式　　　　　　　　　　B. 工作频率

　　C. 供电方式　　　　　　　　　　D. 标签芯片

4. 微波频段 RFID 标签的作用距离 (　　　)。

　　A. <10 cm　　　　　　　　　　　B. >10 m

　　C. 2~8 cm　　　　　　　　　　　D. 1~20 cm

5. 工作在 13.56 MHz 频段的 RFID 系统其识别距离一般为 (　　　)。

　　A. <1 cm　　　　　　　　　　　B. <10 cm

　　C. <75 cm　　　　　　　　　　　D. 10 m

6. 下列哪一项是超高频 RFID 系统的工作频率范围 (　　　)?

　　A. <150 kHz　　　　　　　　　　B. 433.92 MHz 和 860~960 MHz

　　C. 13.56 MHz　　　　　　　　　　D. 2.45~5.8 GHz

7. 读写器中负责将读写器中的电流信号转换成射频载波信号并发送给电子标签,或者接收标签发送过来的射频载波信号并将其转化为电流信号的设备是 (　　　)。

　　A. 射频模块　　　　　　　　　　B. 天线

　　C. 读写模块　　　　　　　　　　D. 控制模块

8. 电子标签正常工作所需要的能量全部是由阅读器供给的, 这一类电子标签称为 (　　　)。

　　A. 有源标签　　　　　　　　　　B. 无源标签

　　C. 半有源标签　　　　　　　　　D. 半无源标签

9. 下列哪一项不是低频 RFID 系统的特点 (　　　)?

　　A. 它遵循的通信协议是 ISO18000-3　　B. 它采用标准 CMOS 工艺, 技术简单

　　C. 它的通信速度低　　　　　　　D. 它的识别距离短 (<10 cm)

10. 当读写器发出的命令以及数据信息发生传输错误时，如果被电子标签接收到，那么不会导致以下哪项结果？（　　　）

    A. 读写器将一个电子标签判别为另一个电子标签，造成识别错误

    B. 电子标签错误的响应读写器的命令

    C. 电子标签的工作状态发生混乱

    D. 电子标签错误的进入休眠状态

二、简答题

1. RFID 由哪几部分组成？各部分的特点有哪些？

2. 电子标签按照供电方式分为哪几种？每一种都是如何工作的？

3. RFID 读写器都有哪些操作？

4. EPC 系统由哪几部分构成？

项目 3　WSN 环境报警子系统设计与实施

3.1　项目描述

温湿度光照传感器、烟雾传感器、热释电红外传感器等传感设备检测车内的温湿度光照信息、烟雾信息、是否有人入侵的信息等，并通过无线传感网上传给协调器，协调器再通过串口线发送给网关。用户在网关界面上设置报警阈值，当传感器检测到的数据超过设定阈值，产生报警信息并上传到服务器。

3.2　项目知识储备

在物联网应用中有三项关键技术。

传感器技术：这也是物联网应用中的关键技术。大家都知道，到目前为止绝大部分计算机处理的都是数字信号。自从有计算机以来就需要传感器把模拟信号转换成数字信号，计算机才能处理。

RFID 标签：也是一种传感器技术，RFID 技术是融合了无线射频技术和嵌入式技术于一体的综合技术，RFID 在自动识别、物品物流管理有着广阔的应用前景。

嵌入式系统技术：是综合了计算机软硬件、传感器技术、集成电路技术、电子应用技术为一体的复杂技术。经过几十年的演变，以嵌入式系统为特征的智能终端产品随处可见：小到人们身边的 MP3，大到航天航空的卫星系统。嵌入式系统正在改变着人们的生活，推动着工业生产以及国防工业的发展。如果把物联网用人体做一个简单比喻，传感器相当于人的眼睛、鼻子、皮肤等感官，网络就是神经系统，用来传递信息，嵌入式系统则是人的大脑，在接收到信息后要进行分类处理。这个例子形象地描述了传感器、嵌入式系统在物联网中的位置与作用。

上一项目中，我们介绍了 RFID 的相关内容，这一章我们介绍关于传感器技术、无线传感网以及 ZigBee 的相关技术问题。

3.2.1　无线传感网

传感器网络是由许多在空间上分布的自动装置组成的一种计算机网络，这些装置使用传感器协作地监控不同位置的物理或环境状况（如温度、声音、振动、压力、运动或污染物）。

无线传感器网络的发展最初起源于战场监测等军事应用。而现今无线传感器网络被应用于很多民用领域，如环境与生态监测、健康监护、家庭自动化以及交通控制等。

1. 传感器网络的基本概念

传感器来自"感觉"一词，人通过眼睛看、耳朵听、鼻子嗅、舌头尝、身体触摸等方式，接受外界光线、温度、声音等刺激，并将它们转化为生物物理和生物化学信号，然后通过神经系统传输到大脑。大脑对信号做出分析判断，发出指令，使机体产生相应的活动。与此类似，高温、高压环境中以及远距离的物理量，不易直接测量，传感器可以把它们的变化转化为电压、电流等电学的变量，电学的变量易于测量、处理，并能利用计算机分析。信息的采集依赖传感器，信息的处理依赖计算机。在指定区域内有大量的传感器节点，数据通过无线电传到监控中心，构成无线传感器网络（WSN）。

WSN由部署在监测区域内大量的廉价微型无线传感器节点组成，通过无线通信方式组成的多跳自组织网络，完成对远端物理环境的监测、控制和数据采集等任务。通常传感器节点体积微小、成本低廉，携带的电池能量十分有限，另外传感器节点个数多、分布区域广，而且可以部署在严酷的环境中。

传感器节点通常是一个微型的嵌入式系统，它的处理能力、存储能力和通信能力弱，通过携带能量有限的电池供电。从网络功能上看，每个传感器节点兼有终端和路由器双重功能，除了进行本地信息收集和数据处理外，还要对其他网络节点的传来的数据进行存储、管理和融合等处理，同时与其他节点协作完成一些特定任务，目前传感器节点是传感器网络研究的重点。

汇聚节点的处理能力、存储能力和通信能力相对比较强，它连接传感器外部网络与因特网等，实现两种协议栈之间的通信协议转换，同时发布管理节点的监测任务，并把收集的数据转发到外部网络上。汇聚节点既可以是一个具有增强功能的传感器节点，有足够的能量供给和更多的内存与计算资源，也可以是没有监测功能仅带有无线通信接口的特殊网关设备。

传感器节点由传感器模块、处理器模块、无线通信模块和能量供应模块4部分组成，如图 3.1 所示。传感器模块负责监测区域内信息的采集和数据转换；处理模块负责控制整个传感器节点的操作，存储和处理本身采集的数据以及其他节点发来的数据；无线通信模块负责与其他传感器节点进行无线通信，交换控制消息和收发采集数据；能量供应模块为传感器节点提供运行所需的能量，通常采用微型电池。

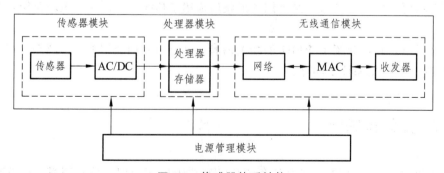

图 3.1　传感器体系结构

随着传感器网络的深入研究，研究人员提出了多个传感器节点上的协议栈。如图 3.2（a）所示，其展示了早期提出的一个协议栈，这个协议栈包括物理层、数据链路层、网络层、传输层和应用层，与互联网协议栈的五层协议相对应。另外，协议栈还包括能量管理平台、移动管理平台和任务管理平台。这些管理平台使得传感器节点能够按照能源高效的方式协同工作，在节点移动的传感器网络中转发数据，并支持多任务和资源共享。各层协议和平台的功能如下：

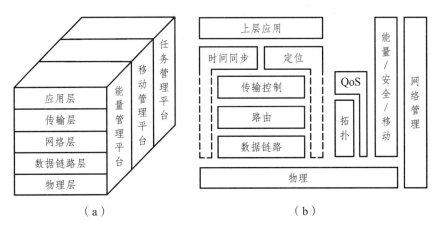

图 3.2　传感器网络协议栈

（1）物理层提供简单但健壮的信号调制和无线收发技术。

（2）数据链路层负责数据成帧、帧检测、媒体访问和差错控制。

（3）网络层主要负责路由生成与路由选择。

（4）传输层负责数据流的传输控制，是保证通信服务质量的重要部分。

（5）应用层包括一系列基于监测任务的应用层软件。

（6）能量管理平台管理传感器节点如何使用能源，在各个协议层都需要考虑节省能量。

（7）移动管理平台检测并注册传感器节点的移动，维护到汇聚节点的路由，使得传感器节点能够动态跟踪其邻居的位置。

（8）任务管理平台在一个给定的区域内平衡和调度监测任务。

如图 3.2（b）所示的协议栈细化并改进了原始模型。定位和时间同步子层既要完成数据传输通道进行协作定位和时间同步协商，同时又要为网络协议各层提供信息支持，如基于时分复用的 MAC 协议，基于地理位置的路由协议等很多传感器网络协议都需要定位和同步信息。所以在图中用倒 L 形描述这两个功能子层。图 3.2（b）右边的诸多机制一部分融入如图 3.2（a）所示的各层协议中，用以优化和管理协议流程；另一部分独立在协议层外，通过各种收集和配置接口对相应的机制进行配置和监控，如能量管理，在图 3.2（a）中的每个协议层中都要增加能量控制代码，并提供给操作系统进行能量分配决策。QoS 管理在各协议层设计队列管理、优先级机制或者带宽预留等机制，并对特定应用的数据给予特别处理；拓扑控制利用物理层、链路层或路由层完成拓扑生成，反过来又为它们提供基础信息支持，优化 MAC 协议和路由协议的协议过程，提高协议效率，减少网络能量消耗；网络管理则要求协议各层嵌入各种信息接口，并定时收集协议运行状态和流量信息，协调控制网络中各个协议组件的运行。

2. 传感器网络的体系结构

传感器网络系统通常包括传感器节点（Sensor）、汇聚节点（Sink Node）和管理节点，如图 3.3 所示。大量传感器节点随机部署在监测区域（Sensor Field）内部或附近，能够通过自组织方式构成网络。传感器节点监测的数据沿着其他传感器节点逐跳地进行传输，在传输过程中监测数据可能被多个节点处理，经过多跳后路由到汇聚节点，最后通过互联网或卫星到达管理节点。用户通过管理节点对传感器网络进行配置和管理，发布监测任务以及收集监测数据。

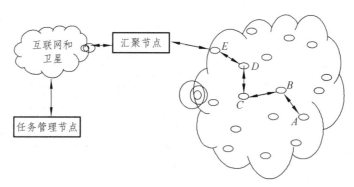

图 3.3　传感器网络体系结构

3. 传感网与物联网

ITU-T Y.2221 建议中定义传感器网是包含互联的传感器节点的网络，这些节点通过有线或无线通信交换传感数据。传感器节点是由传感器和可选的能检测处理数据及联网的执行元件组成的设备；而传感器是感知物理条件或化学成分并且传递与被观察的特性成比例的电信号的电子设备。传感器网络与其他传统网络相比具有显著特点，即资源受限、自组织结构、动态佳强、应用相关、以数据为中心等。以无线传感器网络为例，一般由多个具有无线通信与计算能力的低功耗、小体积的传感器节点构成，传感器节点具有数据采集、处理、无线通信和自组织的能力，协作完成大规模复杂的监测任务；网络中通常只有少量的汇聚（Sink）节点负责发布命令和收集数据，实现与互联网的通信。传感器节点仅仅感知到信号，并不强调对物体的标识；仅提供局域或小范围内的信号采集和数据传递，并没有被赋予物品到物品的连接能力。

4. 物联网与互联网

物联网与传统的互联网是有着本质区别的，二者的区别在于：首先，物联网是对具有全面感知能力的物体和人的互联集合，物联网全面感知的目的是随时随地对物体进行信息采集和获取，采用的技术手段主要有 RFID 技术、二维码技术、GPS 技术、传感器技术、无线传感器网络等。物联网作为各种感知技术的综合应用，其应用过程需要多种类型的传感器，这些能够捕获不同信息且具有不同信息格式的传感器都作为不同的信息源，按一定的规律采集所需要的信息，并且传感器上传的数据具有实时性；其次，物联网对数据具有可靠传送能力，物联网上的传感器数量极其庞大，形成了海量的采集信息，这就要求物联网必须适应各种异构网络和协议以确保传输过程中数据的正确性和及时性，物联网是一种建立在互联网上的网络，作为互联网的延伸，物联网能够遵循约定的通信协议，通过相应的软硬件实现规定的通信规则，将各种有线和无线网络与互联网融合，准确实时地将采集到的物体信息传递出去。最后，物联网能够实现智能处理，智能处理可以说是物联网最为核心和关键的部分，也是物联网能够得到广泛应用的基础，它能够综合应用当前各个学科比较前沿的技术，对已经经过感知层全面感知和传输层可靠无误传输的数据进行全面的分析和处理，为人们当前从事的各种活动做出指导，这种指导具有前瞻性，且通常是智能化的，并且在物联网中，不仅仅提供了传感器与互联网等各种网络的连接，物联网自身也可以进行智能处理，具有对物体智能控制的能力。物联网将传感器技术和智能处理技术相融合，结合云计算、模式识别等各种智能技术，扩充其应用领域。

传感器技术是物联网的基础技术之一，处于物联网构架的感知层。随着物联网的发展给传统的传感器发展带来了前所未有的挑战。作为构成物联网的基础单元，传感器在物联网信息采集层面能否完成它的使命，成为物联网成败的关键。传感技术与现代化生产和科学技术的紧密相关，使传感技术成为一门十分活跃的技术学科，几乎渗透到人类活动的各种领域，发挥着越来越重要的作用。

5. 传感器网络的特点

（1）计算和存储能力有限。传感器节点是一种微型嵌入式设备，要求它价格低、功耗小，这些限制必然导致其携带的处理器能力比较弱；另外，存储器容量比较小。为了完成各种任务，传感器节点需要利用有限的计算和存储资源完成监测数据的采集和转换、数据的管理和处理、应答汇聚节点的任务请求和节点控制等多种工作。

（2）动态性强。传感器网络的拓扑结构可能因为下列因素而改变：环境因素或电能耗尽造成的传感器节点出现故障或失效；环境条件变化可能造成无线通信链路带宽变化，甚至时断时通；传感器网络的传感器、感知对象和观察者这三个要素都可能具有移动性；新节点的加入。这就要求传感器网络系统要能够适应这种变化，具有动态的系统可重构性。

（3）网络规模大、密度高。为了获取尽可能精确、完整的信息，无线传感器网络通常密集部署在大片的监测区域内，传感器节点数量可能达到成千上万，甚至更多。大规模网络通过分布式处理大量的采集信息能够提高监测的精确度，降低对单个节点传感器的精度要求；通过大量冗余节点的协同工作，使得系统具有很强的容错性并且增大了覆盖的监测区域，减少盲区。

（4）可靠性。传感器网络特别适合部署在恶劣环境或人类不宜到达的区域，传感器节点可能工作在露天环境中，遭受太阳的暴晒或风吹雨淋，甚至遭到无关人员或动物的破坏。传感器节点往往采取随机部署，如通过飞机撒播或发射炮弹到指定区域进行部署。这些都要求传感器节点非常坚固，不易损坏，适应各种恶劣环境条件。由于监测区域环境的限制以及传感器节点数目巨大，不可能人工"照顾"每个传感器节点，网络的维护十分困难甚至不可维护。传感器网络的通信保密性和安全性也十分重要，要防止监测数据被盗取和获取伪造的监测信息。因此，传感器网络的软硬件必须具有鲁棒性和容错性。

（5）应用相关。不同的应用背景对传感器网络的要求不同，其硬件平台、软件系统、网络协议必然会有很大的差别，只有让系统更贴近应用，才能够做出最高效的应用系统，针对一个具体应用来研究传感器网络技术，这是传感器网络设计不同于传统网络的显著特征。

（6）以数据为中心。在传感器网络中人们只关心某个区域某个观测指标的值，而不会去关心具体某个节点的观测数据，以数据为中心的特点要求传感器网络能够脱离传统网络的寻址过程，快速有效地组织起各个节点的信息并融合提取出有用信息直接传送给用户。

例如，在应用于目标跟踪的传感器网络中，跟踪目标可能出现在任何地方，对目标感兴趣的用户只关心目标出现的位置和时间，并不关心哪个区域测到目标。事实上，在目标移动的过程中，必然是由不同的节点提供目标的位置信息。

3.2.2 ZigBee 技术

ZigBee 技术是一组基于 IEEE 802.15.4 无线标准协议开发的面向应用软件的技术标准。根据这个协议规定的技术是一种短距离、低功耗的无线通信技术。这一名称来源于蜜蜂的"8"字舞，由于蜜蜂（Bee）是靠飞翔和"嗡嗡"（zig）地抖动翅膀的"舞蹈"来与同伴传递花粉所在方位信息的，也就是说蜜蜂依靠这样的方式构成了群体中的通信网络。其特点是近距离、复杂度低、自组织、低功耗、低数据速率、低成本。主要适合自动控制和远程控制领域，可以嵌入各种设备。简而言之，ZigBee 就是一种便宜的，低功耗的近距离无线组网通信技术。

完整的协议栈自上而下组成，如图 3.4 所示。由应用层、应用汇聚层、网络层、数据链路层和物理层组成。

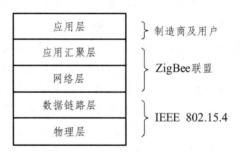

图 3.4 ZigBee 协议栈组成

应用层定义了各种类型的应用业务，是协议栈的最上层用户。应用汇聚层负责把不同的应用映射到 ZigBee 网络层上，包括安全与鉴权、多个业务数据流的汇聚、设备发现和业务发现。网络层的功能包括拓扑管理、MAC 管理、路由管理和安全管理。数据链路层又可分为逻辑链路控制子层（LLC）和介质访问控制子层（MAC）。IEEE 802.15.4 的 LLC 子层与 IEEE 802.2 的相同，其功能包括传输可靠性保障数据的分段与重组，数据包的顺序传输。IEEE 802.15.4 的 MAC 子层通过 SSCS（Service-Specific Convergence Sublayer）协议能支持多种 LLC 标准，其功能包括设备间无线链路的建立、维护和拆除，确认模式的帧传送与接收，信道接入控制，帧校验，预留时隙管理和广播信息管理。物理层采用直接序列扩频（Direct Spread Spectrum，DSS）技术，定义了三种流量等级：当频率采用 2.4 GHz 时，使用 16 信道，能够提供 250 kb/s 的传输速率；当采用 915 MHz 时，使用 10 信道，能够提供 40 kb/s 的传输频率；当采用 868 MHz 时，使用单信道能够提供 20 kb/s 的传输速率。

ZigBee 网络的拓扑主要有星型、网状和树型，如图 3.5 所示。

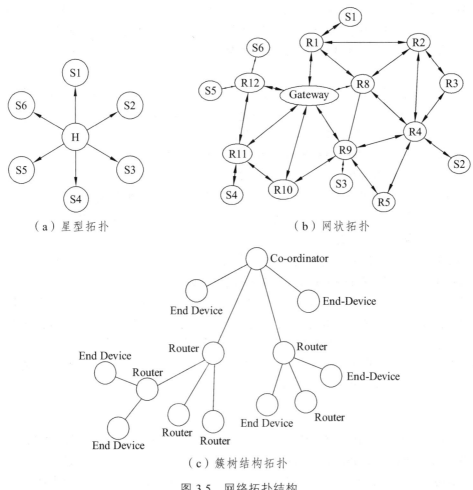

（a）星型拓扑　　　　　　　　　　　　（b）网状拓扑

（c）簇树结构拓扑

图 3.5　网络拓扑结构

　　星型拓扑具有结构简单、成本低和电池使用寿命长的优点，但网络覆盖范围有限，可靠性不及网络拓扑结构，一旦中心节点发生故障，所有与之相连的网络节点的通信都将中断。网状拓扑具有可靠性高、覆盖范围大的优点，缺点是电池使用寿命短、管理复杂。树型拓扑综合了以上两种拓扑的特点，这种组网通常会使 ZigBee 网络更加灵活、高效、可靠。

3.2.3　ZigBee 协议栈原理

1. 概　述

　　2007 年 4 月，德州仪器推出业界领先的 ZigBee 协议栈（Z-Stack）。Z-Stack 符合 ZigBee2006 规范，支持多种平台，包括基于 CC2420 收发器以及 TI MSP430 超低功耗单片机的平台、CC2530 平台等。Z-Stack 包含了网状网络拓扑的几乎全功能的协议栈，在竞争激烈的 ZigBee 领域占有很重要的地位。

1）基本特点

ZigBee 可工作在 2.4 GHz（全球通用）、868 MHz（欧洲通用）和 915 MHz（美国通用）三个频段上，分别具有最高 250 kb/s、20 kb/s 和 40 kb/s 的传输速率，它的传输距离在 10 ~ 75 m 的范围内，也可以继续增加。作为一种无线通信技术，ZigBee 具有以下六个方面的特点。

① 功耗，由于 ZigBee 的传输速率低，发射功率仅为 1 mW，而且采用了休眠模式，功耗低，因此 ZigBee 设备非常省电。据估算，ZigBee 设备仅靠两节 5 号电池就可以维持长达 6 个月到 2 年左右的使用时间，这是其他无线设备望尘莫及的。

② 成本低，ZigBee 模块的初始成本在 6 美元左右，估计很快就能降到 1.5 ~ 2.5 美元，并且 ZigBee 协议是免专利费的。低成本对于 ZigBee 也是一个关键的因素。

③ 时延短，通信时延和从休眠状态激活的时延都非常短，典型的搜索设备时延 30 ms，休眠激活的时延是 15 ms，活动设备信道接入的时延为 15 ms。因此 ZigBee 技术适用于对时延要求苛刻的无线控制（如工业控制场合等）应用。

④ 网络容量大，一个星型结构的 ZigBee 网络最多可以容纳 254 个从设备和一个主设备，一个区域内可以同时存在最多 100 个 ZigBee 网络，而且网络组成灵活。

⑤ 可靠，采取了碰撞避免策略，同时为需要固定带宽的通信业务预留了专用时隙，避开了发送数据的竞争和冲突。MAC 层采用了完全确认的数据传输模式，每个发送的数据包都必须等待接收方的确认信息。如果传输过程中出现问题可以进行重发。

⑥ 安全，ZigBee 提供了基于循环冗余校验（CRC）的数据包完整性检查功能，支持鉴权和认证，采用了 AES-128 的加密算法，各个应用可以灵活确定其安全属性。

2）设备类型

在 ZigBee 网络中存在三种逻辑设备类型：协调器（Coordinator），路由器（Router）和终端设备（End-Device），ZigBee 网络由一个协调器以及多个路由器和终端设备组成。

图 3.6 所示是一个简单的 ZigBee 网络示意图。其中标注 C 的实心节点为协调器，标注 R 的实心节点为路由器，标注 E 的空心节点为终端设备。

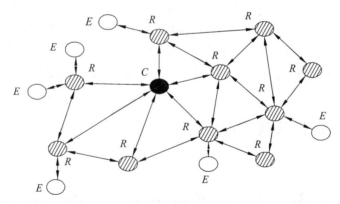

图 3.6　ZigBee 组网示意图

（1）Coordinator（协调器）。

协调器负责启动整个网络。它也是网络的第一个设备。协调器选择一个信道和一个网络

ID（也称之为 PAN ID，即 Personal Area Network ID），随后启动整个网络。协调器也可以用来协助建立网络中安全层和应用层的绑定（Bindings）。

ZigBee 协议使用一个 16 位的个域网标识符（PAN ID）来标识一个网络，协调器的角色主要涉及网络的启动和配置。一旦这些都完成后，协调器的工作就像一个路由器。

（2）Router（路由器）。

路由器的功能主要是：允许其他设备加入网络，能进行多跳路由和协助其由电池供电的子终端设备的通信。通常，路由器希望一直处于活动状态，因此它必须使用主电源供电。但是当使用树状网络模式时，允许路由间隔一定的周期操作一次，这样就可以使用电池给其供电。

（3）End-Device（终端设备）。

终端设备没有特定的维持网络结构的责任，它可以睡眠或者唤醒，因此它可以是一个电池供电设备。通常，终端设备对存储空间（特别是 RAM）的需求较小。注意在 Z-Stack 中一个设备的类型通常在编译的时候通过编译选项 ZDO_COORDINATOR 和 RTR_NWK 确定。

3）栈配置

栈参数的集合需要被配置为一定的值，连同这些值在一起被称之为栈配置（Stack Profile）。ZigBee 联盟定义了这些由栈配置组成的栈参数，网络中的所有设备必须遵循同样的栈配置。为了促进互用性这个目标，ZigBee 联盟为 ZigBee2006 规范定义了栈配置。所有遵循此栈配置的设备可以在其他开发商开发的遵循同样栈配置的网络中使用。

2．寻　址

1）地址类型

ZigBee 设备有两种地址类型（Address Types）。一种是 64 位 IEEE 地址，即 MAC 地址，另一种是 16 位网络地址。64 位地址是全球唯一的地址，设备将在它的生命周期中一直拥有它，它通常由制造商或者被安装时设置。这些地址由 IEEE 来维护和分配。16 位网络地址是当设备加入网络后分配的。它在网络中是唯一的，用来在网络中鉴别设备和发送或接收数据。

2）网络地址分配

ZigBee 使用分布式寻址方案来分配网络地址（Network Address Assignment），这个方案保证在整个网络中所有分配的地址是唯一的。这一点是必需的，因为这样才能保证一个特定的数据包能够发给它指定的设备，而不出现混乱。同时，这个寻址算法本身的分布特性保证设备只能与它的父设备通信来接收一个网络地址。不需要整个网络范围内通信的地址分配，这有助于网络的可测量性。

在每个路由加入网络之前，寻址方案需要知道和配置一些参数。这些参数是 MAX_DEPTH，MAX_ROUTERS 和 MAX_CHILDREN。这些参数是栈配置的一部分，ZigBee2006 协议栈已经规定了这些参数的值：MAX_DEPTH = 5，MAX_ROUTERS=6，MAX_CHILDREN = 20。

MAX_DEPTH 决定了网络的最大深度，协调器（Coordinator）位于深度 0，它的第一级子设备位于深度 1，它的子设备的子设备位于深度 2，以此类推。参数取了网络在物理上的长度。

MAX_CHIILDREN 决定了一个路由器（Router）或者一个协调器节点可以处理的子节点的最大个数。

MAX_ROUTER 决定了一个路由器（Router）或者一个协调器（Coordinator）节点可以处理的具有路由功能的子节点的最大个数。这是参数 MAX_CHILDREN 的一个子集，终端节点使用 MAX_CHILDREN – MAX_ROUTERS 剩下的地址空间。

3）Z-Stack 寻址

为了向一个在 ZigBee 网络中的设备发送数据，应用程序通常使用 AF_DataRequest()函数。数据包将要发送给一个 afAddrtype_t（在 ZcomDef.h 中定义）类型的目标设备。

```
typedef struct{
    Union
    {
        uintl6 shortAddr;
    } addr;
    AfAddrMode_t addrmode;
    byte endpoint j
}afAddrtype_t;
```

除了网络地址之外，还要指定地址模式参数，地址模式参数通过 AfAddrMode_t addrmode 进行设置。目的地址模式可以设置为以下几个值：

```
Typedef enum{
    afAddrNotpresent = AddrNotpresent,        //地址未指定
    afAddrl6Bit=Addrl6Bit,                    //16 位网络地址
    afAddrGroup = AddrGroup,                  //组地址
    afAddrBroadcast=AddBroadcast              //广播地址
}afAddrMode_t;
```

因为在 ZigBee 中，数据包可以单点传送（Unicast），多点传送（Multicast）或者广播（Broadcast）传送，所以必须有地址模式参数。一个单点传送数据包只发送给一个设备，多点传送数据包则要传送给一组设备，而广播数据包则要发送给整个网络的所有节点。这个将在下面详细解释。

（1）单点传送（Unicast）。

Unicast 是标准寻址模式，它将数据包发送给一个已经知道网络地址的网络设备。将 afAddrmode 设置为 Addrl6Bit，并且在数据包中携带目标设备地址。

（2）间接传送（Indirect）。

当应用程序不知道数据包的目标设备在哪里的时候使用的模式。将模式设置为 AddrNotPresent 并且目标地址没有指定。取代它的是从发送设备的栈的绑定表中查找目标设备，这种特点称为源绑定。当数据向下发送到达栈中时，从绑定表中查找并且使用该目标地址。这样，数据包将被处理成为一个标准的单点传送数据包。如果在绑定表中找到多个设备，则向每个设备都发送一个数据包的拷贝。

（3）广播传送（Broadcast）。

当应用程序需要将数据包发送给网络的每一个设备时，使用这种模式。地址模式设置为 AddrBroadcast。目标地址可以设置为下面广播地址中的一种：

① NWK BROADCAST SHORTADDR DEVALL（0xFFFF）：数据包将被传送到网络上的所有设备，包括睡眠中的设备。对于睡眠中的设备，数据包将被保留在其父节点直到查询到它，或者消息超时（NWK_INDIRECT_MSC_TIMEOUT 在 f8wconfig.cfg 中）。

② NWK BROADCAST SHORTADDR DEVRXON（0xFFFD）：数据包将被传送到网络上的所有在空闲时打开接收的设备（RXONWHENIDLE），也就是说，除了睡眠中的所有设备。

③ NWK BROADCAST SHORTADDR DEVZCZR（0XFFFC）：数据包发送给所有的路由器，包括协调器。

（4）组寻址（Group Addressing）。

当应用程序需要将数据包发送给网络上的一组设备时，使用该模式。地址模式设置为 afAddrGroup 并且 addr.shortAddr 设置为组 ID。

3. 绑　定

绑定（Binding）是两个（或者多个）应用设备之间信息流的控制机制，绑定机制允许一个应用服务在不知道目标地址的情况下向对方（应用服务）发送数据包，发送时使用的目标地址将由应用支持子层从绑定表中自动获得，从而能使消息顺利被目标节点的一个或多个应用服务接收或分组接收。

注意：由于所有绑定信息都在 Zigbee 协调器中，所以只有协调器才能接收绑定请求。

Zigbee 具有四种绑定方式：

（1）两个节点分别通过按键机制调用 ZDP_EndDeviceBindReq 函数

这个函数的调用将会向协调器发出绑定请求，如果在 16 S（协议栈默认）时间内两个节点都执行了这个函数，协调器就会帮忙实现绑定。这两个节点一个输出控制命令，一个接收控制命令，绑定表存放在输出控制命令这边。

（2）Match 方式。

一个节点可以通过调用 afSetMatch 函数允许或禁止本节点被 Match（协议栈默认允许，可以手工关闭），然后另外一个节点在一定的时间内发起 ZDP_MatchDescReq 请求，允许被 Match 的节点会响应这个 Req，发起的节点在接收到 RSP 的时候就会自动处理绑定。

这种绑定方式只要在网络中的节点互相之间就可以实现，但是前提是它们一定要 Match，即一方的 Outcluster 至少有一个是另外一方的 Incluster，这种方式在很多时候用起来比较方便。

（3）ZDP_BindReq 和 ZDP_UnbindReq 方式。

应用程序通过调用这两个函数实现绑定和解绑定，具体说来是为了让 A 和 B 绑定到一起，还需要一个节点 C。例如：你想 A 控制 B，那么这种方式是由 C 发出 bind 或 unbind 命令给 A（发给谁谁就处理绑定、并负责存储绑定表），A 在接收到 req 的时候直接处理绑定，也就是添加绑定表项，并且这个过程 B 并不知道。但是 A 知道绑定表里面有了关于控制 B 的记录，并且这种方式可以实现一个节点绑定到一个 Group 上去。这种方式需要知道 A 和 B 的长地址。

（4）手工管理绑定表。

通过应用程序调用诸如 bindAddEntry（函数在 BindingTable.h 文件中定义，具体实现被封包了）来实现手工绑定表管理，这种方式自由度很大，也不需要别的节点参与，但是应用程序要做的工作多一些，你需要事先知道被绑定的节点信息，诸如短地址、端点号、Incluster 和 Outcluster 这些信息，否则你没办法填写那些函数的参数。

4. 路　由

1）概　述

路由（Routing）对于应用层来说是完全透明的，应用程序只需简单地向下发送数据到栈中，栈会负责寻找路径。这种方法，应用程序不知道数据是如何在一个多跳网络中转发的。

路由还能够自组织 ZigBee 网络，如果某个无线连接断开了，路由协议能够自动寻找一条新的路径避开之前断开的网络连接。这就极大地提高了网络的可靠性，这也是 ZigBee 网络的一个关键特性。

2）路由协议

ZigBee 执行基于 AODV（Ad hoc On-demand Distance Vector Routing）专用网络的路由协议，简化后用于传感器网络。ZigBee 路由协议有助于提升网络环境，使其有能力支持移动节点、连接失败和数据包丢失等情况。

当路由器从它自身的应用程序或者别的设备那里收到一个单点发送的数据包时，网络层根据路由程序将它继续传递下去。如果目标节点是与它相邻的一个路由器，则数据包直接被传送给目标设备。否则，路由器将要检索它的路由表中与所要传送的数据包的目标地址是否相符。如果存在与目标地址相符合的活动路由记录，则数据包将被发送到存储在记录中的下一级地址中去。如果没有发现任何相关的路由记录，则路由器发起路径寻找，数据包存储在缓冲区中直到路径寻找结束。

ZigBee 终端节点不执行任何路由功能。终端节点要向任何一个设备传送数据包，它只需简单地将数据向上发送给它的父设备，由它的父设备以它自己的名义执行路由。同样地，任何一个设备要给终端节点发送数据，发起路由寻找，终端节点的父节点都以它的名义来回应。

注意 ZigBee 地址分配方案使得对于任何一个目标设备，根据它的地址都可以得到一条路径。在 Z-stack 中，如果正常的路径寻找过程不能启动的话（通常由于缺少路由表空间），那么 Z-Stack 拥有自动回退机制。

此外，在 Z-stack 中，执行的路由已经优化了路由表记录。通常，每一个目标设备都需要一条路由表记录。但是，通过把父节点记录与其所有子节点的记录合并，这样既可以优化路径也可以不丧失任何功能。

3）表存储

路由功能需要路由器保持维护一些表格。

（1）路由表。每一个路由器（包括协调器）都包含一个路由表（Routing Table）。设备在路由表中保存数据包参与路由所需的信息。每一条路由记录都包含目的地址、下一级节点和连接状态。所有的数据包都通过相邻的一级节点发送到目的地址。路由记录保持动态更新，无用的路径记录到期会自动删除。

（2）路径发现表。路径发现表（Route Discovery Table）用来保存路径发现过程中的临时信息。这些记录只在路径发现操作期间存在。一旦某个记录到期，则它可以被另一个路径发现使用。在一个网络中，可以通过在 f8wconfig.cfg 文件中配置 MAX_REQ_ENTRIES 参数设置同时并发执行的路径发现的最大个数。

4）路径设置

可以在 f8wConfig.cfg 文件中设置路由的相关参数。

设置路由表大小：MAX_RTG_ENTRIES，这个值不能小于 4。

设置路径期满时间：ROUTE_EXPIRY_TIME，单位为 s。设置为 0 则关闭路径期满。

设置路径发现表大小：MAX_RREQ_ENTRIES，网络中可以同时执行的路径发现操作的个数。

5. 端到端确认

对于非广播消息，有两种基本的消息重试类型：端到端的确认（APS_ACK）和单级确认（MAC_ACK）。MAC_ACK 默认情况下是一直打开的，通常能够充分保证网络的高可靠性。为了提供附加的可靠性，同时使发送设备能够得到数据包已经被发送到目的地的确认，可以使用 APS_ACK。

APS ACKnowledgement 在 APS 层完成，是从目标设备到源设备的一个消息确认系统。源设备将保留这个消息直到目标设备发送一个 APS_ACK 消息表明它已经收到了消息。对于每个发出的消息可以通过调用函数 AF_DataRequest() 来使能或禁止这个功能。消息重传（如果 APS_ACK 消息没有收到）的次数和重试之间的时间间隔，也可以在 f8wconfig.cfg 文件中进行配置。

6. 其他参数配置

1）配置信道

每一个设备都必须有一个 DEFAULT_CHANLIST 来控制信道集合。对于 ZigBee 协调器，这个表格用来扫描噪音最小的信道，对于终端节点和路由器节点来说，这个列表用来扫描并加入一个存在的网络。

2）配置 PAN_ID 和要加入的网络

这个可选配置项用来控制 ZigBee 路由器和终端节点要加入哪个网络。配置文件 f8wconfig.cfg 中的 ZDO_CONFIG_PAN_ID 参数可以设置为 0 ~ Ox3FFF 的一个值。路由器使用这个值，作为它要启动的网络的 PAN_ID。而对于路由器节点和终端节点来说只要加入一个已经用这个参数配置了 PAN_ID 的网络。如果要关闭这个功能，只要将这个参数设置为 OxFFFF。要更进一步控制加入过程，需要修改 ZDApp.c 文件中的 ZD0_NetworkDiscoveryconfirmCB 函数。

3）最大有效载荷

对于一个应用程序，最大有效载荷（Maximum Payload Size）的大小基于几个因素。MAC 层提供了一个有效载荷长度常数 102；NWK 层需要一个固定头大小，一个有安全的大小和一个没有安全的大小；APS 层必须有一个可变的基于变量设置的头大小，包括 ZigBee 协议版本，KVP 的使用和 APS 帧控制设置等。最后，用户不必根据前面的要素来计算最大有效载荷大小。AF 模块提供一个 API，允许用户查询栈的最大有效载荷或者最大传送单元（MTU）。用户调用函数 afDataReqMTU（见 af.h 文件），该函数将返回 MTU 或者最大有效载荷大小。

```
Typedef struct{
    uint8 kvp;
    APSDE_DataReqMTU_t aps;
    }afDataReqMTU_t;
unit8 afDataReqMTU（afDataReqMTU_t* fields）
```

通常 afDataReqMTU_t 结构只需要设置 Kvpi 的值，这个值表明 Kvpi 是否被使用。

3.3　项目实施

任务 1　安装 IAR 开发环境、ZigBee 协议栈和仿真器驱动程序

进入"光盘/软件/项目 3/IAR"目录，双击启动 EW8051-EV- Web-8101.exe，进入安装程序，如图 3.7 所示。

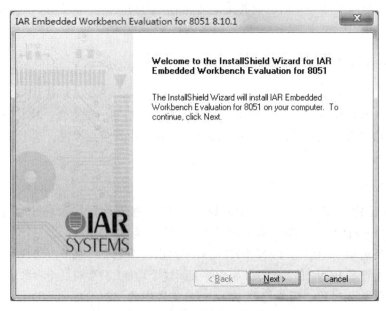

图 3.7　安装 IAR 开发环境

然后一直点击"next"按钮，并接受许可协议中的条款，直至出现如图 3.8 所示界面。

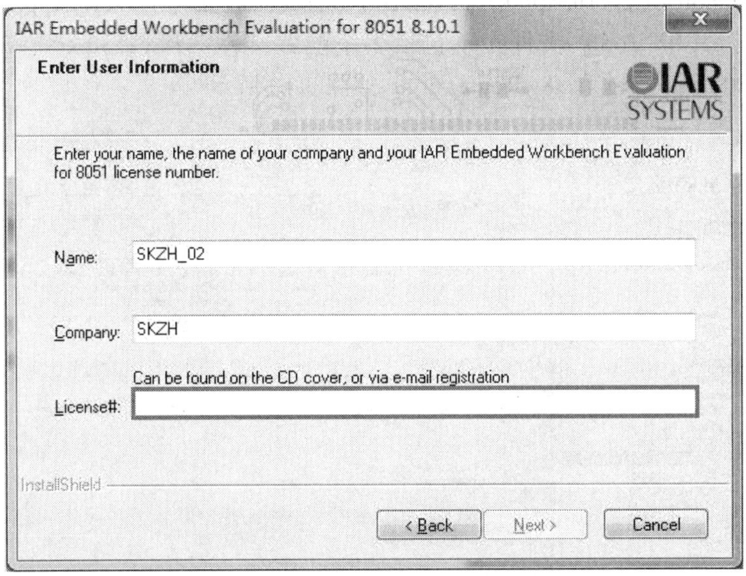

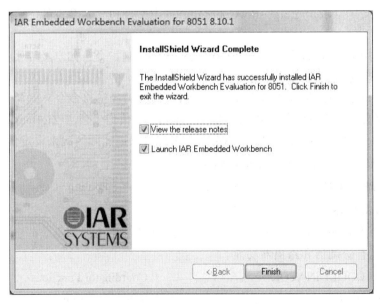

图 3.8　输入用户信息和序列号

填写用户名称及公司名称（可任意填写），按照提示，在红框标注处填写正确的序列号，点击"next"，选择程序安装路径后，继续点击"next"按钮直至程序安装完成，如图 3.9 所示。

图 3.9　IAR 程序安装完成

ZigBee 协议栈具有很多版本，不同厂商提供的 ZigBee 协议栈有一定的区别，本项目选用的是 TI 推出的 ZigBee2007 协议栈。双击"光盘/软件/项目 3"目录下的 ZStack-CC2530-2.5.1a.exe，即可进行协议栈安装。协议栈默认安装到 C 盘，用户也可自由更改安装路径。

若协议栈安装在 C 盘，在该盘的目录 \Texas Instruments\ZStack-CC2530-2.5.1a Projectszstack\Samples\GenericApp\CC2530DB 下，打开工程文件 GenericApp.eww。界面左侧，有多个文件夹，其中 Tools 文件夹下包括多个配置文件：f8w2530.xcl、f8wConfig.cfg、f8wCoord.cfg、f8Endev.cfg 和 f8wRouter.cfg，如图 3.10 所示。

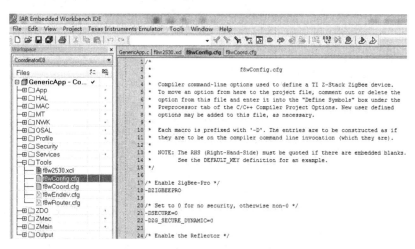

图 3.10　配置文件

若模块类型选择为 CoordinatorEB，则 f8Endev.cfg 和 f8wRouter.cfg 文件呈现灰白状态，也表明对应的终端节点和路由器节点不参与编译。

f8w2530.xcl，f8wConfig.cfg，f8wCoord.cfg 三个文件包含了节点的配置信息，具体功能如下：

（1）f8w2530.xcl：包含了 CC2530 单片机的链接控制指令（如定义堆栈大小、内存分配等），一般无须改动。

（2）f8wConfig.cfg：包含了信道选择、网络号等有关的链接命令。例如：以下两行代码中，第 51 行定义了建立网络的信道默认为 11，即从 11 信道上建立 ZigBee 无线网络；第 59 行定义了 ZigBee 无线网络的网络号为 0xAA41。用户可根据实际情况来设定信道号和网络号。

51 – DDEFAULT_CHANLIST = 0x00000800 // 11 – 0x0B

59 – DZDAPP_CONFIG_PAN_ID = 0xAA41

（3）f8wCoord.cfg：定义了设备类型。

ZigBee 无线传感网络中有三种设备类型，即协调器、路由器和终端节点。以下两行代码表明当前设备具有协调器和路由器功能。

24 – DZDO_COORDINATOR　　　　　　　　// Coordinator Functions

25 – DRTR_NWK　　　　　　　　　　　　// Router Functions

在路径 C：\Texas Instruments\ZStack-CC2530-2.5.1a\Projects\zstack\Samples\GenericApp\CC2530DB 下找到 Generic App.eww，打开该工程。

打开该工程后，可看到 GenericApp 工程文件布局，如图 3.11 所示。在图中所示的文件布局中，左侧有很多文件夹，如 App、HAL、MAC 等；这些文件夹对应了 ZigBee 协议栈中不同的层，使用 ZigBee 协议栈进行应用程序的开发，只需修改 App 目录下的文件即可。

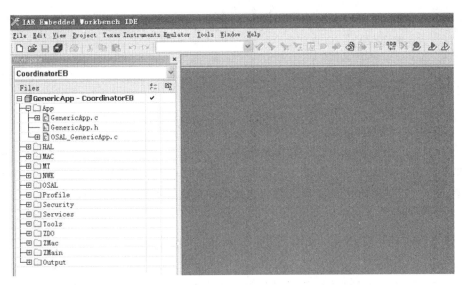

图 3.11　GenericApp 工程文件布局

此外，在 GenericApp 工程所在目录的上一目录，即 C：\Texas Instruments\ZStack-CC2530-2.5.1a\Projects\zstack\Samples 目录下，有 Source 文件夹，App 下的文件从 Source 文件夹下的文件添加进来。

CC2530 仿真器如图 3.12 所示，如果电脑可以上网，并装有驱动精灵等辅助软件，在仿真器连接电脑时，软件会自动安装驱动程序；没有安装辅助软件时，可手动添加仿真器驱动程序。

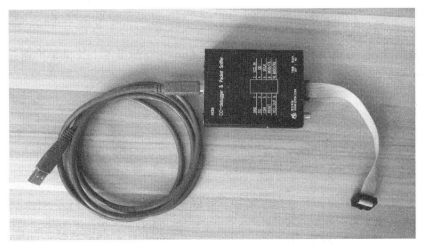

图 3.12　CC2530 仿真器

驱动程序可在 IAR 软件安装后的文件中找到，根据软件安装路径 "C：\Program Files\IAR Systems\Embedded Workbench 6.0 Evaluation\8051\drivers" 可找到名为 "Texas Instruments" 的文件夹。根据电脑配置情况，选择 32 位操作系统或 64 位操作系统对应的仿真器驱动程序，仅需把 "win_32bit_x86" 或 "win_32bit_x64" 整个文件夹添加即完成了驱动安装，如图 3.13 所示。

图 3.13　32 位和 64 位仿真器驱动程序

在第一次使用仿真器的时候，操作系统会提示找到新硬件。如果操作系统未提示，此时右键单击计算机，依次选择"管理"→"设备管理器"→"其他设备"。会看见电脑已经检测到仿真器设备，右键单击这个设备，然后通过手动加载驱动路径更新驱动程序。

任务 2　烧写节点程序，实现点对点数据传输

（1）在 ZigBee 协议栈的安装路径下，进入目录 "Texas Instruments\ZStack-CC2530-2.5.1a\Projects\ zstack\Samples\GenericApp\Source\"。若之前未做过变更，则当前目录下有三个文件，即 GenericApp.c、GenericApp.h 和 OSAL_GenericApp.c，删除 GenericApp.c。否则，保留 GenericApp.h 和 OSAL_GenericApp.c，删除其他文件。

（2）打开所给光盘资料，将"光盘/资源/项目 3/点对点数据传输实验/Source/"目录下的文件 iic.c 拷到目录 "Texas Instruments\ZStack-CC2530-2.5.1a\Projects\zstack\Samples\Generic App \Source\" 下。

（3）在目录\Texas Instruments\ZStack-CC2530-2.5.1a\Projects\zstack\Samples\GenericApp\CC2530DB\下，有 GenericApp.ewd、GenericApp.ewp、GenericApp.eww 这三个文件，打开工程文件 GenericApp.eww。

（4）在界面左侧，右击 App 下的文件 GenericApp.c，在弹出的下拉菜单中选择"Remove"，移除 GenericApp.c，如图 3.14 所示。

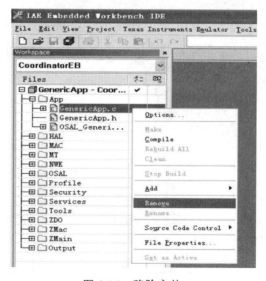

图 3.14　移除文件

（5）右击工程，依次选择"Add"、"Add Files…"，添加 Source 文件夹下的 iic.c，具体如图 3.15 所示。

图 3.15　添加文件

（6）选择"File"→"New"→"File"（或直接单击 🗋），如图 3.16 所示，新建文件 Coordinator.c、Enddevice.c，并保存到上述 iic.c 所在的 Source 文件夹下，然后添加到 App 下。当然也可直接添加"光盘/资源/项目 3"目录下已编写好的 Coordinator.c、Enddevice.c。

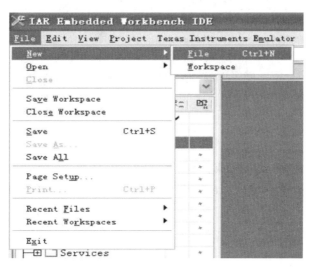

图 3.16　新建文件

（7）编写 Coordinator.c 和 Enddevice.c，实现协调器功能和终端节点功能。此时需注意：需包含头文件 GenericApp.h。

（8）取出 CC Debugger 下载器、协调器、两根 USB 电源线，分别连接仿真器和电脑的 USB 接口、协调器和电脑的 USB 接口，仿真器和协调器模块使用十针排线（J503）相连。仿真器上的拨码开关放置在"下载器"一侧，如图 3.17 所示。协调器和仿真器都上电后，必须先对仿真器进行复位（红灯亮的一侧按钮）。仿真器上的指示灯为绿色时，表示连接成功。

图 3.17　协调器和下载器连接

（9）在 Workspace 的下拉菜单中，选择节点类型为 CoordinatorEB。右击 Enddevice.c，选择"Options"，在弹出窗口上的"Exclude from build"前的方框内打勾，如图 3.18 所示，即编译协调器节点程序时屏蔽终端节点程序。

图 3.18　屏蔽文件

（10）直接点击编译图标（或右击工程，单击"Make"），编译协调器程序。编译完成后，在窗口下方会自动弹出 Message 窗口，显示编译过程中的警告和出错信息。Message 窗口如图 3.19 所示。

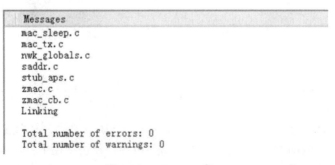

图 3.19　Message 窗口

（11）编译无误后，点击"Project"下的"Download and Debug"或单击 图标下载程序，下载完成后点击 图标（或"Debug"→"GO"），运行程序。

（12）类似地，节点类型选择 EndDeviceEB，并屏蔽 Coordinator.c，编译终端节点程序。编译无误后，下载到终端节点模块（传感器模块）并运行。

所给资源点对点数据传输的实验现象为：

先打开协调器电源开关，协调器初始化成功后，协调器的 LED1（D100）会点亮。然后打开终端节点电源开关，终端节点的 LED1（D100）会点亮，表明终端节点已连接上网络。终端节点上的指示灯 LED4（D103）以 2 s 周期状态翻转，协调器 LED3（D102）和 LED5（D104）同时以 2 s 周期状态翻转，这说明协调器已经成功收到了终端节点发送的数据。如果协调器未接收到数据，请按下电源板上 SW200 复位一下终端节点。

任务 3　ZigBee 数据包解析

用户可以利用 ZigBee 无线网络分析仪进行抓包，然后分析捕获的数据包，进而更形象地理解数据的传输过程。

1. 搭建 ZigBee 协议分析环境

构建 ZigBee 协议分析系统需要用到硬件和软件的支持，硬件即 CC2530 开发板和 ZigBee 协议分析仪，软件即"光盘/软件/项目 3"目录下的 SmartRF_Packet_Sniffer_2.15.2.exe。构建 ZigBee 协议分析系统的具体步骤如下。

（1）使用 USB 延长线将 ZigBee 协议分析仪（功能开关一定打到协议仪一侧）和 PC 机连接起来。

（2）打开 Packet Sniffer 软件，如图 3.20 所示，在下拉表框中选择 IEEE 802.15.4/ZigBee，最后单击 Start 按钮。

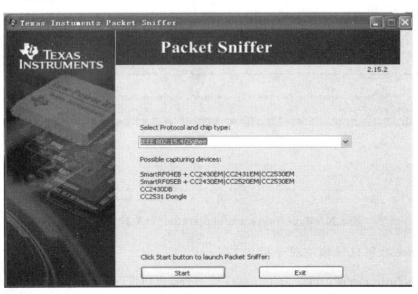

图 3.20　选择 IEEE 802.15.4/ZigBee

此时，会弹出 Texas Instruments Packet Sniffer 主窗口，如图 3.21 所示，在窗口底部 Select capturing device 中已经发现了分析仪，然后在下拉列表框中选择 ZigiBee2007/PRO，最后单击小三角按钮 ▶ ▮▮ （开始抓包按钮）即可进行抓包。

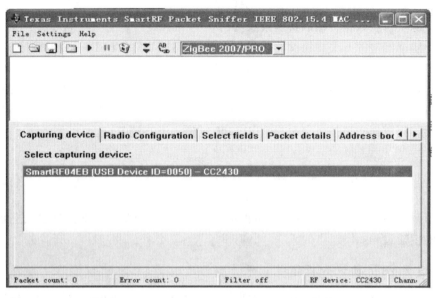

图 3.21　Texas Instruments Packet Sniffer 主窗口

现在可进行抓包了，依次打开协调器电源和终端节点电源，此时 Texas Instruments Packet Sniffer 软件显示所捕获的数据包，如图 3.22 所示。

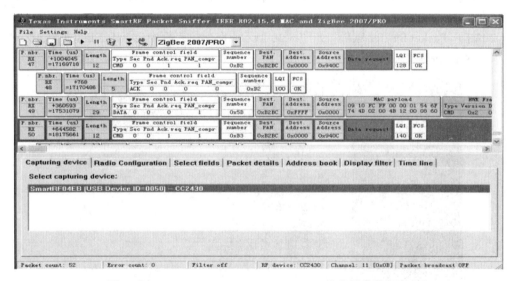

图 3.22　Texas Instruments Packet Sniffer 软件捕获数据包

2. ZigBee 数据包传输流程分析

从 Texas Instruments Packet Sniffer 软件抓到的数据包可以看到，每个数据包由很多段组成，这与 ZigBee 协议对应。由于 ZigBee 协议栈的实现采用了分层结构，所以数据包显示时也是不同的层对应不同的颜色，这样读者能够轻松容易查看相应的数据。

刚刚接触到数据包时，会有很多疑问，例如，数据包是怎么构成的？如何分析这些数据包呢？请注意，这是 ZigBee 网络内的数据包，因此，这些数据包肯定是符合 ZigBee 协议的，所以需要从 ZigBee 协议各层的数据帧构成入手，然后慢慢分析数据包的构成。

下面通过 ZigBee 协议分析仪捕获的数据包来分析网络的建立过程以及数据传输过程中，用户数据在数据包的哪个位置。

通过 ZigBee 协议分析仪捕获的数据包如图 3.23 所示。

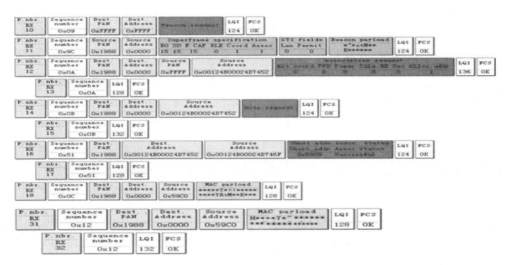

图 3.23　ZigBee 协议分析仪捕获的数据包

第 1～8 行是协调器建立 ZigBee 无线网络和终端节点加入该网络的过程。

第 1 行，终端节点发送信标（Beacon）请求。

第 2 行，协调器建立了 ZigBee 无线网络。在 ZigBee 无线网络中，协调器的网络地址必定是 0x0000，第 2 行所示数据包中的"Source Address"就是协调器的网络地址。

第 3 行，终端节点发送加入网络请求（Association Request）。

第 4 行，协调器对终端节点的加入网络请求做出应答，从哪里可以确定是对节点的加入网络请求做出的应答呢？很明显的方法是观察序列号，第 3、4 行显示的数据包中，"Sequence Number"是相同的，都是 0x0A。

第 5 行，终端节点收到协调器的应答后，发送数据请求（Data Request），请求协调器分配网络地址。从该数据包同时可以得到的信息：终端节点的 IEEE 地址是 0x00124 B00024D7452。

那么，为什么不使用网络地址作为源地址呢？

因为此时终端节点还没有加入网络，所以有效的网络地址还没有分配。有读者可能会问，当终端节点未加入网络时网络地址是 0xFFFF，为什么不使用这个地址呢？请注意，这里只是一个节点在加入网络，如果有几个节点同时加入网络，这几个节点的网络地址都默认为 0xFFFF，则此时如果将 0xFFFF 作为源地址，当协调器收到加入网络请求后需要做出应答，这时问题就出现了，以 0xFFFF 为网络地址的节点有好几个，到底对哪个节点发送应答呢？这是无法确定的。

但是，每个节点都有自己的 IEEE 地址，如果未加入网络时使用该地址作为源地址，则协调器收到加入网络请求后通过该地址就可以唯一地确定到底是哪个节点发送的加入网络请求，然后就可以对其做出应答。

第 6 行，协调器对终端节点的数据请求做出应答（序列号也是相同的，都是 0x0B）。

第 7 行，协调器将分配的网络地址发送给终端节点，新分配的网络地址是 0x59C0。

从第 9 行开始，终端节点就使用自己的网络地址 0x59C0 与协调器进行通信了。

可能有的读者会有这样的疑问：节点加入网络后，分配到了网络地址，此时为什么不使用节点的 IEEE 地址作为源地址进行通信呢？这主要是由于 IEEE 地址是 64 位的，而节点的网络地址是 16 位的，对于无线通信而言，数据长度越长，发送这些数据所需要的功率就越大，同时，由于每个数据包的最大长度是确定的，如果节点地址占据的位数太多，每个数据包所携带的有效数据必将减少，因此综合上述考虑，一般节点成功加入网络后，数据通信过程中使用节点的网络地址作为源地址。

3.4　项目实训——WSN 串口解析与指令控制

利用自制 ZigBee 串口软件，通过设置各个参数（如 COM 口，波特率等），完成串口的配置。在程序中输入电机控制信号，通过程序和串口通信，实现 PC 端指令对电机的控制。

打开"光盘/资源/项目 3/SKZH_ZStack_V1.1/Projects/zstack/Utilities/SerialApp/CC2530DB"目录下的工程文件 SerialApp.eww，在 Workspace 的下拉菜单中，选择节点类型为 CoordinatorEB，如图 3.24 所示。

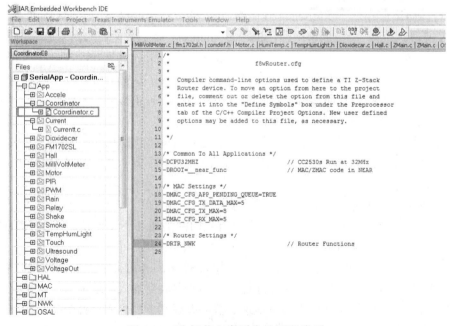

图 3.24　选择节点类型为协调器类型

由图可知，除了协调器节点程序外，其他节点下的程序均呈灰色状态，表明其他程序已被屏蔽。点击编译图标 ，若编译无误，点击下载程序图标 。下载完成后，点击程序运行图标 。

将 ZigBee 协调器与 PC 用串口线连接，协调器连接串口线并上电，如图 3.25 所示。

图 3.25　协调器连接串口线并上电

打开"光盘/资源/项目 3/PC 端串口软件读取显示传感器数据并实现反向控制/serialPort_zig_20160218/serialPort_zigbee/Debug"下文件 serialPort_zigbee.exe，弹出窗口，如图 3.26 所示。

图 3.26　串口软件窗口

输入相应参数，进行串口配置，串口软件窗口提示串口成功连接，如图 3.27 所示。

图 3.27　串口成功连接

为电机模块上电，电机模块成功加入协调器所组建的网络后（直观上可观察到协调器和电机都会有灯周期性闪烁），输入电机控制指令如输入 400601060a57，即控制电机正转。此时，串口软件也会收到协调器通过串口线发来的其他消息，如图 3.28 中的协调器周期心跳。

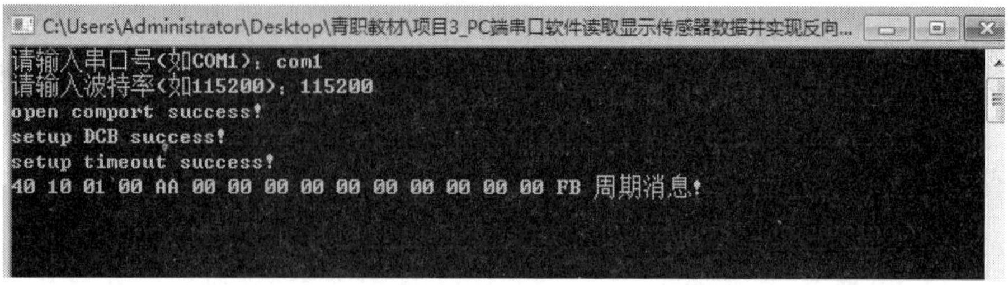

图 3.28　串口软件控制传感器、并接收数据

本项目串口部分完全按照项目任务 1 实训中所述操作，所添加的部分是解析串口接收到的数据的过程。

1. 显示部分

下面以读取温湿度为例，根据《物联网教学实训平台网络通信协议》分析串口程序接收到的数据包，以下是温湿度模块的数据传输协议：

1）周期心跳消息

0 01 02 AA 00 00 00 00 00 00 00 00 00 00 FD

2）返回消息

返回消息格式如下：

帧头	40	
消息长度	0C	
节点 ID	01	
类型 ID	02	
命令	01	
数据域（6byte）	XH：温度值高 8 位	
	XL：温度值低 8 位	
	YH：湿度值高 8 位	
	YL：湿度值低 8 位	
	GH：光强度高 8 位	
	GL：光强度低 8 位	
校验	累加和	

温度值（℃）= XH × 256+XL；

湿度值（%）= YH × 256+YL；

光照浮点型（LX）=（GH × 256+GL）× 3 012.9/（32 768 × 4）。

以串口每次接收一个字节为例，根据温湿度模块的传输协议，将串口接收到的数据进行打包处理。具体步骤如下：

（1）首先设置一个状态标志，表示是否接收到帧头，如果接收到帧头，状态置位。

（2）帧头后的第二个字节是消息长度，储存在数据包中，然后判断数据包中数据个数是否与消息长度相等，若相等，继续下一步对数据的处理，否则继续向数据包中添加串口收到的数据。

（3）在数据包中数据个数与消息长度相等的前提下，判断节点 ID、类型 ID 及命令，分别按照不同的方式对数据进行处理。

（4）如果是温湿度数据包，则按照温湿度的计算公式将数据域中相应位进行解析，进而打印显示。（注意：处理数据要转换成相同的数据类型。）

2. 控制部分

1）控制消息

控制消息格式如下：

帧头	40
消息长度	06
节点 ID	01
类型 ID	06
命令（1byte）	0a：电机正转
	0b：电机反转
	0c：电机停止
	01：LED1 ON
	02：LED1 OFF
	03：LED2 ON
	04：LED2 OFF
	05：LED3 ON
	06：LED3 OFF
	07：LED4 ON
	08：LED4 OFF
校验	累加和

发送消息举例：

电机正转控制指令：40 06 01 06 0a 57

2）周期心跳消息

40 10 01 06 AA 00 00 00 00 00 00 00 00 00 00 01

3）查询消息

40 06 01 06 CC 19

4）控制返回消息

控制返回消息格式如下：

帧头	40								
消息长度	07								
节点 ID	01								
类型 ID	06								
命令	DD：表示控制消息返回消息								
数据域（1 byte）	返回消息各位的状态表示，1 为工作，0 为停止								
	使能位	Bit7	Bit6	Bit5	Bit4	Bit3	Bit2	Bit1	Bit0
	状态	LED1	LED2	LED3	LED4	正转	反转	未定义	未定义
校验	累加和								

当数据域的 bit3 和 bit2 同时为 0 时，表明电机停止转动。

根据项目训练 1 做的串口程序，键盘输入的数据是字符型，而上述传输协议中都是十六进制表示的，故要把键盘输入的命令转换为十六进制。下面是字符型转十六进制的算法。

```
bool StringToHex（unsigned char *OutHexBuffer, unsigned char *InStrBuffer,
unsigned int strLength）
{
    unsigned int i, k=0;
    unsigned char HByte,LByte;
    for（i=0; i<strLength; i=i+2）
    {
        if（InStrBuffer[i]>='0' && InStrBuffer[i]<='9'）
            {
                HByte=InStrBuffer[i]-'0';
            }
        else if（InStrBuffer[i]>='A' && InStrBuffer[i]<='F'）
            {
                HByte=InStrBuffer[i]-'A' +10;
            }
            else if（InStrBuffer[i]>='a' && InStrBuffer[i]<='f'）
            {
                LByte=InStrBuffer[i]-'a' +10;
            }
            else
            {
```

```
            HByte=InStrBuffer[i];
        return false;
        }
    HByte=HByte <<4;
    HByte = HByte & 0xF0;
    if（InStrBuffer[i+1]>='0' && InStrBuffer[i+1]<='9'）
        {
            LByte=InStrBuffer[i+1]-'0';
        }
    else if（InStrBuffer[i+1]>='A' && InStrBuffer[i+1]<='F'）
        {
            LByte=InStrBuffer[i+1]-'A' +10;
        }
    else if（InStrBuffer[i+1]>='a' && InStrBuffer[i+1]<='f'）
        {
            LByte=InStrBuffer[i+1]-'a' +10;
        }
    else
        {
            LByte=InStrBuffer[i];
            return false;
        }
    OutHexBuffer[k++]=HByte |LByte;
    }
    return true;
}
```

以上是字符型转十六进制的算法。

思考与练习

一、选择题

1. 下面哪个不是 Zigbee 技术的优点（　　　）。

    A. 近距离　　　　　　　　　　　B. 高功耗

    C. 低复杂度　　　　　　　　　　D. 低数据速率

2. PAN ID 值为 0xffff，代表的是（　　　）。

    A. 以广播传输方式　　　　　　　B. 短的广播地址

    C. 长的广播地址　　　　　　　　D. 以上都不对

3. ZigBee 中每个协调器最多可连接（　　　）个节点，一个 ZigBee 网络最多可容纳（　　　）个节点。

    A. 255　65 533　　　　　　　　　　　　B. 258　65 534

    C. 258　65 535　　　　　　　　　　　　D. 255　65 535

4. 根据 IEEE802.15.4 标准协议，ZigBee 的工作频段分为哪三个？（　　　）

    A. 868 MHz、918 MHz、2.3 GHz　　　　B. 848 MHz、915 MHz、2.4 GHz

    C. 868 MHz、915 MHz、2.4 GHz　　　　D. 868 MHz、960 MHz、2.4 GHz

5. 中国使用的 Zigbee 工作的频段是（　　　）。

    A. 915 MHz　　　　B. 2.4 GHz　　　　C. 868 MHz　　　　D. 433 MHz

二、简答题

1. 列举常用的 Zigbee 芯片和 Zigbee 协议栈。

2. 简述 Zstack 协议栈中的两种地址类型。

3. 简述 ZigBee 协议栈中节点类型和主要功能。

三、程序设计题

1. 根据所学知识，查阅相关资料，分析项目实训中的通信协议，用 C#语言，通过串口，在上位机实时获取温度、湿度和光照数据。程序界面如图 3.29 所示。

图 3.29　实时获取温湿度和光照数据

2. 根据所学知识，查阅相关资料，分析项目实训中的通信协议，用 C#语言，通过串口，在上位机控制电机正向、反向和停止转动。程序界面如图 3.30 所示。

图 3.30　控制电机转动

项目 4　网络数据传输子系统设计与实施

4.1　项目描述

车载网关可以通过有线和无线网络接口，通过 TCP/IP 与服务器建立连接，利用 Socket 通信实现数据传输，包括传感数据、GPS 数据、RFID 标签信息、车辆行驶信息、视频采集数据等都可以通过网络接口传输到服务器。若接收到报警信号，服务器生成对应报警信息，记录到数据库，并向用户设定的手机发送报警短信。

4.2　项目知识储备

4.2.1　计算机网络简介

1. 什么是计算机网络

将地理位置不同，并具有独立功能的多个计算机系统，通过通信设备和线路将其连接起来，由功能完善的网络软件（网络协议、信息交换方式、控制程序和网络操作系统）实现网络资源共享的系统称为计算机网络。

计算机网络的基本功能是数据通信和资源共享。

2. 计算机网络拓扑结构

当我们组建计算机网络时，要考虑网络的布线方式，这就会涉及网络拓扑结构的内容。网络拓扑结构指网络中计算机线缆以及其他组件的物理布局。

局域网常用的拓扑结构有：总线型结构、环型结构、星型结构、树型结构；核心层常用的拓扑结构有网状拓扑和半网状拓扑；在城域网和广域网以及大型的局域网中的拓扑结构往往是上述几种拓扑的综合，叫混合型拓扑，如图 4.1 所示。

拓扑结构影响着整个网络的设计、功能、可靠性和通信费用等许多方面，是决定局域网性能优劣的重要因素之一。

3. 计算机网络分类

（1）按网络所覆盖的地理范围的不同，计算机网络可分为局域网（LAN）、城域网（MAN）、广域网（WAN）。

（2）如果按照传播方式不同，可将计算机网络分为"广播网络"和"点-点网络"两大类。

① 广播式网络。

广播式网络是指网络中的计算机或者设备使用一个共享的通信介质进行数据传播，网络中的所有结点都能收到任一结点发出的数据信息。目前，在广播式网络中的传输方式有 3 种：

单播：采用一对一的发送形式将数据发送给网络所有目的节点。

组播：采用一对一组的发送形式，将数据发送给网络中的某一组主机。

广播：采用一对所有的发送形式，将数据发送给网络中的所有目的节点。

② 点对点网络（Point-to-point Network）。

点对点式网络是指两个结点之间的通信方式是点对点的。如果两台计算机之间没有直接连接的线路，那么它们之间的分组传输就要通过中间结点的接收、存储、转发，直至目的结点。点对点传播方式主要应用于 WAN 中。

（3）按传输介质不同，可将计算机网络分为有线网（Wired Network）无线网（Wireless Network）。有线网的传输介质有双绞线、同轴电缆和光纤，无线网主要是电磁波。目前同轴电缆已被逐渐淘汰，仅用于有线电视系统使用。

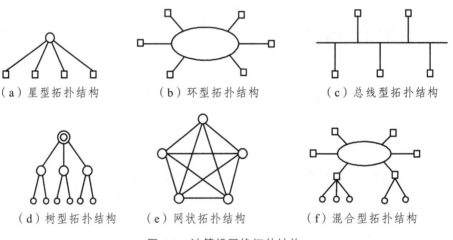

（a）星型拓扑结构　　　（b）环型拓扑结构　　　（c）总线型拓扑结构

（d）树型拓扑结构　　　（e）网状拓扑结构　　　（f）混合型拓扑结构

图 4.1　计算机网络拓扑结构

4.2.2　无线局域网（WLAN）

无线局域网（Wireless LAN）技术以其可移动性、使用方便等优点越来越受到人们的欢迎，已经成为宽带接入的有效手段之一。目前，WLAN 已成为承载物联网系统数据传输的主要技术之一。

1. WLAN 的主要标准

WLAN 的主要标准在 IEEE802.11 协议簇里定义，目前已经发布的 IEEE802.11 主要标准有：

IEEE 802.11 标准：这是在无线局域网领域内第一个国际上被认可的协议。在这个标准中，提供了 1 Mb/s 和 2 Mb/s 的数据传输速率以及一些基本的信令规范和服务规范。

IEEE 802.11b 标准：1999 年 9 月被正式批准。该标准规定无线局域网工作频段在 2.4 ~ 2.483 5 GHz，数据传输速率达到 11 Mb/s。该标准是对 IEEE 802.11 的一个补充，在数据传输速率方面可以根据实际情况在 11 Mb/s、5.5 Mb/s、2 Mb/s、1 Mb/s 的不同速率间自动切换。

IEEE 802.11a 标准：1999 年制定完成。该标准规定无线局域网工作频段在 5.15 ~ 5.825 GHz，数据传输速率达到 54 Mb/s。

IEEE 802.11g 标准：2003 年 6 月被正式批准。该标准可以视作对 802.11b 标准的提速（速率从 802.11b 的 11 Mb/s 提高到 54 Mb/s），但仍然工作在 2.4 GHz 频段。故采用 802.11g 的终端可访问现有的 802.11b 接入点和新的 802.11g 接入点。

IEEE802.11n 标准：通过对 802.11 物理层和 MAC 层的技术改进，使得无线通信在吞吐量和可靠性方面都获得显著提高，速率可达到 300 Mb/s，其核心技术为 MIMO+OFDM。同时，802.11n 可以工作在双频模式，包含 2.4 GHz 和 5 GHz 两个工作频段，可以与 802.11a/b/g 标准兼容。

几个主要的 802.11 协议标准比较如表 4.1 所示。

注：MIMO（Multiple-Input Multiple-Output）技术指在发射端和接收端分别使用多个发射天线和接收天线，使信号通过发射端与接收端的多个天线传送和接收，从而改善通信质量。它通过多个天线实现多发多收，在不增加频谱资源和天线发射功率的情况下，可以成倍地提高系统信道容量。

表 4.1　802.11 协议标准比较

主要参数	802.11	802.11b	802.11a	802.11g
标准发布时间	July 1997	Sept 1999	Sept 1999	June 2003
合法频宽	83.5 MHz	83.5 MHz	325 MHz	83.5 MHz
频率范围	2.400 ~ 2.483 GHz	2.400 ~ 2.483 GHz	5.150 ~ 5.350 GHz 5.725 ~ 5.850 GHz	2.400 ~ 2.483 GHz
非重叠信道	3	3	12	3
调制传输技术	B/SK/QPSK FHSS	CCK DSSS	64QAM OFDM	CCK/64QAM OFDM
物理发送速率 Mb/s	1，2	1，2，5.5，11	6，9，12，18，24，36，48，54	6，9，12，18，24，36，48，54
理论上的最大 UDP 吞吐量 （1 500 Byte）	1.7 Mb/s	7.1 Mb/s	30.9 Mb/s	30.9 Mb/s
理论上的 TCP/IP 吞吐量 （1 500 Byte）	1.6 Mb/s	5.9 Mb/s	24.2 Mb/s	24.2 Mb/s
兼容性	N/A	与 11g 产品可互通	与 11b/g 不能互通	与 11b 产品可互通

此外，正在使用或研发的标准还有 IEEE802.11e 标准、IEEE802.11h 标准、IEEE802.11i 标准、IEEE802.11f 标准和 IEEE802.11s 标准草案，大家可以自己查阅相关资料。

大家可以看到，WLAN 工作在 2.400 ~ 2.483 GHz 或 5 GHz，这个频段主要开放给工业、科学和医学机构免费使用，是 ISM 频段。其中 802.11b/g 工作在 2.4 GHz 频段，相互之间可以互相兼容；802.11a 工作在 5 GHz 频段，与 802.11b/g 不兼容；802.11n 工作在 2.4 GHz 和 5 GHz 两个频段，可以向下兼容 802.11a/b/g。

2. 802.11b/g 工作频段划分

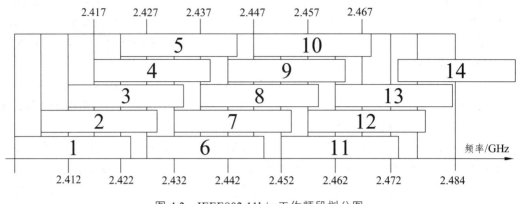

图 4.2   IEEE802.11b/g 工作频段划分图

从图 4.2 中可以看到，在此频率范围内，802.11 协议定义了 14 个信道，信道 1 的中心频率为 2.412 GHz，信道 2 的中心频率为 2.417 GHz，所以每个信道的频宽为 22 MHz，相邻两个信道的中心频率之间仅相差 5 MHz，所以信道 1 在频谱上和信道 2、3、4、5 都有交叠的地方，这就意味着：如果有两个无线设备同时工作，且它们工作的信道分别是 1 和 3，则它们发送出来的无线信号会互相干扰。

因此，为了最大程度的利用频段资源，减少信道间的干扰，通常使用 1、6、11；2、7、12；3、8、13；4、9、14 这四组互相不干扰的信道来进行无线覆盖。

14 个信道在各国开放的情况是不一样的，在美国、加拿大等北美地区开放的信道范围为 1 ~ 11，在欧洲大部分地区开放信道 1 ~ 13，在中国开放信道 1 ~ 13，在日本开放全部的 14 个信道，信道 14 的中心频率与信道 13 的中心频率相差 12 MHz。

3. WLAN 设备的覆盖距离

理论上，在没有任何障碍物和干扰的情况下，100 mW 的 802.11b/g 设备一般可覆盖 100 m 的距离。但在现实的使用环境中，设备的实际覆盖距离更依赖于现实环境，依赖于现场的建筑结构、障碍物属性、电磁干扰等诸多因素。根据使用情况来看，一个 100 mW 的 802.11b/g 设备在一般的开放式办公环境中可覆盖 15 ~ 30 m 的范围。

4.2.3   OSI 参考模型

1. 分层的好处

通过分层可以将复杂的通信过程分解成相互关联，功能简化的通信模型，有利于对通信机制的理解和掌握。同时，只要不改变与其他层的接口，改变某一层次的功能不会影响通信的进行。另外，每层次都有自己独立的功能，便于设计、实现和修改某一层次的功能。

现代计算机网络的设计，是按高度结构化方式进行的。为了减少协议设计的复杂性，大多数网络都按层或级的方式来组织，每一层都建立在它的下层之上，不同的网络，其层的数量，各层的名称，内容和功能不尽相同。但是，在所有的网络中，每一层的功能都是为其上层提供服务，而服务是如何具体实现的对上层加以屏蔽。

实际上，在通信过程中，数据不是从一方的第 n 层直接传送到另一方的第 n 层。而是每一层都把数据和控制信息传给它的下层，一直传到最下层，再通过物理介质进行实际的数据通信。

每一相邻层之间都有一个或多个接口，该接口定义了下一层向上一层提供的原语操作和服务。当网络设计都有决定一个网络应当包括多少层，每一层应做什么时，其中很重要的考虑就是要在相邻层之间定义一个清晰的接口。为达此目的，又要求每层完成一个特定的有明确定义的功能集合，除了要尽可能减少在相邻层之间传递的信息量外，还要有一个清晰的接口。当某一层的功能实现过程变化时，只要不改变向上层提供的服务和与相邻层的接口即可。

2. OSI 七层参考模型

OSI 开放系统互连参考模型将网络协议分为七个层次，如图 4.3 所示。

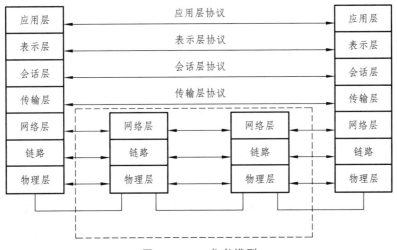

图 4.3　OSI 参考模型

1）物理层（Physical Layer）

物理层是在通信信道上传输位流的层次。设计本层的目的，是要确保一方发送的二进制信号"1"或"0"，能正确到达接收方。物理层规定了信号传送接口的机械、电气、功能和规程的接口标准。

在这一层，数据的单位称为比特（bit）。

属于物理层定义的典型规范代表包括 EIA/TIA、RS-232、RS-485、V.35、RJ-45 等。

物理层的主要设备：中继器、集线器。

2）数据链路层（DataLink Layer）

数据链路层的主要任务是为网络层提供一条无差错的传输线路。在网络中通常采用反馈重传纠错方式来纠正传输中出现的差错。为此，在这一层次间传送的信息必须有一定的格式，称为帧。帧需要有帧首、帧尾来标志区分帧的界线，具有检错功能的编码、物理信道的寻址、控制信息等功能。数据链路层还要解决的另一个问题是防止高速处理的发送方的数据在低速处理的接收方丢失，因此需要进行流量调节。

在这一层，数据的单位称为帧（Frame）。

数据链路层协议的代表包括 SDLC、HDLC、PPP、STP、帧中继等。

数据链路层主要设备：交换机、网桥。

3）网络层（Network Layer）

网络层的目的是实现两个端系统之间的数据透明传送，具体功能包括寻址和路由选择、连接的建立、保持和终止等。它提供的服务使传输层不需要了解网络中的数据传输和交换技术。网络层的主要作用就是"路径选择、路由及逻辑寻址"。

在这一层，数据的单位称为数据包（packet）。

网络层协议的代表包括 IP、IPX、RIP、OSPF 等。

网络层主要设备：路由器。

4）传输层（Transport Layer）

传输层提供了主机应用程序进程之间的端到端的服务，包含分割与重组数据、按端口号寻址、连接管理、差错控制和流量控制、纠错等功能。传输层要向会话层保证通信服务的可靠性，避免报文的出错、丢失、延迟时间紊乱、重复、乱序等差错。

基本功能是从会话层接收数据，分割并重组成较小的数据单元，传递给网络层，并保证到达对方的各段信息正确无误。传输层为会话层提供透明的数据传送服务。

在这一层，信息传送的协议数据单元称为段或报文。

传输层协议的代表包括 TCP、UDP、SPX 等。

5）会话层（Session Layer）

会话层允许不同机器上的用户之间创建会话关系。会话层服务之一是管理对话控制，控制会话双方是进行全双工还是半双工通信，需要在会话连接之前确认；另一种会话服务是同步机制，当会话过程中传输长文件时，接收端出现故障而中断会话，同步机制保证重新恢复会话连接后，文件在断点开始重传，而不是从头开始。会话层协议还要保证每次会话能完整地执行。

会话层的主要标准有 DIS8236 会话服务定义和 DIS8237 会话协议规范。

6）表示层（Presentation Layer）

表示层主要解决用户信息的语法表示问题。它将欲交换的数据从适合于某一用户的抽象语法，转换为适合于 OSI 系统内部使用的传送语法。即提供格式化的表示和转换数据服务。

数据的压缩和解压缩，加密和解密等工作都由表示层负责。例如图像格式的显示，就是由位于表示层的协议来支持。表示层协议一般不与特殊的协议栈关联，如 QuickTime 是 Applet 计算机的视频和音频的标准，MPEG 是 ISO 的视频压缩与编码标准。常见的图形图像格式 GIF、JPEG 是不同的静态图像压缩和编码标准。

7）应用层（Application Layer）

应用层为操作系统或网络应用程序提供访问网络服务的接口。

其他应用层功能有超文本传输（HTTP），文件传输（FTP、TFTP）、电子邮件（POP、SMTP）、域名解析（DNS）、远程登录（TELNET）等。

3. OSI 数据封装与传输

发送端用户将数据传送给接收端用户，过程如图 4.4 所示。发送端用户把数据（data）交给应用层，应用层实体在用户数据前面加上应用层头部（AH），即成了应用层协议数据单元（A-PDU），再传给表示层。表示层将 A-PDU 附加上表示层的头部 PH，组成 P-PDU。这一过程重复进行一直传送到物理层。物理层通过通信介质传送到接收方。在接收方，信息逐层向上传递。每经过一层将本层的头部处理完后删去，并送给上一层实体，最后数据到达接收端用户。

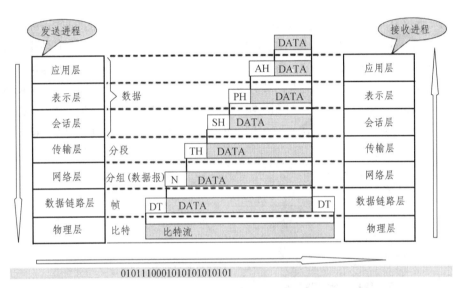

图 4.4　OSI 数据封装与传输示意图

PDU（PDU，Protocol Data Unit）是对每一层包含该层协议和服务数据的数据单元的统称。在实际中，不同层次的 PDU 都赋予不同的名称。例如，在物理层称位（bit），在数据链路层称帧（frame），在网络层称分组或包（packet），在传输层及以上层次称报文（message）。

OSI 里不是只有一个协议，而是由一系列的协议构成，这一系列的协议称为协议簇。OSI 是一个分层的体系结构，自然就有高层协议和底层协议，这些协议间又一个层级，就像楼梯一样，所以把它们称为协议栈。通过传输数据的封装过程也可以更好地理解协议栈的含义：发送数据时由高层向低层传递数据，一层一层地加入协议头部，先加入高层协议头部，后加入低层协议头部，高层协议头封装在内部，低层协议头在外层封装。接收数据时由低层向高层传递数据，先去掉低层协议头部，后去掉高层协议头部，逐层解除封装，最后将数据送到应用层，交给应用程序处理。

从客户端用户间传输数据的过程中可看出，数据在层间传输过程中，下层实体不改变上层 PDU 的结构和内容，只在前面增加本层的协议信息。但在三个层次中有例外，表示层实体可以对应用层 PDU 根据需要进行代码转换；数据链路层实体除在网络层 PDU 前加头部外，还在 PDU 后面加尾部和一个帧的首尾标志，因为数据链路层实体是从物理层接收位信息，必须在这些位信息中判断接收一个完整的帧，用首尾标志来定界帧的开始和结束，在尾部增加检错码，来检查帧的正确性；而物理层实体不再增加任何信息，只是将数据链路层的帧按位串在传输介质上发送出去。

4.2.4 TCP/IP 模型

OSI 参考模型的提出是为了解决不同厂商、不同结构的网络产品之间互联时遇到的不兼容性问题。但是该模型的复杂性阻碍了其在计算机网络领域的实际应用。虽然国际标准化组织制定了这样一个网络协议的模型，但是实际上互联网通信使用的网络协议是 TCP/IP 网络协议。

TCP/IP 协议栈是美国国防部高级研究计划局计算机网（Advanced Research Projects Agency Network，ARPANET）和其后继因特网使用的参考模型。ARPANET 是由美国国防部（U.S. Department of Defense，DoD）赞助的研究网络。最初，它只连接了美国境内的四所大学。随后的几年中，它通过租用的电话线连接了数百所大学和政府部门。最终 ARPANET 发展成为全球规模最大的互联网络——因特网。最初的 ARPANET 于 1990 年永久性地关闭。

TCP/IP 参考模型分为四个层次：应用层、传输层、网络层和网络接入层，如图 4.5 所示。

图 4.5 TCP/IP 模型

在 TCP/IP 参考模型中，去掉了 OSI 参考模型中的会话层和表示层，将这两层的功能合并到应用层实现。同时将 OSI 参考模型中的数据链路层和物理层合并为网络接入层，如图 4.6 所示。

1. 网络接入层（Network Interface Layer）

网络接入层是 TCP/IP 协议软件的最底层，负责将二进制流转换为数据帧，并进行发送和接收。

2. 网络层（Internet Layer）

网络层是整个 TCP/IP 协议栈的核心。它的功能是把分组发往目标网络或主机。同时，为了尽快地发送分组，可能需要沿不同的路径同时进行分组传递。因此，分组到达的顺序和发送的顺序可能不同，这就需要上层必须对分组进行排序。

网络层定义了分组格式和协议，即 IP 协议（Internet Protocol）。

网络层除了需要完成路由的功能外，也可以完成将不同类型的网络互联的任务。除此之外，网络层还需要完成拥塞控制的功能。

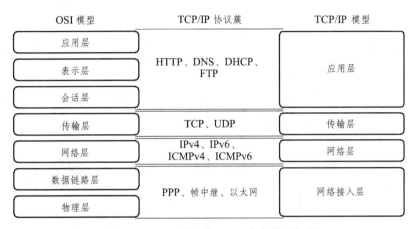

图 4.6　TCP/IP 模型与 OSI 参考模型比较

3. 传输层（Transport Layer）

在 TCP/IP 模型中，传输层的功能是让源端主机和目标端主机上的对等实体可以进行会话。在传输层定义了两种服务质量不同的协议。即：传输控制协议 TCP（Transmission Control Protocol）和用户数据报协议 UDP（User Datagram Protocol）。

TCP 协议是一个面向连接的、可靠的协议。它将一台主机发出的字节流无差错地发往互联网上的其他主机。在发送端，它负责把上层传送下来的字节流分成报文段并传递给下层。在接收端，它负责把收到的报文进行重组后递交给上层。TCP 协议还要处理端到端的流量控制，以避免缓慢接收的接收方没有足够的缓冲区接收发送方发送的大量数据。

UDP 协议是一个不可靠的、无连接协议，主要适用于不需要对报文进行排序和流量控制的场合。

4. 应用层（Application Layer）

TCP/IP 模型将 OSI 参考模型中的会话层和表示层的功能合并到应用层实现。

应用层面向不同的网络应用引入了不同的应用层协议。其中，有基于 TCP 协议的，如文件传输协议（File Transfer Protocol，FTP）、虚拟终端协议（TELNET）、超文本链接协议（Hyper Text Transfer Protocol，HTTP）；也有基于 UDP 协议的，如域名解析协议（Domain Name System，DNS）、动态主机配置协议（Dynamic Host Configuration Protocol，DHCP）。

4.2.5　TCP/IP 核心协议

网络协议是网络上计算机为交换数据所必须遵守的通信规范和消息格式的集合。

TCP/IP（Transmission Control Protocol/Internet Protocol，传输控制协议/互联网协议）实际上是一族协议，不是单一的协议，如图 4.7 所示。TCP/IP 通过 Internet 传输信息。

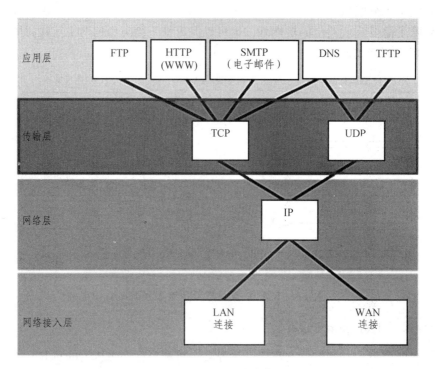

图 4.7　TCP/IP 协议栈

1. TCP 协议（Transmission Control Protocol）——传输控制协议

TCP 协议是传输层协议，是一种面向连接的保证可靠传输的协议。TCP 面向应用层提供可靠的面向对象的数据流传输服务，TCP 数据传输实现了从一个应用程序到另一个应用程序的数据传递。它能提供高可靠性通信（即数据无误、数据无丢失、数据无失序、数据无重复到达的通信），应用程序通过向 TCP 层提交数据接收和发送端的地址和端口号而实现应用层的数据通信。

1）TCP 协议头部

应用程序进程一旦建立 TCP 会话，它便可以跟踪该会话中的对话。由于 TCP 能够跟踪实际对话，它被视为状态协议。状态协议是跟踪通信会话状态的协议。例如，当使用 TCP 传输数据时，发送方期望目标确认收到数据。TCP 跟踪已发送的信息和已确认的信息，如果数据未被确认，发送方会假设数据未到达并重新发送数据。状态会话开始于会话建立时，结束于会话终止时。

TCP 实现这些功能会产生额外的开销。每个 TCP 数据段都有 20 个字节的开销用于在报头中封装应用层数据，如图 4.8 所示。这比 UDP 数据段要高很多，UDP 只有 8 个字节的开销。

（1）TCP 源端口（Source Port）和 TCP 目的端口（Destination Port）。

网络实现的是不同主机的进程间通信。在一个操作系统中，有很多进程，当数据到来时要提交给哪个进程进行处理呢？这就需要用到端口号。在 TCP 头中，有源端口号和目的端口号，分别用 16 个 bit 标识。源端口号标识了发送主机的进程，目标端口号标识接受方主机的进程。像 Web 服务用 80 端口，Ftp 服务用 20、21 端口，Telnet 服务用 23 端口。

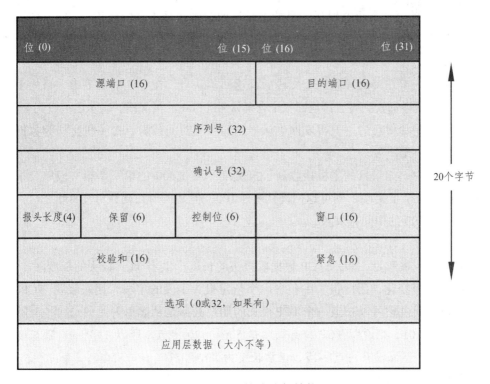

图 4.8　TCP 协议头部结构

（2）序列号（Sequence Number）。

用于标识每个报文段，使目的主机可确认已收到指定报文段中的数据。当源主机用多个报文段发送一个报文时，即使这些报文到达目的主机的顺序不一样，序列号也可以使目的主机按顺序排列它们。

当某个主机开启一个 TCP 会话时，他的初始序列号是随机的，可能是 0～4294967295 之间的任意值，它表示在这个报文段中的第一个数据字节的顺序号，其后数据字节按顺序编号。如果源主机使用同一个连接连续发送另一个报文段，那么这个报文段的序列号等于前一个报文段的序列号与前一个报文段中数据字节的数量之和。例如，假设源主机发送 3 个报文段，每个报文段有 100 字节的数据，且第一个报文段的序列号是 1 000，那么第二个报文段的序列号就是 1 100（1 000 + 100），第三个报文段的序列号就是 1 200（1 100 + 100）。如果序列号增大至最大值，将复位为 0。

（3）确认号（Acknowledgment Number）。

目的主机返回确认号，让源主机知道某个或几个报文段已被接收。如果 ACK 控制位被设置为 1，则该字段有效。确认号等于顺序接收到的最后一个报文段的序号加 1，这也是目的主机希望下次接收的报文段的序号值。返回确认号后，计算机认为已接收到小于该确认号的所有数据。

例如，序列号等于前一个报文段的序列号与前一个报文段中数据字节的数量之和。例如，假设源主机发送 3 个报文段，每个报文段有 100 字节的数据，且第一个报文段的序列号是

1 000，那么接收到第一个报文段后，目的主机返回含确认号 1 100 的报头；接收到第二个报文段（其序号为 1 100）后，目的主机返回确认号 1 200；接收到第三个报文段后，目的主机返回确认号 1 300。

目的主机不一定在每次接收到报文段后都返回确认号。在上面的例子中，目的主机可能等到所有 3 个报文段都收到后，再返回一个含确认号 1 300 的报文段，表示已接收到全部 1 200 字节的数据。但是如果目的主机再发回确认号之前等待时间过长，源主机会认为数据没有到达目的主机，并自动重发。

上面的例子中，如果目的主机接收到了报文段号为 1 000 的第一个报文段以及报文段号为 1 200 的最后一个报文段，则可返回确认号 1 100，但是再返回确认号 1 300 之前，应该等待报文段号为 1 100 的中间报文段。

（4）报文长度（HLEN）。

报文长度也叫偏移量，表示 TCP 数据段报头的长度。由于 TCP 报头的长度随 TCP 选项字段内容的不同而变化，因此报头中包含一个指定报头字段的字段，用来表明 TCP 首部中 32 bit 字的数目。通过它可以知道一个 TCP 报文的用户数据是从哪里开始的。这个字段占 4 bit，如 4 bit 的值是 0101，则说明 TCP 首部长度是 $5 \times 4 = 20$ 字节。所以 TCP 的首部长度最大为 $15 \times 4 = 60$ 字节。然而没有可选字段，正常长度为 20 字节。

（5）保留位（Reserved）。

目前没有使用，此字段留作将来使用，它的值都为 0。

（6）控制位（Code Bits）。

各控制字段含义如下：

URG：报文段紧急。

ACK：确认号有效。

PSH：建议计算机立即将数据交给应用程序。

RST：复位连接。

SYN：进程同步。在握手完成后 SYN 为 1，表示 TCP 建立已连接。此后的所有报文段中，SYN 都被置 0。

FIN：源主机不再有待发送的数据。如果源主机数据发送完毕，将把该连接下要发送的最后一个报文段的报头中的 FIN 位置 1，或将该报文段后面发送的报头中该位置 1。

（7）窗口大小（Window）。

接收端计算机可接收的新数据字节的数量，根据接收缓冲区可用资源的大小，其值随发送的每个报文段而变化。源主机可以利用接收到的窗口值决定下一个报文段的大小，让源端按照目的端可接收的速率发送数据。

（8）校验和（Checksum）。

校验和覆盖了整个的 TCP 报文段：TCP 首部和 TCP 数据。

这是一个强制性的字段，由发端计算和存储，并由接收端进行验证，用于数据段报头和数据的错误检查。

（9）紧急指针（Urgent Pointer）。

指向后面是优先数据的字节，只有当 URG 标志置为 1 时紧急指针才有效。加快处理标识为紧急的数据段。如果 URG 标志没有被设置，紧急域作为填充。

（10）TCP 选项（Option）。

长度不定，但完整的 TCP 报头必须是 32 比特的整数倍，为了达到这一要求，常在 TCP 选项字段的末尾补零。它是为了数学目的而存在，目的是确保空间的可预测性。

2）TCP 三次握手

TCP 是面向连接的，所谓面向连接，就是当计算机双方通信时必须先建立连接，然后进行数据通信，最后拆除连接三个过程。TCP 在建立连接时又分三步（见图 4.9）：

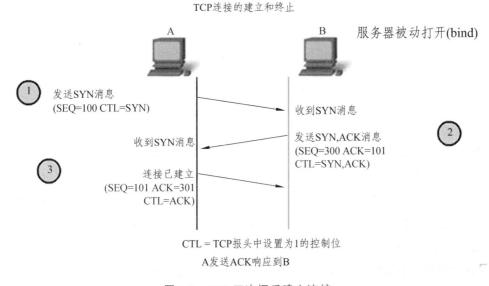

图 4.9　TCP 三次握手建立连接

第一步：主机 A 向主机 B 发送一个包含同步标志的 TCP 报文。

第二步：主机 B 在收到客户端的 SYN 报文后，将返回一个 SYN+ACK（ACK=SEQ+1）的报文，表示主机 A 的请求被接受。

第三步：主机 A 也返回一个确认报文 ACK 给服务器 B，同样 TCP 序列号加 1，至此一个 TCP 连接完成。

3）TCP 四次握手

若要终止 TCP 支持的整个会话过程，需要实施四次交换，以终止两个双向会话。终止的过程可以在任意两台完成会话的主机之间展开。

第一步：当客户端的数据流中没有其他要发送的数据时，它将发送带 FIN 标志设置的数据段。

第二步：服务器发送 ACK 信息，确认收到从客户端发出的请求终止会话的 FIN 信息。

第三步：服务器向客户端发送 FIN 信息，终止从服务器到客户端的会话。

第四步：客户端发送 ACK 响应信息，确认收到从服务器发出的 FIN 信息。

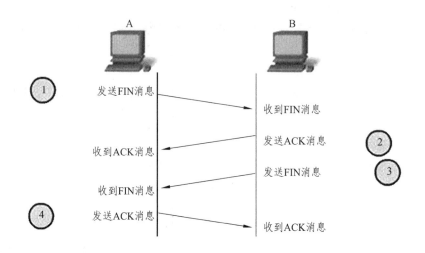

A发送ACK响应到B

图 4.10　TCP 中断连接

2. UDP 协议（User Datagram Protocol）——用户数据报协议

UDP 也是传输层协议，是一种面向无连接的不可靠传输协议，不需要通过三次握手来建立一个连接，同时，一个 UDP 应用可同时作为应用的客户方或服务器方。由于 UDP 协议并不需要建立一个明确的连接，因此建立 UDP 应用要比建立 TCP 应用简单得多。UDP 比 TCP 协议更为高效，也能更好地解决实时性的问题，如今，包括网络视频会议系统在内的众多的 C/S 模式的网络应用都使用 UDP 协议。

UDP 协议的每个数据报在网络上以任何可能的路径传往目的地，因此能否到达目的地，到达目的地的时间以及内容的正确性都是不能被保证的。UDP 协议头部结构如图 4.11 所示。

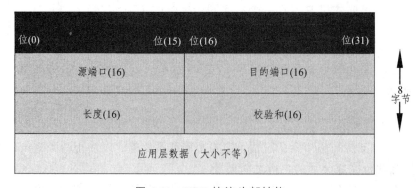

图 4.11　UDP 协议头部结构

3. TCP 与 UDP 协议比较

TCP 协议和 UDP 协议各有所长、各有所短，适用于不同要求的通信环境，如图 4.12 所示。针对不同的应用，选择不同的传输层协议。

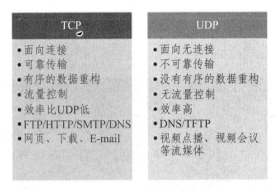

图 4.12　TCP 与 UDP 比较

4. 端口号

1）端口号的作用

为使 TCP 和 UDP 能够同时管理来自不同应用程序或不同进程的会话，基于 TCP 和 UDP 的服务必须跟踪各种应用程序通信。为了区分每个应用程序的数据段和数据报，TCP 和 UDP 协议中都有标识应用程序的唯一报头字段，这些唯一标识符就是端口号。

在每个数据段或数据报的报头中，都含有源端口和目的端口。源端口号是与本地主机上始发应用程序相关联的通信端口号，目的端口号是此通信与远程主机上目的应用程序关联的通信端口号。

（1）源端口号：源端口号由发送方设备随机生成，用于标识两台设备之间的会话。这就使多个会话能够同时发生。换句话说，设备可以同时发送多个 HTTP 服务请求到 Web 服务器。根据源端口号可以跟踪每个单独的会话。

（2）目的端口号：客户端将目的端口号放到数据段内，以此通知目的服务器请求的是什么服务。例如：端口 80 表示 HTTP 或 Web 服务。当客户端在目的端口中指定端口 80 时，接收该消息的服务器就知道请求的是 Web 服务。服务器可同时提供多项服务。例如：服务器在端口 21 上提供建立 FTP 连接的服务，并同时在端口 80 上提供 Web 服务。

2）端口号的分类

TCP 和 UDP 的端口号范围从 0 ~ 65 535，分为公认端口、注册端口和动态或私有端口。

（1）公认端口（端口 0 ~ 1 023）：这些编号用于固定的服务和应用程序。像 HTTP（Web 服务，80 端口）、简单邮件传输协议（SMTP，25 端口）以及 Telnet（23 端口）等应用程序。

（2）注册端口（端口 1 024 ~ 49 151）：这些端口号将分配给用户进程或应用程序。这些进程主要是用户选择安装的一些应用程序，像 Mysql 数据库服务（3 306 端口）。这些端口在没有被服务器资源占用时，可由客户端动态选用为源端口。

（3）动态或私有端口（端口 49 152 ~ 65 535）：也称为临时端口。这些端口往往在客户端开始连接服务时被动态分配给客户端应用程序。动态端口最常用于在通信过程中识别客户端应用程序。

注册端口和动态端口常常被病毒木马程序所利用，如冰河木马默认连接端口是 7 626，可通过查看计算机开放的端口号以判断计算机是否中了木马或病毒。

3）端口状态

可以通过 netstat 命令查看计算机会话的连接情况，端口有 LISTENING、ESTABLISHED、CLOSE_WAIT 和 TIME_WAIT 四个状态，如图 4.13 所示。

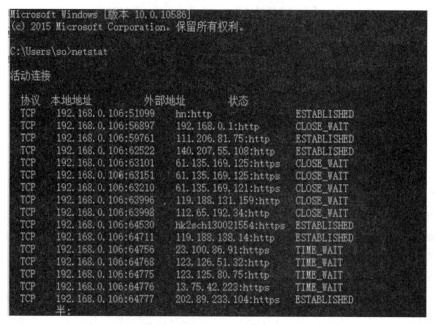

图 4.13　使用 netstat 查看会话连接状态

（1）LISTENING 状态。

FTP 服务启动后首先处于侦听（LISTENING）状态。

（2）ESTABLISHED 状态。

ESTABLISHED 的意思是建立连接，表示两台机器正在通信。

（3）CLOSE_WAIT 状态。

对方主动关闭连接或者网络异常导致连接中断，这时本方的状态会变成 CLOSE_WAIT。

（4）TIME_WAIT 状态。

本方主动断开连接，收到对方确认后状态变为 TIME_WAIT。TIME_WAIT 状态会一直持续两倍的分段最大生存期，以此来确保旧的连接状态不会对新连接产生影响。

5. IP 协议（Internet Protocol）——Internet 协议

IP 是 TCP/IP 协议簇的核心协议。所有的 TCP、UDP、ICMP（Internet 控制报文协议）及 IGMP（Internet 组管理协议）数据都以 IP 数据报格式传输。IP 的责任就是把数据从源传送到目的地。它不负责保证传送可靠性、流控制、包顺序等服务，特点如下：

不可靠（Unreliable）：IP 协议不能保证 IP 数据报能成功地到达目的地。IP 协议仅提供最好的传输服务。如果发生某种错误时，如某个路由器暂时用完了缓冲区，IP 有一个简单的错误处理算法：丢弃该数据报，然后发送 ICMP 消息报给信源端。任何要求的可靠性必须由上层来提供（如 TCP）。

无连接（Connection Less）：IP 协议并不维护任何关于后续数据报的状态信息。每个数据报的处理是相互独立的，这也说明，IP 数据报可以不按发送顺序接收。如果信源向相同的信宿发送两个连续的数据报（先是 A，然后是 B），每个数据报都是独立地进行路由选择，可能选择不同的路线，因此 B 可能在 A 到达之前先到达。

IP 协议有两个版本，分别是 IPv4 和 IPv6。

1）IPv4

在 IPv4 中，每个主机的 IP 地址都是由 32bit（即 4 个字节）组成的。为了便于用户阅读和理解，通常采用"点分十进制表示方法"表示，每个字节为一部分，中间用点号分隔开来。

二进制地址：11000000　10101000　00001010　00001010

点分十进制表示为：192.168.10.10

理论上，IPv4 最多有 43 亿个地址，这几乎可以为地球三分之二的人每人提供一个地址。但事实上，随着 Internet 和物联网的发展，需要分配 IP 的设备越来越多，可用的 IP 地址已经快要用完了。IPv4 地址空间耗尽一直是 IPv4 迁移到 IPv6 的主要原因。

2）IPv6

IPv6 地址长度为 128bit，每 4bit 以一个十六进制数字表示，共 32 个十六进制值，十六进制数值之间用冒号分开，叫作"冒分十六进制表示法"。IPv6 地址不区分大小写，可用大写或小写书写。

IPv6 地址的格式为 x:x:x:x:x:x:x:x，每个"x"均包括 4 个十六进制值。

例如：2001:0DB8:0000:1111:0000:0000:0000:0200

IPv6 地址较长，难以记忆和书写，为了简化，可以进一步简化：

第一步：忽略前导 0，上面的地址可以简化为：

2001:DB8:0:1111:0:0:0:200

第二步：使用双冒号（::）可以替换任何连续由 0 组成的 16 位单个字符串（十六进制数）。但双冒号（::）仅可在每个地址中使用一次，否则可能会得出一个以上的地址。这通常称为压缩格式，上面的地址可以进一步简化为：

2001:DB8:0:1111::200

3）IPv4 迁移到 IPv6

过渡到 IPv6 不是一朝一夕可以完成的。IPv4 和 IPv6 将会共存很长时间。那么如何将网络迁移到 IPv6 呢？可以有三种方式：

双堆栈：双堆栈允许 IPv4 和 IPv6 在同一网络中共存。双堆栈设备同时运行 IPv4 和 IPv6 协议栈。

隧道：隧道是在 IPv4 网络中传输 IPv6 数据包的一种方法。IPv6 数据包与其他类型数据类似，也封装在 IPv4 数据包中。

转换：网络地址转换 64（NAT64）允许支持 IPv6 的设备使用与 IPv4NAT 类似的方法与支持 IPv4 的设备通信。IPv6 数据包转换为 IPv4 数据包，反之亦然。

4.2.6 Socket（套接字）通信原理

1. 网络中进程之间如何通信

网络应用程序之间是如何通信的，如 QQ、微信，还有一些 C/S（客户端/服务器）架构的应用程序，是否需要我们手工的去封装需要传输的数据呢？

其实 TCP/IP 协议簇已经帮我们解决了这个问题，网络层的"IP 地址"可以唯一标识网络中的主机，而传输层的"协议+端口"可以唯一标识主机中的应用程序（进程）。这样利用三元组（IP 地址，协议，端口）就可以标识网络的进程了，网络中的进程通信就可以利用这个标志与其他进程进行交互。

2. 什么是 Socket

为了能够方便的开发网络应用程序，美国伯克利大学在 Unix 系统上推出了一种应用程序访问通信协议的操作系统调用 Socket。通过 Socket，程序员可以很方便地访问 TCP/IP，从而开发各种网络应用程序。

随着 Unix 的应用推广，Socket 在编写网络应用程序中得到了极大的普及。后来，Socket 又被引进了 Windows 等操作系统，成为开发网络应用程序非常有效快捷的工具。

那么到底什么是 Socket 呢？Socket 是在应用层和传输层之间的一个抽象层，它把 TCP/IP 层复杂的操作抽象为几个简单的接口供应用层调用，实现进程在网络中通信，如图 4.14 所示。

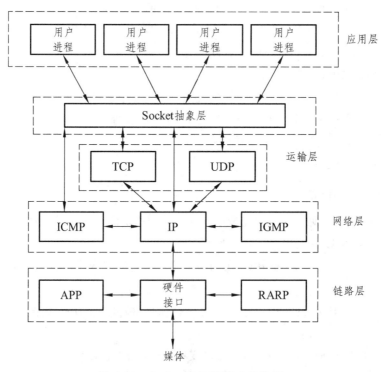

图 4.14 Socket 在协议栈中的位置

3. Socket 通信流程

Socket 是通过"打开→读/写→关闭"模式实现的，以使用 TCP 协议通信的 Socket 为例，通信流程如图 4.15 所示。

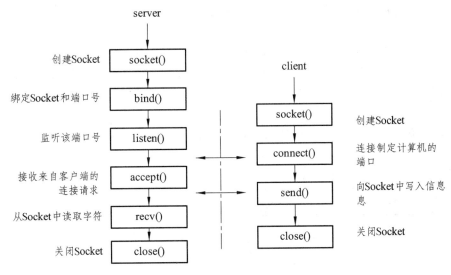

图 4.15　Socket 通信流程

1）服务器端程序 Socket 通信流程

服务器根据地址类型（ipv4，ipv6）、Socket 类型、协议创建 Socke。

服务器为 Socket 绑定 IP 地址和端口号。

服务器 Socket 监听端口号请求，随时准备接收客户端发来的连接,这时候服务器的 Socket 并没有被打开（listen）。

服务器 Socket 接收到客户端 Socket 请求，被动打开，开始接收客户端请求，直到客户端返回连接信息。这时候 Socket 进入阻塞状态，所谓阻塞即 accept()方法一直到客户端返回连接信息后才返回，开始接收下一个客户端谅解请求。

用返回的套接字和客户端进行通信（send/recv）。

返回，等待另一客户请求。

关闭 Socket。

2）客户端程序 Socket 通信流程

客户端创建 Socket。

客户端打开 Socket，根据服务器 IP 地址和端口号试图连接服务器 Socket（connect）。

客户端连接成功，向服务器发送连接状态信息。

和服务器端进行通信（send/recv）。

关闭 Socket。

4.3　项目实施

任务 1　Windows 下基于 TCP 的 Socket 编程

该应用程序是在 VS2010 开发环境下由采用 C 语言开发实现的。

服务器端在 1 000 端口上监听（此处服务器 IP 用的是回送地址，127.0.0.1）。客户机向服务器发送任意一串字符，服务器收到后，向客户机发回该字符串中的字符个数。当客户机发送"bye"时，通信结束。

服务器端和客户端基于 TCP 协议的 Socket 通信过程如图 4.16 所示。

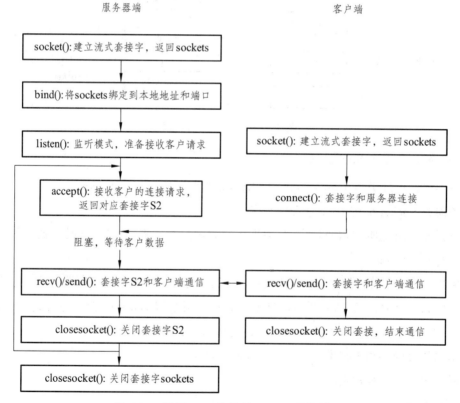

图 4.16　基于 TCP 协议的 Socket 通信过程

1. 服务器端程序

```
1    #include <stdio.h>
2    #include <stdlib.h>
3    #include <winsock.h>
4    #pragma comment(lib,"Ws2_32")
5    #define MYPORT 1000    /*定义用户连接端口*/
6    #define BACKLOG 10     /*定义等待连接控制的数量*/
7    #define MAXDATASIZE 100
```

```
8     int main()
9     {
10        int sockfd, new_fd;                    /*定义套接字*/
11        struct sockaddr_in my_addr;            /*本地地址信息 */
12        struct sockaddr_in their_addr;         /*连接者地址信息*/
13        int sin_size,numbytes;
14        char msg[10],buf[MAXDATASIZE];
15        WSADATA ws;
16        WSAStartup(MAKEWORD(2,2),&ws);         //初始化Windows Socket Dll
17        //建立socket
18        if ((sockfd = socket(AF_INET, SOCK_STREAM, 0)) == -1)
19        {
20            //如果建立socket失败，退出程序
21            printf("socket error\n");
22            exit(1);
23        }
24        //bind本机的MYPORT端口
25        my_addr.sin_family = AF_INET;           /* 协议类型是INET   */
26        my_addr.sin_port = htons(MYPORT);       /* 绑定MYPORT端口*/
27        my_addr.sin_addr.s_addr = INADDR_ANY;   /* 本机IP*/
28        if (bind(sockfd, (struct sockaddr *)&my_addr, sizeof(struct sockaddr))== -1)
29        {
30            //bind失败，退出程序
31            printf("bind error\n");
32            closesocket(sockfd);
33            exit(1);
34        }
35
36        //listen，监听端口
37        if (listen(sockfd, BACKLOG) == -1)
38        {
39            //listen失败，退出程序
40            printf("listen error\n");
41            closesocket(sockfd);
42            exit(1);
43        }
44        printf("listen...");
45        //等待客户端连接
46        sin_size = sizeof(struct sockaddr_in);
47        if ((new_fd = accept(sockfd, (struct sockaddr *)&their_addr, &sin_size)) == -1)
48        {
49            printf("accept error\n");
50            closesocket(sockfd);
51            exit(1);
52        }
53        printf("\naccept!\n");
```

```
55          while(1)
56          {
57
58              if((numbytes=recv(new_fd, buf, MAXDATASIZE, 0)) == -1)
59                  continue;
60
61              if(!strcmp(buf,"bye"))
62              {
63                  //成功，关闭套接字
64                  closesocket(sockfd);
65                  closesocket(new_fd);
66                  return 0;
67              }
68              printf("%s %d\n",buf,strlen(buf));
69              sprintf(msg,"%d",strlen(buf));
70              if (send(new_fd,msg,MAXDATASIZE, 0) == -1)
71              {
72                  printf("send ERRO");
73                  closesocket(sockfd);
74                  closesocket(new_fd);
75                  return 0;
76              }
77          }
78      }
```

上述代码除了包含标准输入输出头文件和标准库头文件，第 3 行包含的头文件内容是网络编程 Socket 相关部分 API，第 4 行是链接 API 相关联的 Ws2_32.lib 静态库。

第 15 行是 Winsock 库版本的相关信息。

第 16 行是加载 Winsock 库并确定 Winsock 版本，系统会把数据填入 ws 中。

第 25 ~ 27 行是对本服务器端端口的设置，其中 INADDR_ANY 是指定地址为 0.0.0.0 的地址，也即"不确定地址"或"任意地址"。

（1）创建套接字（Socket）。

第 18 行，sockfd = Socket(AF_INET，SOCK_STREAM，0)；表示生成一个 TCP 的 Socket，采用 Internet 通信协议、流套接字类型；若创建失败，返回-1。

其中，AF_INET 表示采用 TCP/IP 协议族，SOCK_STREAM 表示采用 TCP 协议，0 是常用的默认设置。

（2）将套接字绑定到一个本地地址和端口上（bind）。

第 28 行，bind（sockfd，（struct sockaddr *）&my_addr，sizeof（struct sockaddr））；   表示套接字和服务器上的某端口绑定；若绑定失败，返回-1。

（3）将套接字设为监听模式，准备接收客户请求（listen）。

第 37 行，listen（sockfd，BACKLOG）；表示服务器监听一个端口，直至客户到来；若发生错误，则返回-1。其中，BACKLOG 是允许连接的数目。

（4）等待客户请求到来。当请求到来后，接受连接请求，返回一个新的对应于此次连接的套接字（accept）。

第 47 行，new_fd = accept（sockfd，（struct sockaddr *）&their_addr，&sin_size）；表示

服务器接受客户端的连接请求，并返回一个新的套接字，之后服务器的数据传输就使用新套接字。如有错误，返回 – 1。

（5）用返回的套接字和客户端进行通信（send/recv）。

recv（new_fd，buf，MAXDATASIZE，0）；

send（new_fd，msg，MAXDATASIZE，0）；

（6）返回，等待另一客户请求。

（7）关闭套接字。

closeSocket（sockfd）；

closeSocket（new_fd）；

2. 客户端程序

（1）创建套接字（Socket）。sockfd = Socket（AF_INET，SOCK_STREAM，0）；

（2）向服务器发出连接请求（Connect）。connect（sockfd，（struct sockaddr * ）&their_addr，sizeof（struct sockaddr））；表示客户端连接服务器监听的端口。

（3）和服务器端进行通信（send/recv）。

send（sockfd，msg，MAXDATASIZE，0）；

recv（sockfd，buf，MAXDATASIZE，0）；

（4）关闭套接字。closeSocket（sockfd）；

```
1    #include <stdio.h>
2    #include <stdlib.h>
3    #include <winsock.h>
4    #pragma comment(lib,"Ws2_32")
5
6    #define PORT 1000
7    #define MAXDATASIZE 100
8    int main()
9    {
10       int sockfd, numbytes;
11       char buf[MAXDATASIZE];
12       char msg[MAXDATASIZE];
13       char *argv="127.0.0.1";
14       struct sockaddr_in their_addr;          /* 对方的地址端口信息 */
15
16       WSADATA ws;
17       WSAStartup(MAKEWORD(2,2),&ws);           //初始化Windows Socket Dll
18       if ((sockfd = socket(AF_INET, SOCK_STREAM, 0)) == -1)
19       {
20           //如果建立socket失败，退出程序
21           printf("socket error\n");
22           exit(1);
23       }
24
25       //连接对方
26       their_addr.sin_family = AF_INET;                /* 协议类型是INET */
27       their_addr.sin_port = htons(PORT);              /* 连接对方PORT端口 */
28       their_addr.sin_addr.s_addr = inet_addr(argv);   /* 连接对方的IP */
29       if (connect(sockfd, (struct sockaddr *)&their_addr,sizeof(struct sockaddr)) == -1)
30       {
31           //如果连接失败，退出程序
32           printf("connet error\n");
33           closesocket(sockfd);
34           exit(1);
35       }
```

```
36
37      while(1)
38      {
39          scanf("%s",msg);
40          //发送数据
41          if (send(sockfd, msg, MAXDATASIZE, 0) == -1)
42          {
43              printf("send error");
44              closesocket(sockfd);
45              exit(1);
46          }
47
48          //接收数据，并打印出来
49          if ((numbytes=recv(sockfd, buf, MAXDATASIZE, 0)) == -1)
50          {
51              //接收数据失败，退出程序
52              printf("recv error\n");
53              closesocket(sockfd);
54              exit(1);
55          }
56          buf[numbytes] = '\0';
57          printf("Received: %s\n",buf);
58      }
59      closesocket(sockfd);
60      return 0;
61  }
```

打开 VS2010，创建空项目。依次点击"文件"→"新建"→"项目"→"Win32 控制台应用程序"，输入工程名"TCP_Server.c"，如图 4.17 所示。

图 4.17   创建工程

点击"确定"→"下一步"，在弹出的窗口中选中"空项目"，再点击"完成"，如图 4.18
所示。

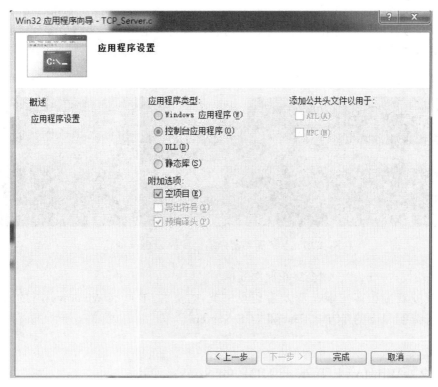

图 4.18　创建空项目

成功创建服务器项目后，右击左侧栏的"源文件"，选择"添加"→"新建项"，添加源
文件（此处为 TCP_Server.c）。编写服务器端程序，点击"调试"→"生成解决方案"，或者
直接用快捷键 F7；若成功生成解决方案，用快捷键 Ctrl+F5 运行程序，如图 4.19 所示。

图 4.19　运行程序

重复上述步骤，创建客户端的空项目，并添加新建源文件"TCP_Client.c"，编写客户端程序并成功生成解决方案后，运行程序。此时，服务器端的窗口显示"accept!"，表明客户端和服务器连接成功，二者可以进行数据传输。如客户端发送"www.iotsk.com"，服务器端窗口会显示接收到的该消息和消息长度，同时客户端窗口也接收到来自服务器返回的接收消息长度，具体如图 4.20 所示。

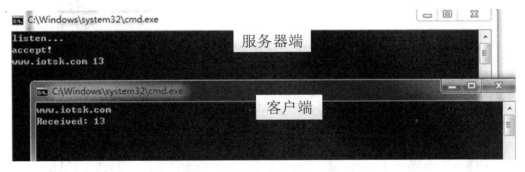

图 4.20　服务器和客户端之间的 Socket 通信

若客户端发送"bye"，则会终止此次通信。

注：服务器端和客户端工程及源码见"光盘/资源/项目 4/Windows 下的 TCP 通信/TCP_Project"目录下的 TCP_Client 和 TCP_Server。

任务 2　Windows 下基于 UDP 的 Socket 编程

UDP 服务器（此处服务器 IP 依然用回送地址，127.0.0.1）在 1 000 端口上接收任意客户的 UDP 数据报。当客户机向服务器发送任意的字符串，服务器收到后，向客户机发回该字符串中的字符个数。当客户机发送"再见"时，通信结束。

服务器端和客户端基于 UDP 协议的通信过程如图 4.21 所示。

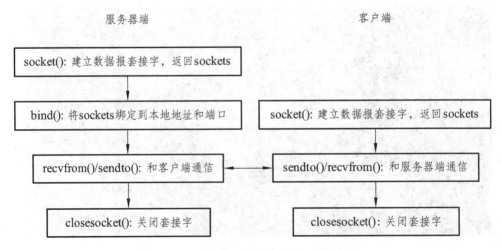

图 4.21　Windows 下的 UDP 通信过程

1. 服务器端程序

```
1     #include <stdio.h>
2     #include <stdlib.h>
3     #include <winsock.h>    //包含winsock这个头文件，内容是网络编程socket相关部分API
4     #pragma comment(lib,"Ws2_32")    //这是链接API相关连的Ws2_32.lib静态库
5     #define MYPORT 1000   /*定义用户连接端口*/
6     #define BACKLOG 10   /*多少等待连接控制*/
7     #define MAXDATASIZE 100

8     int main()
9     {
10        int sockfd, new_fd;                    /*定义套接字*/
11        struct sockaddr_in my_addr;            /*本地地址信息 */
12        struct sockaddr_in their_addr;         /*连接者地址信息*/
13        int sin_size,numbytes;
14        char msg[10],buf[MAXDATASIZE],receivebuf[MAXDATASIZE];
15        WSADATA ws;
16        WSAStartup(MAKEWORD(2,2),&ws);         //初始化Windows Socket Dll
17        //建立socket

18        if ((sockfd = socket(AF_INET, SOCK_DGRAM, 0)) == -1)
19        {
20            //如果建立socket失败，退出程序
21            printf("socket error\n");
22            exit(1);
23        }

24        //bind本机的MYPORT端口
25        my_addr.sin_family = AF_INET;          /* 协议类型是INET  */
26        my_addr.sin_port = htons(MYPORT);      /* 绑定MYPORT端口*/
27        my_addr.sin_addr.s_addr = INADDR_ANY;  /* 本机IP*/
28        if (bind(sockfd, (struct sockaddr *)&my_addr, sizeof(struct sockaddr))== -1)
29        {
30            //bind失败，退出程序
31            printf("bind error\n");
32            closesocket(sockfd);
33            exit(1);
34        }
35        printf ("UDP Server has been ready to receive......\n");
36
37        while(1)
38        {
39            sin_size = sizeof(struct sockaddr_in);
40            numbytes = recvfrom(sockfd, buf, MAXDATASIZE, 0, (struct sockaddr *)&their_addr, &sin_size);
41            if(numbytes == -1)
42                continue;
43
44            if(!strcmp(buf,"bye"))
45            {
46                //成功，关闭套接字
47                closesocket(sockfd);
48                return 0;
49            }
50            printf("%s %d\n",buf,strlen(buf));
51            sprintf(msg,"%d",strlen(buf));
52            if (sendto(sockfd, msg, MAXDATASIZE, 0, (struct sockaddr *)&their_addr, sin_size) == -1)
53            {
54                printf("send ERRO");
55                closesocket(sockfd);
56                return 0;
57            }
58        }
59    }
```

基于 UDP 协议通信的 Socket 服务器端程序说明如下：

（1）创建套接字（Socket）。

第 18 行，sockfd = Socket(AF_INET, SOCK_DGRAM, 0)；表示创建一个 UDP 的 Socket，采用 Internet 通信协议、数据报套接字类型；若创建失败，返回 − 1。

（2）将套接字绑定到一个本地地址和端口上（bind）。

第 28 行，bind（sockfd，（struct sockaddr *) &my_addr，sizeof（struct sockaddr))；表示套接字和服务器上的某端口绑定；若绑定失败，返回-1。

（3）接收数据（recvfrom）和发送数据（sendto）。

第 40 行，recvfrom（sockfd，buf，MAXDATASIZE，0，（struct sockaddr *) &their_addr，&sin_size)；表示无需和客户端的握手，直接接收客户端数据，包括接收对端的地址信息。

第 52 行，sendto（sockfd，msg，MAXDATASIZE，0，（struct sockaddr *) &server_addr，sin_size)；表示发送数据和地址映射（IP 地址和端口号）。

（4）关闭套接字。

若收到"bye"，或者发送有误，都关闭套接字，closeSocket（sockfd)；

2. 客户端程序

```
1  #include <stdio.h>
2  #include <stdlib.h>
3  #include <winsock.h>
4  #pragma comment(lib,"Ws2_32")
5  #define PORT 1000                          /* 客户机连接远程主机的端口 */
6  #define MAXDATASIZE 100                    /* 每次可以接收的最大字节 */
7  int main()
8  {
9      int sockfd, numbytes;
10     char buf[MAXDATASIZE];
11     char msg[MAXDATASIZE];
12     char *argv="192.168.0.87";
13     struct sockaddr_in server_addr;        /* 对方的地址端口信息 */
14     WSADATA ws;
15     WSAStartup(MAKEWORD(2,2),&ws);         //初始化Windows Socket D11
16     if ((sockfd = socket(AF_INET, SOCK_DGRAM, 0)) == -1)
17     {
18         //如果建立socket失败，退出程序
19         printf("socket error\n");
20         exit(1);
21     }
22     //连接对方
23     server_addr.sin_family = AF_INET;                /* 协议类型是INET   */
24     server_addr.sin_port = htons(PORT);              /* 连接对方PORT端口 */
25     server_addr.sin_addr.s_addr = inet_addr(argv);   /* 连接对方的IP */
26     printf("Now we can input something……\n");
```

```
27        while(1)
28        {
29            int sin_size = sizeof(struct sockaddr_in);
30            scanf("%s",msg);
31            //发送数据
32            if (sendto(sockfd, msg, MAXDATASIZE, 0, (struct sockaddr *)
               &server_addr, sin_size)  == -1)
33            {
34                printf("send error");
35                closesocket(sockfd);
36                exit(1);
37            }
38            //接收数据，并打印出来
39            if ((numbytes=recvfrom(sockfd, buf, MAXDATASIZE, 0, (struct sockaddr *)
               &server_addr, &sin_size)) == -1)
40            {
41                //接收数据失败，退出程序
42                printf("recv error\n");
43                closesocket(sockfd);
44                exit(1);
45            }
46            buf[numbytes] = '\0';
47            printf("Received: %s\n",buf);
48        }
49        closesocket(sockfd);
50        return 0;
51    }
```

客户端程序说明如下：

（1）创建套接字（Socket）。

sockfd = Socket（AF_INET，SOCK_STREAM，0）；

（2）向服务器发送数据（Sendto）。

sendto（sockfd，msg，MAXDATASIZE，0，（struct sockaddr *）&server_addr，sin_size）；表示发送数据和地址映射（IP 地址和端口号）

（3）关闭套接字。

closeSocket（sockfd）；

在 VS2010 开发环境下，新建项目，命名为"UDP_Server"，并在项目中添加源文件"UDP_Server.c"，编写服务器端程序并成功生成解决方案，运行程序，弹出的窗口显示服务器处于准备接收状态，如图 4.22 所示。

图 4.22　运行服务器端程序

重复上述步骤，在 VS2010 开发环境下，创建客户端项目，并添加源文件"UDP_Client.c"，编写客户端程序并成功生成解决方案后，运行程序，在弹出窗口中发送信息，如"SKZH2016better"，服务器端窗口会显示接收到的该消息和消息长度，同时客户端窗口也接收到来自服务器返回的接收消息长度，具体如图 4.23 所示。

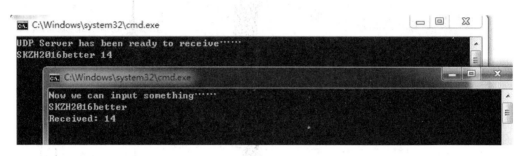

图 4.23　服务器端和客户端通过 UDP 协议进行通信

若客户端发送"bye"，则会终止此次通信。

注：服务器端和客户端工程及源码见"光盘/资源/项目 4/Windows 下的 UDP 通信/UDP_Project"目录下的 UDP_Client 和 UDP_Server。

任务 3　通信协议解析

智能环卫监管系统车载终端向服务器端传送数据的指令格式如表 4.2 所示。

表 4.2　智能环卫监管系统通信协议

格式	长度（字节）	值	说明
帧头	2	EE EE	报文帧头，一个数据帧的开始
设备 ID	4	11 22 33 44	车载终端唯一的 4 字节 ID 号
指令类型	1	XX	指令类型代码
数据长度	1	XX	1 字节报文数据包长度，代表数据域的字节数
数据域	Len 长度		内容为报文的发送的数据，长度为 len，变长
校验	1	累加和（Sum）	从设备 ID 开始到数据域结束所有字节的和校验
帧尾	2	FF FF	报文帧尾，一个数据帧的结束

其中，设备 ID 是车载终端唯一 4 字节的 ID 号；数据域均为 4 字节长度。指令类型有心跳指令（AA）、GPS 指令（0x01）、RFID（0x02）、温湿度传感器（0x03）、烟雾传感器（0x04）、热释电传感器指令（0x05）、OBD 车辆实时数据流（0x06）。

心跳指令是车载终端周期性上传的数据包，主要是服务器用于确定车载终端是否在线。心跳指令包不是服务器判断网关是否在线的唯一标准，若服务器在周期内没有接收到心跳包，但接收到其他数据包，也认为车载终端在线。心跳指令格式如表 4.3 所示。

表 4.3　心跳指令格式

帧头	EE EE
设备 ID	11 22 33 44
指令类型	AA
数据长度	04
数据域	00 00 00 00
校验	累加和
帧尾	FF FF

GPS 指令是车载终端向服务器上传 GPS 模块获取的数据，数据包括经纬度、实时速度、航向等信息。数据域的数据为字符串，各个数据之间用"；"分隔，数据段 1～4 分别表述纬度、精度、实时速度和航向，如表 4.4 所示。

表 4.4　GPS 指令格式

帧头	EE EE
设备 ID	11 22 33 44
指令类型	01
数据长度	50
数据域	$GPRMC 格式字符串
校验	累加和
帧尾	FF FF

RFID 指令是车载终端通过 RFID 读卡器获取射频标签的 EPC 号，并将 EPC 号上传到服务器。数据域的数据为 8 字节长度的 Hex 编码，代表 RFID 射频标签 EPC 号，如表 4.5 所示。

表 4.5　RFID 指令格式

帧头	EE EE
设备 ID	11 22 33 44
指令类型	02
数据长度	08
数据域	RFID　EPC 编码
校验	累加和
帧尾	FF FF

温湿度指令是将车载终端采集的车厢内的温度、湿度、光照强度信息上传到服务器。数据域的数据是 6 字节长度的 Hex 码，字节 1～6 分别表示温度值高位字节、温度值低位字节、湿度值高位字节、湿度值低位字节、光照值高位字节和光照值低位字节，如表 4.6 所示。

表 4.6　温湿度传感器指令格式

帧头	EE EE
设备 ID	11 22 33 44
指令类型	03
数据长度	06

续表

帧头	EE EE
数据域	XH:温度值高 8 位
	XL:温度值低 8 位
	YH:湿度值高 8 位
	YL:湿度值低 8 位
	GH:光强度高 8 位
	GL:光强度低 8 位
校验	累加和
帧尾	FF FF

温度值（℃）：高字节×256+低字节；

湿度值（%）=高字节×256+低字节；

光照值（Lx）=（高字节×256+低字节）×3 012.9/（32 768×4）。

烟雾指令是车载终端获取车厢内是否有烟雾存在，并上传到服务器。数据域为 1 字节长度的 Hex 码，可取值 0x00（无烟雾）、0x01（有烟雾），如表 4.7 所示。

表 4.7 烟雾传感器指令格式

帧头	EE EE
设备 ID	11 22 33 44
指令类型	04
数据长度	01
数据域	00：无烟
	01：有烟
校验	累加和
帧尾	FF FF

热释电传感器指令主要检测车辆在运输过程中，车厢内是否有人员非法侵入，并将报警信息上传到服务器。数据域为 1 字节长度的 Hex 码，可取值 0x00（无人员侵入）、0x01（有人员侵入），如表 4.8 所示。

表 4.8 热释电传感器指令格式

帧头	EE EE
设备 ID	11 22 33 44
指令类型	05
数据长度	01
数据域	00：无人员侵入
	01：有人员侵入
校验	累加和
帧尾	FF FF

OBD 车辆实时数据流指令是上传车辆实时数据流，数据流包含车辆瞬时油耗、平均油耗、本次行驶里程、总里程、本次油耗、累计油耗等信息，上传频率 1 Hz。数据域为 OBD 模块获取的 6 字节长度的字符串数据，各个数据之间用"；"隔开，数据段 1～6 分别表示瞬时油耗、平均油耗、本次行驶里程、总里程、本次油耗和累计油耗，如表 4.9 所示。

表 4.9　OBD 车辆实时数据流指令

帧头	EE EE
设备 ID	11 22 33 44
指令类型	06
数据长度	06
数据域	OBD 模块数据
校验	累加和
帧尾	FF FF

通过 TCP 协议建立 Socket 通信，客户端手动发送烟雾传感器指令（EEEE11223344040100AFFFFF，输入时注意不要有空格），其中 EEEE 为帧头即一个数据帧的开始，11223344 为设备 ID（也是车载终端唯一的 4 字节 ID 号），04 为指令类型即烟雾传感器指令，01 为数据长度即 1 个字节，00 为数据即无烟雾，AF 为校验和即从设备 ID 开始到数据域结束所有字节的和，FFFF 为帧尾即一个数据帧的结束。服务器端会收到客户端发送来的信息，并将收到的字符数返回给客户端，如图 4.24 所示。

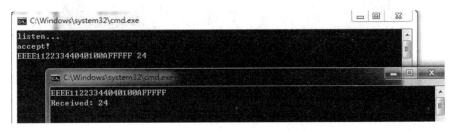

图 4.24　服务器端和客户端的 TCP 通信

通过 UDP 协议建立 Socket 通信，仍以烟雾传感器指令为例，客户端手动发送烟雾传感器指令（EEEE11223344040100AFFFFF），服务器端会收到客户端发送来的信息，并将收到的字符数返回给客户端，如图 4.25 所示。

图 4.25　服务器端和客户端的 UDP 通信

4.4 项目实训——Socket 网络通信协议指令解析

打开"光盘/资源/项目 4/TCP 通信解析通信协议/TCP_Project-Analysis/TCP_Server"目录下的工程,利用快捷键"Ctrl+F5"运行 Server 端程序;再打开"光盘/资源/项目 4/TCP 通信解析通信协议/TCP_Project-Analysis/TCP_Client"目录下的工程,利用快捷键"Ctrl+F5"运行客户端程序。当然,也可直接运行可执行程序 TCP_Server.exe 和 TCP_Client.exe。

为测试方便,服务器端设置了固定可识别的传感指令,包括烟雾传感器指令和热释电红外传感器指令。按照智能环卫监管系统通信协议格式,在客户端窗口输入有烟雾指令"EEEE11223344040101B0FFFF"、无烟雾指令"EEEE11223344040100AFFFFF",服务器端会向客户端返回接收到的字符个数,并对接收到的信息做解析,如图 4.26 所示。以无烟雾指令为例,"EEEE"为帧头,"11223344"为设备 ID,"04"是指令类型(烟雾传感器指令),"01"为数据长度,"00"为数据域(无烟雾),"AF"为从设备 ID 开始到数据域结束的累加校验和,"FFFF"为帧尾。

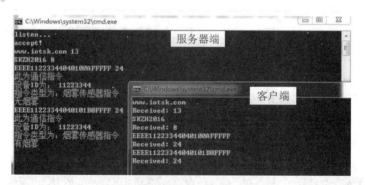

图 4.26 烟雾传感器指令解析

分别打开"光盘/资源/项目 4/UDP 通信解析通信协议/UDP_Project-Analysis/UDP_Client/Debug"下的 UDP_Client.exe 和"光盘/资源/项目 4/UDP 通信解析通信协议/UDP_Project-Analysis/UDP_Server/Debug"下的 UDP_Server.exe,按照智能环卫监管系统通信协议格式,在客户端窗口输入热释电传感器指令(无人指令)"EEEE11223344050100B0FFFF"、热释电传感器指令(有人指令)"EEEE11223344050101B1FFFF",服务器端会向客户端返回接收到的字符个数,并对接收到的信息做解析,如图 4.27 所示。以有人指令为例,"EEEE"为帧头,"11223344"为设备 ID,"05"是指令类型(热释电传感器指令),"01"为数据长度,"00"为数据域(无烟雾),"AF"为从设备 ID 开始到数据域结束的累加校验和,"FFFF"为帧尾。

图 4.27 热释电红外传感器指令解析

思考与练习

一、选择题

1. 关于传输控制协议 TCP，描述正确的是（　　　）。

　　A. 面向连接的协议，不提供可靠的数据传输

　　B. 面向连接的协议，提供可靠的数据传输

　　C. 面向无连接的服务，提供可靠数据的传输

　　D. 面向无连接的服务，不提供可靠的数据传输

2. 逻辑地址 202.112.108.158，用 IPV4 二进制表示 32 位地址正确的是（　　　）。

　　A. 11001010　　　　01110000　　　　01101100　　　　10011110

　　B. 10111101　　　　01101100　　　　01101100　　　　10011001

　　C. 10110011　　　　11001110　　　　10010001　　　　00110110

　　D. 01110111　　　　01111100　　　　01110111　　　　01110110

3. SOCKET 编程中的全相关是指（　　　）。

　　A. 源 IP、目的 IP、源端口号、目的端口号

　　B. 源 IP、目的 IP

　　C. 源端口号、目的端口号、源 IP、目的 IP、协议

　　D. IP 地址、端口号

4. TELNET 通过 TCP/IP 协议模块在客户机和远程登录服务器之间建立一个（　　　）。

　　A. UDP　　　　　　　　　　　　　B. ARP

　　C. TCP　　　　　　　　　　　　　D. ICMP

5. 套接字是指下列哪几项的组合？（　　　）

　　A. IP 地址和协议号　　　　　　　　　B. IP 地址和端口号

　　C. 端 UI 号与协议号　　　　　　　　D. 源端口号与目的端口号

6. 下列关于 OSI 分层的描述，哪项是不正确的？（　　　）

　　A. 较低的层为较高的层提供服务

　　B. 减少复杂性，更容易编程实现

　　C. 通过各层的标准化接口，互操作性强，并利于多厂家产品竞争

　　D. 减少数据通信的开销，提高效率

7. OSI 中的数据链路层的 PDU 是（　　　）。

　　A. 分段，即 segment　　　　　　　B. 帧，即 frame

　　C. 分组，即 packet　　　　　　　　D. 数据报，即 datagram

二、简答题

1. 传输层提供哪两类传输服务？在 TCP/IP 中分别对应哪个协议？

2. OSI 参考模型是分层，回答分哪几层？并简述各层作用。

3. Socket 网络编程通过调用一系列 Socket API 函数实现，了解这些函数的作用和基本调用流程是进行网络编程的基本前提。请说明在面向连接的套接字网络通信程序设计中，客户端和服务器端 Socket 函数的基本调用流程图。

三、编程题

请根据所学查阅相关资料，用 C#语言完成基于 Socket 网络通信程序，程序主界面如图 4.28 所示（可自行设计）。

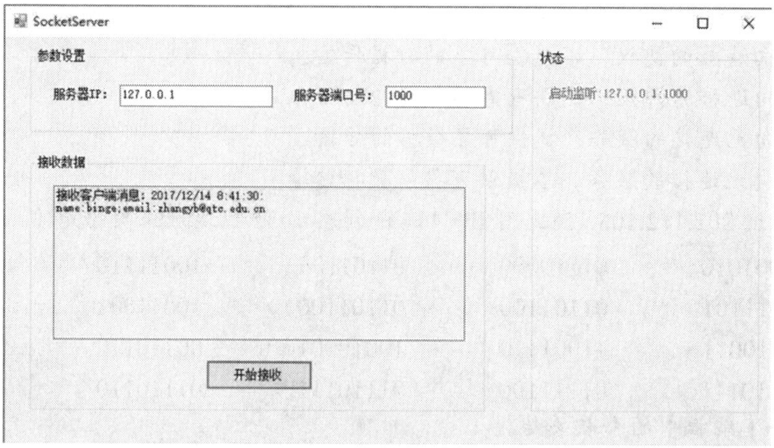

（a）服务器端

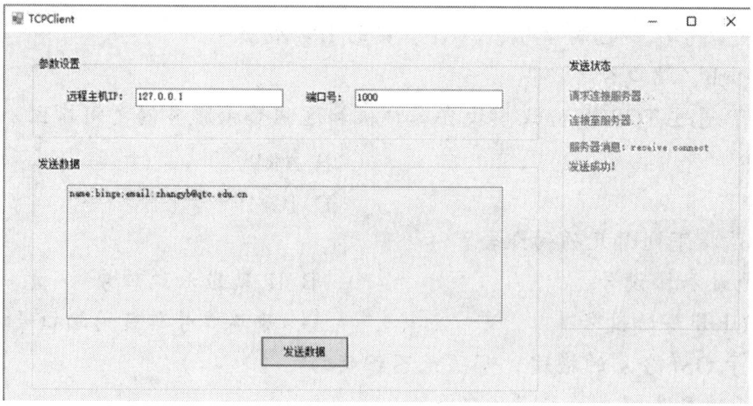

（b）客户端

图 4.28　程序主界面

项目 5　GPS 车辆智能跟踪管理子系统设计与实施

5.1　项目描述

本子系统是利用 GPS 模块对车辆当前位置定位，获取 GPS 数据，并对数据进行解析和上传。GPS 数据解析是指在网关处解析 GPS 模块发送的数据包，从数据包中获取经纬度、速度、当前时间、方位角等信息。成功解析后，根据用户设置的时间间隔周期性上传数据，并将解析数据通过网络上传到服务器。

5.2　项目知识储备

5.2.1　卫星通信

卫星通信是利用人造地球卫星作为中继站来转发无线电波的通信，自 20 世纪 90 年代以来，卫星移动通信的迅猛发展推动了天线技术的进步如图 5.1 所示。卫星通信具有覆盖范围广、通信容量大、传输质量好、组网方便、迅速、便于实现全球无缝链接等众多优点，被认为是建立全球个人通信必不可少的一种重要手段。

卫星通信看似很遥远，其实与我们的生活息息相关。通信卫星为我们传递电视、电话信号；人类依赖气象卫星对地球上的风、云、雨以及森林火灾进行监测，是预报天气的依据；地球资源卫星获取地球的地理信息，在测绘、勘探等方面起到重要作用；侦察卫星可时刻监视地面军事部队的调动、集结及各种军事设施的变化；导航卫星可以为全球汽车、船舶、飞机、各种终端设备等进行定位、导航。在卫星通信中，民用上使用最多的就是 GPS 导航和定位。

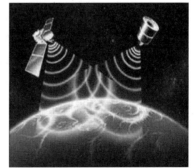

图 5.1　卫星通信示意图

1. 卫星通信的概念

卫星通信是利用人造地球卫星作为中继站转发或反射无线电信号，在两个或多个地球站之间进行的通信如图 5.2 所示。卫星通信工作在微波频段。

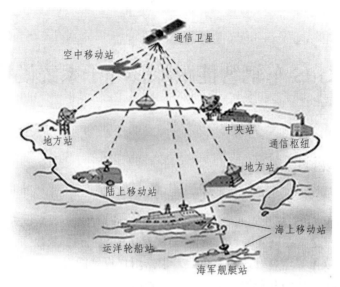

图 5.2　卫星地面站

2. 卫星通信系统的组成

卫星通信系统主要由空间分系统、通信地球站分系统、跟踪遥测及指令分系统和监控管理分系统四大功能部分组成，如图 5.3 所示。

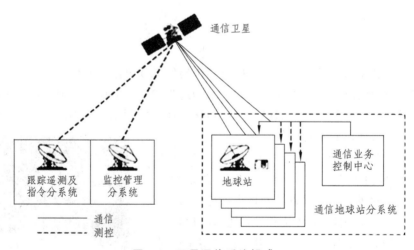

图 5.3　卫星通信系统组成

（1）空间分系统是指通信卫星，主要由天线分系统、遥测与指令分系统、控制分系统、通信分系统和电源分系统组成。

（2）通信地球站分系统由天线馈线设备、发射设备、接收设备、信道终端设备等组成。

（3）跟踪遥测及指令分系统对卫星进行跟踪测量，控制其准确进入静止轨道上的确定位置，并对在轨卫星的通信性能及参数进行业务开通前的监测和校正。

（4）监控管理分系统对在轨卫星的通信性能及参数进行业务开通前的检测和业务开通后的例行监测和控制，以确保通信卫星正常运行和工作。

3．卫星通信的特点

（1）卫星通信覆盖区域大，通信距离远，如图 5.4 所示。

因为卫星距离地面很远，一颗地球同步卫星便可覆盖地球表面的 1/3，因此，利用 3 颗适当分布的地球同步卫星即可实现除两极以外的全球通信。卫星通信是目前远距离越洋电话和电视广播的主要手段。

（2）卫星通信具有多址连接功能。

在卫星所覆盖区域内的所有地球站，不论地面、海上还是大气层中，都可以同时公用这一颗通信卫星来转发数据，这种同时实现多个方向，多个地球站之间直接通信的特性称为多址连接。

（3）卫星通信频段宽，容量大。

卫星通信采用微波频段，每个卫星上可设置多个转发器，故通信容量很大。

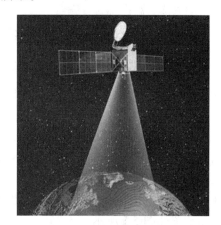

图 5.4　卫星覆盖区域演示图

（4）卫星通信机动灵活。

地球站的建立不受地理条件的限制，可建在边远地区、岛屿、汽车、飞机和舰艇上。

（5）卫星通信质量好，可靠性高。

卫星通信的电波主要在自由空间传播，噪声小、通信质量好。就可靠性而言，卫星通信的正常运转率达 99.8% 以上。

（6）卫星通信的成本与距离无关。

地面微波中继系统或电缆载波系统的建设投资和维护费用都随距离的增加而增加，而卫星通信的地球站至卫星转发器之间并不需要线路投资，因此，其成本与距离无关。

（7）传输时延大。

在地球同步卫星通信系统中，通信站到同步卫星的距离最大可达 40 000 km，电磁波以光速（3×10^8 m/s）传输，这样，路经地球站→卫星→地球站（称为一个单跳）的传播时间约需 0.27 s。如果利用卫星通信打电话的话，由于两个站的用户都要经过卫星，因此，打电话者要听到对方的回答必须额外等待 0.54 s。

（8）存在通信盲区。

把地球同步卫星作为通信卫星时，由于地球两极附近区域"看不见"卫星，因此不能利用地球同步卫星实现对地球两极的通信。

4．卫星通信频段

卫星通信系统常用的频率范围为 150 MHz ~ 300 GHz。然而，在不同频段，大气对电波传播的影响是不同的。

卫星通信常用的工作频段中，前边的频率是指地球站向卫星传输的上行频率，后边的频率是指卫星向地球站传输的下行频率。卫星通信频段可分为：6/4 GHz（C 波段）、8/7 GHz（X 波段）、14/11 GHz（Ku 波段）、14/12 GHz（Ku 波段）、30/20 GHz（Ka 波段）。

Ku 波段的缺点是在暴雨、浓云、密雾等恶劣天气情况下，接收系统的 C/T 值下降很大。

Ka 波段（30/20 GHz）也已开始使用，该频段的可用宽带可增大到 3500 Hz，但降雨的影响相当严重。

5.2.2　全球卫星定位系统

2011 年 12 月 27 日，对于中国的高精度测绘定位领域来说是一个不平凡的日子，中国北斗卫星导航系统（CNSS）正式向中国及周边地区提供连续的导航定位和授时服务，这是世界上第三个投入运行的卫星导航系统。

在此之前，美国的全球定位系统（GPS）和俄罗斯的格洛纳斯卫星导航系统（GLONASS）早在 20 世纪 90 年代就已经建成并投入运行。与此同时，欧盟也在打造自己的卫星导航系统——"伽利略"计划。星座示意图如图 5.5 所示。

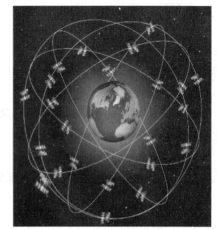

图 5.5　星座示意图

1. GPS 系统

美国"全球定位系统"（GPS），是目前世界上应用最广泛、也是技术最成熟的导航定位系统。GPS 系统是美国为满足军事战略需要从 20 世纪 70 年代开始研制，历时二十余年，耗资 200 亿美元，于 1994 年全面建成的具有在海、陆、空进行全方位实时三维导航与定位能力的新一代卫星导航与定位系统。全球定位系统由空间部分、地面监控部分和用户接收机三大部分组成。

空间部分使用 24 颗高度约 20 200 km 的卫星组成卫星星座。24 颗卫星均为近圆形轨道，运行周期约为 11 h 58 min，分布在 6 个轨道面上（每轨道面 4 颗）。在地球上的任何地面位置、任何时间都可观测到 4 颗以上的卫星。

2. GLONASS 系统

早在美苏冷战时期，美国和苏联就各项技术特别是空间技术方面针锋相对，在美国 GPS 技术遍布全国的同时，苏联也没闲着，一直忙于研发自己的全球导航定位系统。俄罗斯的这套格洛纳斯系统便是其不断努力的结果。格洛纳斯由 24 颗卫星组成，也是由军方负责研制和控制的军民两用导航定位卫星系统。尽管其定位精度比 GPS、伽利略略低，但其抗干扰能力却是最强的。值得一提的是，格洛纳斯项目是苏联在 1976 年启动的项目，迄今为止，也有了三十年左右的技术经验积累，相较于中国的北斗和欧盟的伽利略系统而言，也算是一款非常成熟的卫星导航定位系统。地面控制部分全部都在俄罗斯领土境内。

3. CNSS 系统

北斗卫星导航系统（BeiDou（COMPASS）Navigation Satellite System）是我国正在实施的自主发展、独立运行的全球卫星导航系统。北斗卫星导航系统由空间段、地面段和用户段三部分组成，空间段包括 5 颗静止轨道卫星和 30 颗非静止轨道卫星，地面段包括主控站、注入站和监测站等若干个地面站，用户段包括北斗用户终端以及与其他卫星导航系统兼容的终端。

我国正在建设的北斗卫星导航系统空间段由 5 颗静止轨道卫星和 30 颗非静止轨道卫星组成。30 颗非静止轨道卫星又细分为 27 颗中轨道（ME0）卫星和 3 颗倾斜同步（IGS0）卫星。27 颗 ME0 卫星平均分布在倾角 55°的三个平面上，轨道高度 21 500 km。提供开放服务和授权服务（属于第二代系统）。开放服务是在服务区免费提供定位、授时和测速服务，定位精度为 10 m，授时精度为 50 ns，测速精度 0.2 m/s。授权服务是向授权用户提供更安全的定位、测速、授时和通信服务以及系统完好性信息。2012 年 12 月，"北斗"导航系统正式提供亚太地区服务。2016 年 6 月，中国又一颗北斗卫星被成功发射升空，作为中国北斗系统 12 年来的第 23 颗入轨卫星，现在中国已经可以做到亚太地区高精度定位，可连续、稳定、可靠的运行，而且无论何时何地都可以使用。中国北斗系统的目标是成为在 2020 年前实现覆盖全球的定位导航系统。

4. Galileo 系统

伽利略定位系统是欧盟一个正在建造中的卫星定位系统，有"欧洲版 GPS"之称。伽利略定位系统总共发射 30 颗卫星，其中 27 颗卫星为工作卫星，3 颗为候补卫星。该系统除了 30 颗中高度圆轨道卫星外，还有 2 个地面控制中心。

5.2.3　GPS 定位的基本原理

GPS 定位的工作原理，简单地说来，是利用几何与物理上一些基本原理。首先我们假定卫星的位置为已知，而我们又能准确测定我们所在地点 A 至卫星之间的距离，那么 A 点一定是位于以卫星为中心、所测得距离为半径的圆球上。进一步，我们又测得点 A 至另一卫星的距离，则 A 点一定处在前后两个圆球相交的圆环上。我们还可测得与第三个卫星的距离，就可以确定 A 点只能是在三个圆球相交的两个点上。根据一些地理知识，可以很容易排除其中一个不合理的位置，如图 5.6 所示。当然也可以再测量 A 点至另一个卫星的距离，也能精确进行定位。综上所述，要实现精确定位，需要解决两个问题：其一是要确知卫星的准确位置；其二是要准确测定卫星至地球上所测地点的距离。下面来看看怎样做到这两点。

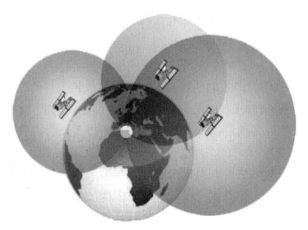

图 5.6　GPS 定位示意图

1. 怎样确定卫星的准确位置

要确定卫星所处的准确位置，首先要通过深思熟虑，优化设计卫星运行轨道，其次要由监测站通过各种手段，连续不断监测卫星的运行状态，适时发送控制指令，使卫星保持在正确的运行轨道。最后将正确的运行轨迹编成星历，注入卫星，且经由卫星发送给 GPS 接收机。正确接收每个卫星的星历，就可确知卫星的准确位置。

这个问题解决了，接下来就要解决准确测定地球上某用户至卫星的距离。卫星是远在地球上层空间，又是处在运动之中，我们不可能像在地上那样用尺子来量，那么又是如何来做的呢？

2. 如何测定卫星至用户的距离

距离=时间×速度，电波传播的速度是 3×10^8 m/s，所以只要知道卫星信号传到所测地点的时间，就能利用速度乘时间等于距离这个公式来求得距离。所以，问题就归结为测定信号传播的时间。

要准确测定信号传播时间，要解决两方面的问题。一个是时间基准问题，就是说要有一个精确的时钟，就好比我们日常量一张桌子的长度，要用一把尺子。假如尺子本身就不标准，那量出来的长度就不准。另一个就是要解决测量方法的问题。

3. 时间基准问题

GPS 系统在每颗卫星上装置有十分精密的铯原子钟，并由监测站经常进行校准。卫星发送导航信息，同时也发送精确时间信息。GPS 接收机接收此信息，使与自身的时钟同步，就可获得准确的时间。所以，GPS 接收机除了能准确定位之外，还可产生精确的时间信息。中国移动运营的 GSM 网络的时钟就是通过 GPS 的铯原子钟进行校准的。

4. 测定卫星信号传输时间的方法

如何测定卫星信号的传输时间呢？打个比方，我们在所处的地点和卫星上同时启动录音机来播放"东方红"乐曲，那么，我们应该能听到一先一后两支"东方红"的曲子（实际上，卫星上播放的曲子，我们不可能听见，只是假想能够听到），但一定是不合拍的。为了使两者合拍，我们延迟启动地上录音机的时间。当我们听到两支曲子合拍时，启动录音机所延迟的时间就等于曲子从卫星传送到地上的时间。

电波比声波速度高得多，卫星上发送是一段叫作伪随机码的二进制电码，伪随机码里携带时间信息。延迟 GPS 接收机产生的伪随机码，使与接收到卫星传来的码字同步，测得的延迟时间就是卫星信号传到 GPS 接收机的时间。至此，我们也就解决了测定卫星至用户的距离。

上面说的都还是十分理想的情况，实际情况要复杂得多，所以我们还要采取一些对策。例如：电波传播的速度，并不总是一个常数。在通过电离层中电离子和对流层中水气的时候，会产生一定的延迟。一般我们这可以根据监测站收集的气象数据，再利用典型的电离层和对流层模型来进行修正。还有，在电波传送到接收机天线之前，还会产生由于各种障碍物与地面折射和反射产生的多径效应。这样信号到达接收机的时间延迟就会有一定的误差，由于电磁波的速度太快了，一点延迟就造成定位结果相差巨大。

在设计 GPS 接收机时，要采取相应措施。当然，这要以提高 GPS 接收机的成本为代价。原子钟虽然十分精确，但也不是一点误差也没有。GPS 接收机中一般采用晶振提供时钟，不可能像在卫星上那样，设置昂贵的原子钟，如何校正 GPS 接收机的时间呢？所以就利用测定第四颗卫星，来校准 GPS 接收机的时钟。我们前面提到，每测量三颗卫星可以定位一个点。利用第四颗卫星和前面三颗卫星的组合，可以测得另一些点。理想情况下，所有测得的点，都应该重合。但实际上，这些点并不是完全重合的。利用这一点，反过来可以校准 GPS 接收机的时钟。测定距离时选用卫星的相互几何位置不同，对测定的误差也不相同。为了精确的定位，可以多测一些卫星，选取几何位置相距较远的卫星组合，这样测得误差较小。

在我们提到测量误差时，还有一点要提到，就是美国的 SA 政策。美国政府在 GPS 设计中，计划提供两种服务。一种为标准定位服务（SPS），利用粗码（C/A）定位，精度约为 100 m，提供给民用；另一种为精密定位服务（PPS），利用精码（P 码）定位，精度达到 10 m，提供给军方和特许民间用户使用。由于多次试验表明，SPS 的定位精度已高于原设计，美国政府出于对自身安全的考虑，对民用码进行了一种称为"选择可用性 SA（Selective Availability）"的干扰，以确保其军用系统具有最佳的有效性。由于 SA 通过卫星在导航电文中随机加入了误差信息，使得民用信号 C/A 码的定位精度降至二维均方根误差在 100 m 左右。GPS 由美国军方控制，美国多次在战争中通过关闭 GPS 对该区域的服务、加入扰码增加误差等方式开展信息战，伊拉克战争中，美国就大量地应用了 GPS 进行武器制导。

采用差分 GPS 技术（DGPS），可消除以上所提到大部分误差，以及由于 SA 所造成的干扰，从而提高卫星导航定位的总体精度，使系统误差达到 10~15 m。

5. GPS 技术的错差

在 GPS 定位过程中，存在三部分误差。一部分是对每一个用户接收机所共有的，例如：卫星钟误差、星历误差、电离层误差、对流层误差等；第二部分为不能由用户测量或由校正模型来计算的传播延迟误差；第三部分为各用户接收机所固有的误差，例如内部噪声、通道延迟、多径效应等。利用差分技术第一部分误差可完全消除，第二部分误差大部分可以消除，这和基准接收机至用户接收机的距离有关。第三部分误差则无法消除，只能靠提高 GPS 接收机本身的技术指标。对美国 SA 政策带来的误差，实质上它是人为地增大前两部分误差，所以差分技术也相应克服 SA 政策带来的影响。

6. 差分 GPS 技术消除公共误差原理

假如在距离用户 500 km 之内，设置一部基准接收机，它和用户接收机同时接收某一卫星的信号，那么我们可以认为信号传至两部接收机所途经电离层和对流层的情况基本是相同，故所产生的延迟也相同。由于接收同一颗卫星，故星历误差、卫星时钟误差也相同。若我们通过其他方法确知所处的三维坐标（也可以用精度很高的 GPS 接收机来实现，其价格比一般 GPS 接收机高得多），那就可从测得伪距中，推算其中的误差。将此误差数据传送给用户，用户就可从测量所得的伪距中扣除误差，就能达到更精确的定位。DGPS 不在本书讨论范围内，大家可以自行查阅相关资料。

7. 坐标计算公式

如图 5.7 所示假设 t 时刻在地面待测点上安置 GPS 接收机，可以测定 GPS 信号到达接收机的时间Δt，再加上接收机所接收到的卫星星历等其他数据可以确定以下四个方程式：

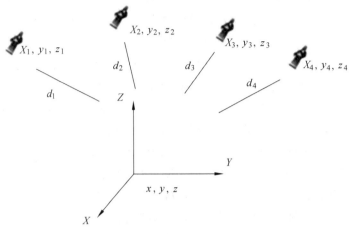

图 5.7　GPS 坐标计算

$$[(x_1 - x)^2 + (y_1 - y)^2 + (z_1 - z)^2]^{1/2} + c(v_{t1} - v_{t0}) = d_1$$

$$[(x_2 - x)^2 + (y_2 - y)^2 + (z_2 - z)^2]^{1/2} + c(v_{t2} - v_{t0}) = d_2$$

$$[(x_3 - x)^2 + (y_3 - y)^2 + (z_3 - z)^2]^{1/2} + c(v_{t3} - v_{t0}) = d_3$$

$$[(x_4 - x)^2 + (y_4 - y)^2 + (z_4 - z)^2]^{1/2} + c(v_{t4} - v_{t0}) = d_4$$

上述四个方程式中 x、y、z 为待测点坐标，V_{t0} 为接收机的钟差为未知参数，其中 $d_i = c \times \Delta t_i$，（$i = 1$、2、3、4），$d_i$ 分别为卫星 i 到接收机之间的距离，Δt_i 分别为卫星 i 的信号到达接收机所经历的时间，x_i、y_i、z_i 为卫星 i 在 t 时刻的空间直角坐标，V_{ti} 为卫星原子钟的钟差，c 为光速。由以上四个方程即可计算出待测点的坐标 x，y，z 和接收机时钟差 V_{t0}。

5.3　项目实施

任务 1　硬件测试环境搭建与数据传输测试

UART GPS NEO-6M/7M 模块向 PC 端串口传送采集的定位信息时，有两种方式：一种是 UART GPS NEO-6M/7M 模块和 USB 转 TTL 模块连接，一种是 GPS 模块和实验箱中配有的 DB9 串口转 TTL 电平串口模块连接。本次数据传输测试采用第一种连接方式。

注意：GPS 模块不能和 RS232 串口直连，该模块的 VCC 需接 3.3 V 或 5 V 的 TTL 电平。

USB 转 TTL 模块有 3.3 V/5 V、GND、TXD、RXD 这四个引脚，如图 5.8 所示。

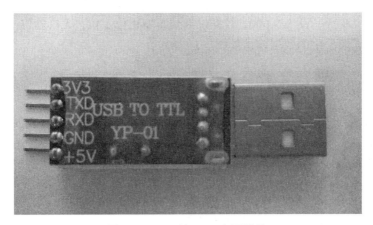

图 5.8　USB 转 TTL 电平模块

将 USB 转 TTL 模块的 VCC 引脚接 USB 转 TTL 电平模块的 3.3 V 引脚或 5 V 引脚，二者的 TXD、RXD 交叉连接，GND 引脚相连接，GPS 模块与串口模块引脚连接对应情况如表 5.1 所示。

表 5.1　GPS 模块与 USB 转 TTL 电平串口模块引脚连接

UART GPS NEO-6M/7M 模块引脚	USB 转 TTL 电平模块引脚
VCC	3.3 V/5 V
GND	GND
TXD	RX
RXD	TX

GPS 模块和 USB 转 TTL 电平串口模块的实物连接如图 5.9 所示。

图 5.9　GPS 模块和 USB 转 TTL 电平模块间的连接

使用 USB 转 TTL 模块前，先安装其驱动，驱动程序和说明见"光盘/软件/项目 5/USB 转 TTL 串口"。将 USB 转 TTL 电平串口模块插入电脑的 USB 口，此时会看到 GPS 模块的 LED 灯常亮。打开"光盘/软件/项目 5/sscom"目录下的串口调试助手 sscom.exe，根据实际情况设置串口号，波特率设为 9 600，数据位 8 位，停止位 1 位，无校验位，无流控制。设置完成后，串口调试助手中的数据输出如图 5.10 所示。

图 5.10　GPS 模块与串口模块间连接成功

若出现图 5.10 类似的数据，则说明硬件连接正常，模块的 LED 灯常亮，但未定位。

将 GPS 模块放到阳台或窗户旁，或者直接拿到户外进行定位。稳定一段时间后，GPS 模块的 LED 灯闪烁，串口成功输出当前位置信息，如图 5.11 所示。

图 5.11　模块当前位置的定位信息

定位信息可参阅 chip PDF 下的 NMEA0183.pdf。以 RMC 为例，信息各字段说明如下：

RMC Recommended Minimum Navigation Information

```
                                                           12
              1         2 3        4 5         6 7   8    9    10  11|
              |         | |        | |         | |   |    |    |   | |
$--RMC,hhmmss.ss,A,llll.ll,a,yyyyy.yy,a,x.x,x.x,xxxx,x.x,a*hh
```

```
1) Time (UTC)
2) Status, V = Navigation receiver warning
3) Latitude
4) N or S
5) Longitude
6) E or W
7) Speed over ground, knots
8) Track made good, degrees true
9) Date, ddmmyy
10) Magnetic Variation, degrees
11) E or W
12) Checksum
```

根据字段说明，以下面一行定位信息为例。

$GPRMC，033607.00，A，3557.04148，N，12009.31201，E，0.046，，270116，，，A*76

各字段的说明如表 5.2 所示。

表 5.2　RMC 各字段说明

字　段	说　明
033607.00	UTC 时间。测试地点为东八区，故测试时实际时间为（03+8）11 时 36 分 107 秒
A	当前定位状态，为有效定位
3557.04148	当前纬度*100
N	北半球
12009.31201	当前经度*100
E	东半球
0.046	地面速率，0.046 节。（1 节=1 海里/小时=1 852 米/小时）
270116	UTC 日期，即 2016 年 1 月 27 日
A	模式指示，自主定位
76	校验和。通过$与*之间所有字符 ASCⅡ 码的异或运算得到

以 GGA 为例，信息各字段说明如下：

GGA   Global Positioning System Fix Data. Time, Position and fix related data for a GPS receiver

```
                                                   11
          1            2        3 4        5 6 7 8  9 10 |  12 13  14     15
          |            |        | |        | | | |  | | |  | |   |      |
$--GGA,hhmmss.ss,llll.ll,a,yyyyy.yy,a,x,xx,x.x,x.x,M,x.x,M,x.x,xxxx*hh
```

1) Time (UTC)
2) Latitude
3) N or S (North or South)
4) Longitude
5) E or W (East or West)
6) GPS Quality Indicator,
   0 - fix not available,
   1 - GPS fix,
   2 - Differential GPS fix
7) Number of satellites in view, 00 - 12
8) Horizontal Dilution of precision
9) Antenna Altitude above/below mean-sea-level (geoid)
10) Units of antenna altitude, meters
11) Geoidal separation, the difference between the WGS-84 earth
    ellipsoid and mean-sea-level (geoid), "-" means mean-sea-level below ellipsoid
12) Units of geoidal separation, meters
13) Age of differential GPS data, time in seconds since last SC104
    type 1 or 9 update, null field when DGPS is not used
14) Differential reference station ID, 0000-1023
15) Checksum

根据字段说明，以下面一行定位信息为例。

$GPGGA, 033607.00, 3557.04148, N, 12009.31201, E, 1, 05, 3.66, 9.2, M, 4.9, M, , *6B

各字段的含义如表 5.3 所示。

表 5.3   GGA 各字段说明

字　段	说　明
033 607.00	UTC 时间。测试地点为东八区，故测试时实际时间为（03+8）11 时 36 分 107 秒
3 557.041 48	当前纬度*100
N	北半球
12 009.312 01	当前经度*100
E	东半球
1	GPS 特性指示，当前为稳定状态
05	当前视野中的卫星数量，5 个
3.66	水平（二维）定位模糊度
9.2	以低于/高于海平面为基准的天线高度
M	天线高度的单位，为米
4.9	大地水准面差距
M	大地水准面差距的单位，为米
6B	校验和，通过$与*之间所有字符 ASCⅡ码的异或运算得到

任务 2　利用 U-center 软件解析定位信息

双击"光盘/软件/项目 5/U-center/U-centersetup_v8.12"目录下的 u-center_v8.12.exe，安装 u-centerSetup，安装成功并打开该软件的界面，如图 5.12 所示。

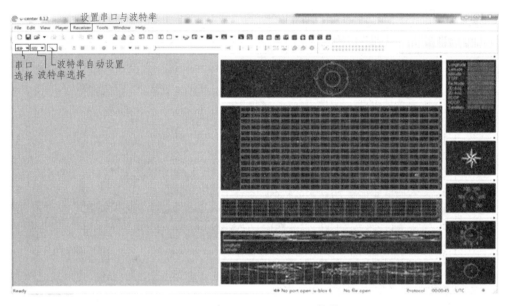

图 5.12　打开 u-centerSetup 软件

根据实际情况，使用者可在菜单栏上所标示的图标进行串口选择、波特率设置等。但本次定位，利用菜单栏中的 Receiver 来设置串口号和波特率。选择"Port"，此处为 COM3；选择"Baudrate"，波特率设为 9600。点击连接图标 ⬛；COM 口连接成功后图标变亮 ⬛，即连接到 UART GPS NEO-6M/7M 模块。此时，u-center 将显示定位信息，如图 5.13 所示。

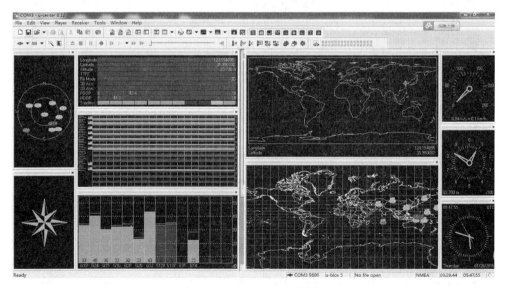

图 5.13　u-center 定位图

左上第一个框图是收星情况，绿色是卫星可用于导航，青色是卫星信号有效且可用于导航（本图中无），蓝色是信号有效且不可用于导航，红色是卫星信号无效。

依次点击"View"→"Packet Console"，在弹出窗口会显示 GPS 收到的信息，并列出信息类型和长度，如图 5.14 所示。

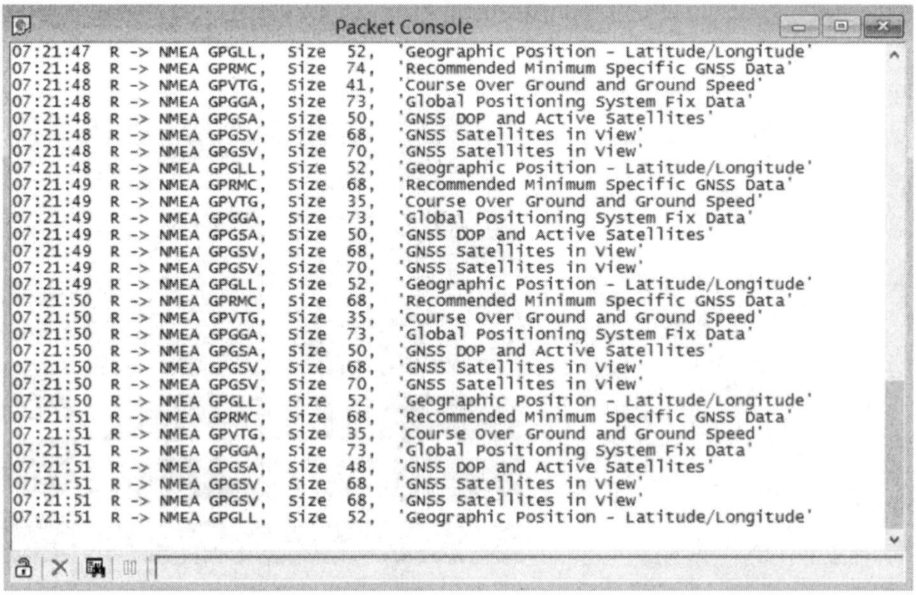

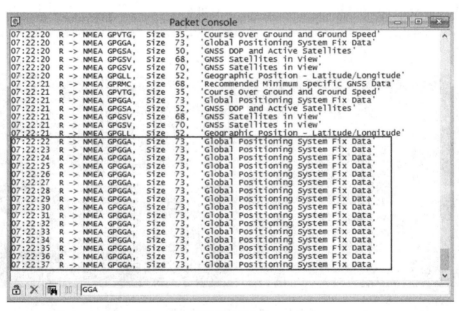

图 5.14 Packet Console 显示 GPS 信息

Packet Console 界面有三个按钮，即 🔒 ✕ 📠。其中锁按钮即用于锁定界面，叉按钮用于清除界面，第三个按钮是过滤。如点击过滤按钮后再输入"GGA"，则只显示 GPGGA 的信息，如图 5.15 所示。

图 5.15 过滤后只显示 GGA 信息

依次点击 "View" → "Text Console"，在弹出窗口会显示 GPS 收到的详细信息，如图 5.16 所示。

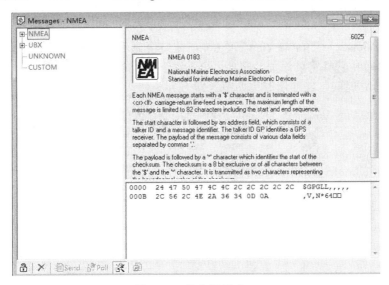

```
                          Text Console                              
07:23:19  $GPGLL,3557.04123,N,12009.28253,E,072319.00,A,A*63
07:23:20  $GPRMC,072320.00,A,3557.04136,N,12009.28293,E,0.154,,070416,,,A*7
07:23:20  $GPVTG,,T,,M,0.154,N,0.285,K,A*2C
07:23:20  $GPGGA,072320.00,3557.04136,N,12009.28293,E,1,05,1.23,56.4,M,4.9,
07:23:20  $GPGSA,A,3,26,27,08,31,09,,,,,,,,3.05,1.23,2.79*0A
07:23:20  $GPGSV,2,1,08,03,01,239,,08,25,203,28,09,24,313,29,21,17,078,13*7
07:23:20  $GPGSV,2,2,08,23,47,285,21,26,53,040,19,27,55,187,36,31,32,109,26
07:23:20  $GPGLL,3557.04136,N,12009.28293,E,072320.00,A,A*61
07:23:21  $GPRMC,072321.00,A,3557.04149,N,12009.28312,E,0.245,,070416,,,A*7
07:23:21  $GPVTG,,T,,M,0.245,N,0.454,K,A*25
07:23:21  $GPGGA,072321.00,3557.04149,N,12009.28312,E,1,05,1.23,56.6,M,4.9,
07:23:21  $GPGSA,A,3,26,27,08,31,09,,,,,,,,3.05,1.23,2.79*0A
07:23:21  $GPGSV,2,1,08,03,01,239,,08,25,203,28,09,24,313,29,21,17,078,11*7
07:23:21  $GPGSV,2,2,08,23,47,285,20,26,53,040,19,27,55,187,36,31,32,109,25
07:23:21  $GPGLL,3557.04149,N,12009.28312,E,072321.00,A,A*60
07:23:22  $GPRMC,072322.00,A,3557.04158,N,12009.28325,E,0.109,,070416,,,A*7
07:23:22  $GPVTG,,T,,M,0.109,N,0.201,K,A*28
07:23:22  $GPGGA,072322.00,3557.04158,N,12009.28325,E,1,05,1.23,56.9,M,4.9,
07:23:22  $GPGSA,A,3,26,27,08,31,09,,,,,,,,3.05,1.23,2.79*0A
07:23:22  $GPGSV,2,1,08,03,01,239,,08,25,203,28,09,24,313,29,21,17,078,12*7
07:23:22  $GPGSV,2,2,08,23,47,285,19,26,53,040,20,27,55,187,35,31,32,109,25
07:23:22  $GPGLL,3557.04158,N,12009.28325,E,072322.00,A,A*67
07:23:23  $GPRMC,072323.00,A,3557.04168,N,12009.28359,E,0.344,,070416,,,A*7
07:23:23  $GPVTG,,T,,M,0.344,N,0.638,K,A*2D
07:23:23  $GPGGA,072323.00,3557.04168,N,12009.28359,E,1,05,1.23,56.7,M,4.9,
07:23:23  $GPGSA,A,3,26,27,08,31,09,,,,,,,,3.05,1.23,2.79*0A
07:23:23  $GPGSV,2,1,08,03,01,239,,08,25,204,28,09,24,313,29,21,17,078,15*7
07:23:23  $GPGSV,2,2,08,23,47,285,17,26,53,040,21,27,55,187,35,31,32,109,25
07:23:23  $GPGLL,3557.04168,N,12009.28359,E,072323.00,A,A*6E
```

图 5.16　Text Console 显示 GPS 详细信息

Text Console 界面同样有三个按钮，即锁定、清除和过滤按钮，其用法和 Packet Console 界面上的按钮用法一样。

在菜单栏点击 "View" → "Message View"，会弹出信息显示窗口，如图 5.17 所示。

图 5.17　信息视图窗口

通过该窗口，实现和设备的通信，一是展示接收机输出消息如导航、状态和调试信息，二是发送输入消息如配置消息等。对于 NMEA 协议和 UBX 协议，该窗口两个不同的部分，NMEA 协议每秒自动发送一次数据，UBX 协议是在收到发送命令的情况下才发送数据。信息视图窗口下方，还有锁定/解锁、清除全部、发送、轮询、自动轮询、信息热键等按钮。

在信息视图窗口的 NMEA 和 UBX 处，可分别查看对应的 GPS 信息。点击 NMEA 下的 GxGGA，在右侧会出现当前的 UTC 时间、经纬度信息等，如图 5.18 所示。

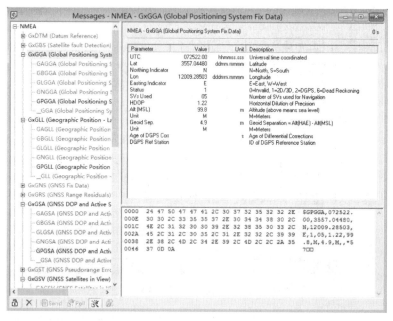

图 5.18 GxGGA 信息

左侧栏中，若信息为黑色，则表明该信息最近被更新；若为灰色，则表示最近未被更新。右上角的 0 s 即自上次更新后的时间（0 s 表示一直被更新），右下方是显示信息以十六进制存储。

依次点击"View"→"Table View"，在弹出窗口会显示 GPS 收到的各个单独信息。在窗口下端的下拉菜单中选择将要添加的选项，再点击下拉菜单左侧的"+"/"-"，就可以单独显示/不显示编号、时间、经纬度等，如图 5.19 所示。

Index	UTC	GPS time	Lat	Lon	Alt (HAE)
1402	07:29:34.00...	1891:372590.000	35.950739	120.154709	105.800
1403	07:29:35.00...	1891:372591.000	35.950738	120.154716	105.100
1404	07:29:36.00...	1891:372592.000	35.950739	120.154717	104.300
1405	07:29:37.00...	1891:372593.000	35.950740	120.154719	103.600
1406	07:29:38.00...	1891:372594.000	35.950740	120.154721	103.000
1407	07:29:39.00...	1891:372595.000	35.950743	120.154719	102.400
1408	07:29:40.00...	1891:372596.000	35.950744	120.154717	102.400
1409	07:29:41.00...	1891:372597.000	35.950748	120.154712	102.000
1410	07:29:42.00...	1891:372598.000	35.950750	120.154710	101.900
1411	07:29:43.00...	1891:372599.000	35.950749	120.154711	101.600
1412	07:29:44.00...	1891:372600.000	35.950749	120.154711	101.000
1413	07:29:45.00...	1891:372601.000	35.950749	120.154713	100.600
1414	07:29:46.00...	1891:372602.000	35.950749	120.154712	99.900
1415	07:29:47.00...	1891:372603.000	35.950749	120.154708	98.900
1416	07:29:48.00...	1891:372604.000	35.950748	120.154711	98.600
1417	07:29:49.00...	1891:372605.000	35.950746	120.154712	97.900
1418	07:29:50.00...	1891:372606.000	35.950746	120.154712	97.300
1419	07:29:51.00...	1891:372607.000	35.950746	120.154711	97.100
1420	07:29:52.00...	1891:372608.000	35.950746	120.154710	96.500
1421	07:29:53.00...	1891:372609.000	35.950745	120.154714	96.500

图 5.19 查看 GPS 单个信息

　　点击菜单栏上的"View"→"Chart View"，弹出窗口中可显示 GPS 收到信息的图表形式，如图 5.20 所示。

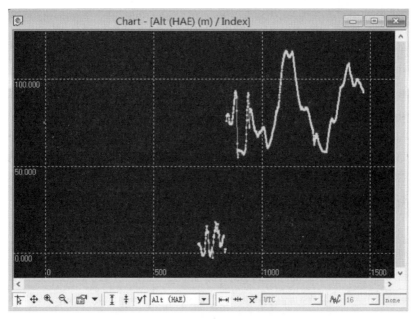

图 5.20　GPS 坐标参数（Alt）图表形式

　　对于窗口下侧的 y↑ Alt (HAE) ▼，点击左侧按钮，右侧下拉菜单就变为可选，此时使用者更改当前的 Alt（HAE，距椭圆体高度）为其他需要的坐标参数。

　　点击菜单栏上的"View"→"Historgram View"，弹出窗口可显示 GPS 信息的直方图形式，如图 5.21 所示。

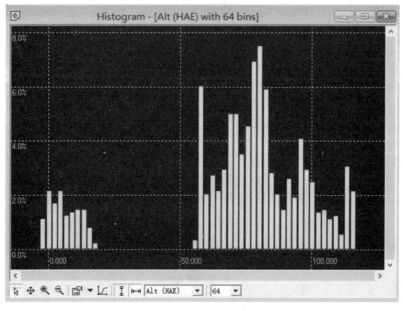

图 5.21　GPS 坐标参数直方图形式

此外，View 菜单栏下还有其他可视图，如显示配置信息的配置视图、展示所有可用 GPS 值的静态视图、标示位置的地图视图等，具体详见"光盘/资源/参考资料"目录下的 User_Guide.pdf。

任务 3   PC 串口软件解析显示 GPS 信息

本次 UART GPS NEO-6M/7M 模块向 PC 端串口传送采集的定位信息时，采用实验箱串口模块作为 DB9 串口转 TTL 电平串口模块。

用杜邦线将 GPS 模块和 DB9 串口转 TTL 电平串口模块的 VCC、GND、TXD、RXD 对应连接，其中 VCC 选择 3.3 V/5 V（实验箱模块电源底板的 J500 的 PIN1、PIN2 为 3.3 V，J501 的 PIN1、PIN2 为 5 V），RXD、TXD 直连（实验箱串口模块中 J3 的 PIN1 为 TXD，PIN2 为 RXD）引脚对应如表 5.4 所示。

表 5.4   模块间的引脚连接

UART GPS NEO-6M/7	串口模块/电源底板
VCC	J500：PIN1、PIN2，3.3 V；J501：PIN1、PIN2，5 V
GND	J500/J501：PIN13、PIN14；J501：PIN5、PIN6
TXD	J3：PIN1（TTL 电平）
RXD	J3：PIN2（TTL 电平）

若用 J500 的引脚为模块提供 3.3 V 的 TTL 电平，则连接情况如图 5.22 所示。图中标识出了 GPS 模块的 VCC、GND、TXD、RXD 这四个引脚和实验箱上串口模块、电源底板上对应引脚的连接。

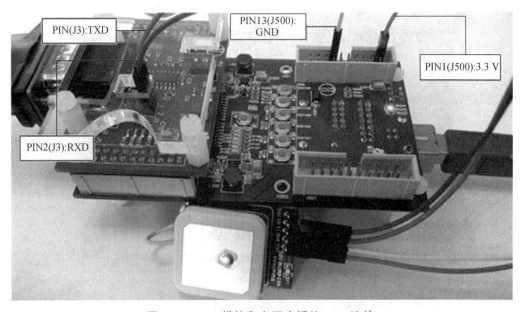

图 5.22   GPS 模块和电源底板的 J500 连接

若用 J501 的引脚为模块提供 5 V 的 TLL 电平，则连接如图 5.23 所示。

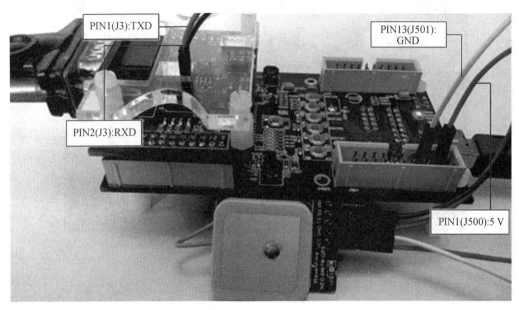

图 5.23　GPS 模块和电源底板的 J501 连接

给电源底板供电，此时 GPS 模块的 LED 灯常亮。将 GPS 模块拿到阳台或窗口处（最好至于露天室外），待模块稳定一段时间且 LED 灯闪烁后，打开"光盘/资源/项目 5/PC 串口软件解析 GPS 信息/SerialPort_GPS/Debug"目录下的可执行文件 SerialPort_GPS.exe，根据提示输入串口号（此处为 COM3）和 GPS 模块通信波特率 9 600，如图 5.24 所示。

图 5.24　PC 串口软件窗口输入串口号和波特率

正确输入串口号和波特率后，按下回车符，会看到当前位置的经纬度信息，如图 5.25 所示。

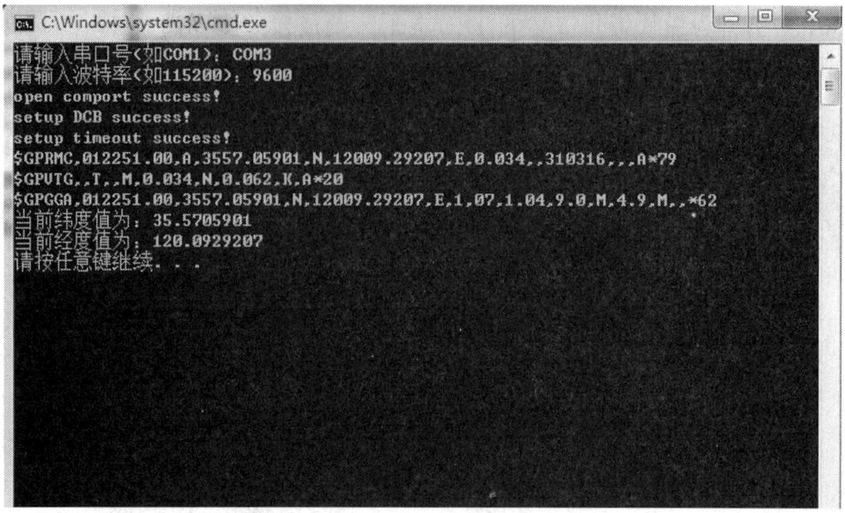

图 5.25　PC 串口软件解析 GPS 信息

5.4　项目实训——GPS 坐标与百度坐标转换

使用 GPS 模块测量的经纬度值比较百度地图同一位置的偏移误差；分析偏差原因；单点/批量转换（关键的函数）的解决办法。

通过任务 3，已经得到了一组经纬度测量值（测量位置：青岛光谷软件园 2 栋楼下），如图 5.25 所示。由图可知，当前位置的经度值：120.092 920 7；纬度值：35.570 590 1。

用浏览器打开百度地图，如图 5.26 所示。

图 5.26　打开百度地图

点击"地图开放平台",滑到页面底端,在开发平台中的"插件与工具"中打开"地图拾取工具",如图 5.27 所示。

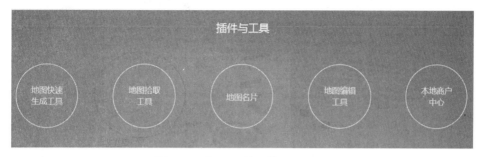

图 5.27　打开"地图拾取工具"

进入拾取坐标系统,如图 5.28 所示。

图 5.28　进入拾取坐标系统

将之前测得的经纬度输入文本框内,并勾选"坐标反查",结果如图 5.29 所示。

图 5.29　输入经纬度信息

由上图可知,定位点发生了变化。

现在查询当前真正位置(青岛光谷软件园 2 号楼)在百度地图中的坐标,如图 5.30 所示。

图 5.30 当前位置的经纬度信息

从图中可以看到，当前测量位置在百度地图中的经纬度坐标为经度：120.166 788，纬度：35.956 952。

百度坐标为何有偏移？因为国际经纬度坐标标准为 WGS-84，国内必须至少使用国测局制定的 GCJ-02，对地理位置进行首次加密。百度坐标在此基础上，进行了 BD-09 二次加密措施，更加保护了个人隐私。百度对外接口的坐标系并不是 GPS 采集的真实经纬度，需要通过坐标转换接口进行转换。

通过转换工具进行坐标转换，如图 5.31 所示。

如何将 GPS 坐标换算成百度坐标系？答案是图 5.31 坐标转换工具通过坐标转换接口。

百度地图坐标转换接口如下：

BMap.Convertor.translate（gpsPoint，0，translateCallback）；   //真实经纬度转成百度坐标

其中 gpsPoint var gpsPoint = new BMap.Point（经度，纬度）；（GPS 坐标） 0：代表 GPS，也可以是 2：google 坐标   translateCallback：回掉函数。

GPS 转百度坐标工具，实际操作如下：

（1）测试目标位置经纬度（实际位置经纬度）。

（2）打开百度地图的 API 文档。

（3）使用当前位置的经纬度 new（创造）一个 gpsPoint（定位点）出来。

（4）通过回调函数比较分析定位点的经纬度值（地图上定位点的经纬度）。

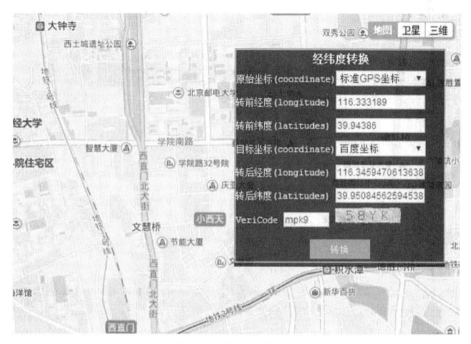

图 5.31　坐标转换工具

下面是完整的测试 GPS 坐标转换百度坐标 JS 源码：

```
<!DOCTYPE html>
<html>
<head>
<meta http-equiv="Content-Type" content="text/html; charset=utf-8" />
<style type="text/css">
body, html,#allmap {width: 100%;height: 100%;overflow: hidden;margin:0;}
#l-map{height:100%;width:78%;float:left;border-right:2px solid #bcbcbc;}
#r-result{height:100%;width:20%;float:left;}
</style>
<script type="text/javascript" src="http://api.map.baidu.com/api?v=1.5&ak=9fb983ecd9b505
f8fedcc9ab07c65e3e"></script>
<script type="text/javascript" src="http://developer.baidu.com/map/jsdemo/demo/convertor.js">
</script>
<title>GPS 转百度</title>
</head>
<body>
<div id="allmap"></div>
</body>
</html>
<script type="text/javascript">
```

```
//GPS 坐标
var xx = 117.126575995835;
var yy = 36.6702207308909;
var gpsPoint = new BMap.Point(xx,yy);

//地图初始化
var bm = new BMap.Map("allmap");
bm.centerAndZoom(gpsPoint, 15);
bm.addControl(new BMap.NavigationControl());

//添加谷歌 marker 和 label
var markergps = new BMap.Marker(gpsPoint);
bm.addOverlay(markergps); //添加 GPS 标注
var labelgps = new BMap.Label("我是 GPS 标注哦",{offset:new BMap.Size(20,-10)});
markergps.setLabel(labelgps); //添加 GPS 标注

//坐标转换完之后的回调函数
translateCallback = function (point){
    var marker = new BMap.Marker(point);
    bm.addOverlay(marker);
    var label = new BMap.Label("我是百度标注哦",{offset:new BMap.Size(20,-10)});
    marker.setLabel(label); //添加百度 label
    bm.setCenter(point);
    alert("转化为百度坐标为："+point.lng + "," + point.lat);
}
setTimeout(function(){
    BMap.Convertor.translate(gpsPoint,0,translateCallback);    //真实经纬度转成百度坐标
}, 2000);
</script>
```

思考与练习

一、简答题

1. 简述卫星通信的概念和特点。
2. 简述卫星通信系统的基本组成。
3. 简述卫星通信的频段是如何划分的？
4. 简述卫星通信系统的主要应用。

5. 试述目前全球所有的卫星定位系统，以及它们的区别。

6. 请描述出 GPS 是如何实现位置定位的？

二、编程题

根据所学知识查阅相关资料，学习百度地图接口，用 C#语言，通过串口，在上位机获取并解析 GPS 数据，实现百度地图定位功能。程序界面如图 5.32 所示。

图 5.32　解析 GPS 数据实现地图定位

项目 6　车载蓝牙通信子系统设计与实施

6.1　项目描述

车载终端和手机通过蓝牙连接，实现数据传输。为方便测试，手机端下载并运行蓝牙串口通信助手，蓝牙转串口模块使用串口线和车载终端连接，从而实现手机端和网关间的数据通信。

6.2　项目知识储备

6.2.1　蓝牙的相关概念

1. 蓝　牙

蓝牙是一种短距离无线电通信技术，推出蓝牙的目的是取代便携式设备与固定设备间的有线通信方式。由于蓝牙技术稳定、功耗低、成本低，被广泛应用于移动电话、PDA、蓝牙耳机、笔记本电脑及大量嵌入式设备中。

蓝牙是一种开放的技术规范，可在世界上任何一个地方实现短距离的无线语音和数据通信。1994 年，爱立信移动通信公司开始研究在移动电话及其附件之间实现低功耗、低成本无线接口，随着项目的进展，爱立信公司意识到短距无线通信的应用前景无限广阔，并将这项新的无线通信技术命名为蓝牙（Bluetooth）。Bluetooth 取自 10 世纪丹麦国王 Harald Bluetooth 的名字。爱立信意识到要使这项技术最终获得成功，必须得到业界其他公司的支持与应用，1998 年 5 月，爱立信联合诺基亚（Nokia）、英特尔（Intel）、IBM、东芝（Toshiba）这 4 家公司一起成立了蓝牙特殊利益集团（Special Interest Group，SIG），负责蓝牙技术标准的制定、产品测试，并协调各国蓝牙的具体应用。

此后，3 com、朗讯（Lucent）、微软（Microsoft）和摩托罗拉（Motorola）很快加盟 SIG，与 SIG 的 5 个创始公司一同成为 SIG 的 9 个倡导发起者。自蓝牙规范 1.0 版推出后，蓝牙技术的推广与应用得到了迅猛发展。截至目前，SIG 的成员已经超过了 2 500 家，几乎覆盖了全球各行各业，包括通信厂商、网络厂商、外设厂商、芯片厂商、软件厂商等，甚至消费类电器厂商和汽车制造商也加入了 SIG。

蓝牙采用分散式网络结构以及快速跳频和短包技术，支持点对点及点对多点通信，工作在全球工业、科技及医学行业通用的 2.4 GHz 无线电公共频段，基本数据传输速率最高可达 1 Mb/s，增强的数据传输速率可达 2 ~ 3 Mb/s，采用时分双工传输方案，以实现全双工数据传输。

2. SIG

SIG（Special Interest Group，特别兴趣组）是企业自建的行业内组织，于 1998 年 9 月成立。SIG 目前有 9 000 多个成员公司，这些公司都是电信、计算机、汽车、音乐、装饰、工业自动化和网络等行业的顶尖企业。SIG 成员推动了蓝牙技术的发展，并在自己的产品中广泛实施和推广该技术。SIG 本身不制造、生产或销售蓝牙产品。

6.2.2　蓝牙技术特点

蓝牙是一种短距无线通信的技术规范，它最初的目标是取代现有的掌上电脑、移动电话等各种数字设备上的有线电缆连接。从目前的应用来看，由于蓝牙模块体积小、功率低，其应用已不局限于计算机外部设备，几乎可以被集成到任何数字设备之中，特别是那些对数据传输速率要求不高的移动设备和便携设备。归纳起来，蓝牙技术主要包含以下特点

1. 全球范围适用

蓝牙工作在 2.4 GHz 的 ISM 频段，即工业、科学和医学（Industrial，Scientific and Medical）频段。全球大多数国家 ISM 频段的范围是 2.4 ~ 2.483 5 GHz，小功率使用该频段，无需向各国的无线电资源管理部门申请使用频段许可证。

2. 可传输语音和数据

蓝牙采用电路交换和分组交换技术，支持异步数据信道、三路同步语音估道。每个语音信道数据速率为 64 kb/s，语音信号编码采用脉冲编码调制（PCM）或连续可变斜率增量调制（CVSD）方法。当采用非对称信道传输数据时，速率最高为 721 kb/s，反向为 57.6 kb/s；当采用对称信道传输数据时，速率最高为 342.6 kb/s。蓝牙有两种链路类型：异步无连接（Asynchronous Connected_Lens，ACL）链路和同步面向连接（Synchronous Connection-Oriented，SCO）链路。

3. 可以建立临时性的对等连接（Ad-hoc Connection）

据蓝牙设备在网络中的角色，可分为主设备（Master）与从设备（Slave）。主设备是主动发起连接请示的蓝牙设备，几个蓝牙设备连接成一个蓝牙微网时，其中只有一个主设备，其余的均为从设备。蓝牙微网是蓝牙最基本的一种网络形式，最简单的蓝牙微网是一个主设备和一个从设备组成的点对点的通信连接。

通过时分复用技术，一个蓝牙设备可以同时与 8 个不同的蓝牙微网保持同步，具体来说，是该设备按照一定的时间顺序参与不同的蓝牙微网，即某一时刻参与某一蓝牙微网，而下一时刻参与另一个蓝牙微网。

4. 具有很好的抗干扰能力

工作在 ISM 频段的无线电设备有很多种,如家用微波炉、无线局域网(Wireless Local Area Network,WLAN) 和 HomeRf 等产品,为了很好地抵抗来自这些设备的干扰,蓝牙采用了跳频方式来扩展频谱,将 2.40 ~ 2.48 GHz 频段分成 79 个频点,相邻频点间隔 1 MHz。蓝牙设备在某个频点发送数据之后,再跳到另一个频点发送,而频点的排列顺序由 PN 码序列确定,每秒频率改变 1 600 次(1 600 跳/秒),每个频率持续 625 Us。

5. 蓝牙模块体积很小,便于集成

由于个人移动设备的体积较小,嵌入其内部的蓝牙模块体积就应该更小,如爱立信公司的蓝牙模块 ROKI01008 的外形尺寸仅为 32.8 mm × 16.8 mm × 2.95 mm。

6. 低功耗

蓝牙设备在通信连接(Connection) 状态下,有 4 种工作模式,即激活(Active) 模式、呼吸(Sniff) 模式、保持(Hold) 模式和休眠(Park) 模式。Active 模式是正常的工作状态,另外三种模式是为了节能所规定的低功耗模式。

7. 开放的接口标准

SIG 为了推广蓝牙技术的使用,将蓝牙的技术标准全部公开,全世界范围内的任何单位和个人都可以进行蓝牙产品的开发,只要最终通过 SIG 的蓝牙产品兼容性测试,就可以推向市场。

8. 成本低

随着市场需求的扩大,各个供应商纷纷推出自己的蓝牙芯片和模块,蓝牙产品价格大幅下降。

9. 应用广泛

基于无线通信的方便性,越来越多的行业都在积极地推广使用蓝牙技术,在其产品中实施该技术。而低功耗、小体积及低成本的芯片解决方案使蓝牙技术甚至可以应用于极微小的设备中。

10. 使用方便

蓝牙通信只需要在两台设备之间完成,不要求固定的基础设施,也不需要一台主机来管理。而且易于安装和设置,使用前只需要检查可用的配置文件,将其连接至使用同一配置文件的另一台蓝牙设备即可。

11. 无方向要求

蓝牙通信范围可达 10 m,某些设备甚至可达到 100 m。蓝牙信号能够穿透实心物体,而且是全方向有效的,不要求将连接设备放置在可见范围内。

6.2.3　蓝牙标准

蓝牙标准已经推出了多个版本，包括 V 1.0、V 1.1、V1.2、V2.0、V2.1、V3.0 和 V4.0。

1. V1.0

V1.0 是蓝牙标准的第一个版本。该标准存在很多问题，并没有得到广泛应用。

2. V1.1

V1.1 改善了蓝牙设备之间的通信能力。由于标准自身的缺陷，该标准的产品容易受到同频率其他产品，如 IEEE 802.11b 产品的干扰，从而影响通信质量。

3. V1.2

V1.2 标准改进了蓝牙的整体架构；增强了设备间的快速连接能力，并增加了跳频功能，以改进通信质量；增强通信的安全性，进一步满足了高质量语音与音乐传输的需求。

4. V2.0+EDR

V2.0+EDR 于 2004 年发布，在 V1.2 的基础上增加了 EDR（Enhanced Data Rate）功能，数据传输速率最高可达到 2 ~ 3 Mb/s。减少了工作负载循环（Duty-cycle），以降低能源消耗，进一步改善了位误差率（Bit Error Rate，BER）的表现，是一款应用较广泛的蓝牙标准。

5. V2.1+EDR

V2.1+EDR 于 2007 年发布，针对前面几个标准一直存在的配对流程问题，蓝牙 V2.1+EDR 标准对设备配对过程中的繁杂操作做了改善。以往在连接过程中需要利用个人识别码 PN 来确保连接的安全性，而改进后的连接方式则会自动使用数字密码进行配对连接，使配对连接变得非常简单。

该标准进一步降低了蓝牙的功耗，使得使用电池供电的蓝牙设备的工作时间更长。

6. V3.0+HS

V3.0+HS 于 2009 年 4 月正式发布，该标准提高了数据传速率（High Speed，HS），这是因为标准中集成了 IEEE 802.11 标准中的协议适应层（Protocol Adaptation Layer，PAL），从而将其传输速率提高到了约 24 Mb/s，即在需要的时候调用 IEE. 802.11 功能以实现高速数据传输。

V3.0+HS 标准中引入了增强电源控制（EPC）机制使，功耗明显降低。

采用该标准的设备可以广泛应用于消费及娱乐类电子，以用户所期望的速度传送视频、音频及图像等数据。

7. V4.0

2009 年 12 月，低功耗的 V4.0 版本发布。该标准大幅度降低了蓝牙的功耗。

蓝牙 V4.0 与现有蓝牙版本一样使用 2.4 GHz 频段，数据传输距离可达 10 m 以上，最高传输速率可达 1 Mb/s。

6.2.4 蓝牙通信的原理

1. 微微网

微微网（Piconet）由主设备和从设备组成。

在蓝牙通信过程中，相互通信的设备将同步至一个共用时钟和跳频模式，并共享一个无线电频道。提供同步基准的设备称为主设备，其他设备则称为从设备。以此方式同步的一组设备形成了一个微微网，从而形成蓝牙无线通信技术的基本形式。

2. 跳　频

微微网中的设备使用特定跳频模式。该模式由蓝牙地址中的特定字段和主设备时钟依据特定算法来确定。基本跳频模式是对公共波段 2.4 GHz 中的 79 个频率进行伪随机排序。跳频模式中可以排除一些干扰设备使用的频率。

物理频道被细分为称作时隙（Time Slots）的时间单位。数据以时隙中的数据包形式在蓝牙设备间传送。如果条件允许，可以将多个连续时隙分配给一个数据包。跳频发生在传输或接收数据包时。蓝牙技术通过使用时分双工（Time-Division Duplex，TDD）方案提供全双工传输效果。

3. 蓝牙通信

在物理信道以上的信道及链路层级作为物理链路、逻辑传输、逻辑链路及 L2CAP 信道。

1）物理链路

在物理信道内，任意两个蓝牙设备之间可以形成物理链路，并且可双向传输数据包。在微微网物理信道中对哪些设备可以形成物理链路有一些限制。每个从设备和主设备间有一个物理链路，而微微网中的从设备之间不会直接形成物理链路。

2）逻辑链路

逻辑链路可实现不同数据类型的数据传输。物理链路可作为一个或多个逻辑链路的传输层，支持单播同步通信、异步通信及广播通信。逻辑链路上的通信通过时隙分化到物理链路上。

6.2.5 蓝牙核心系统

蓝牙核心系统包括 RF 收发器、基带和相关协议栈，提供了蓝牙设备之间的连接和各种类型数据的交换。蓝牙核心系统包含有 4 个最低层及其关联协议，通用服务层协议，以及服务发现层协议（Service Discovery Protocol，SDP）。所有配置文件要求由通用访问配置文件（Generic Access Profile，GAP）指定。蓝牙核心结构如图 6.1 所示，完整的蓝牙应用还要求除蓝牙核心系统外的多项附加服务和较高层协议。

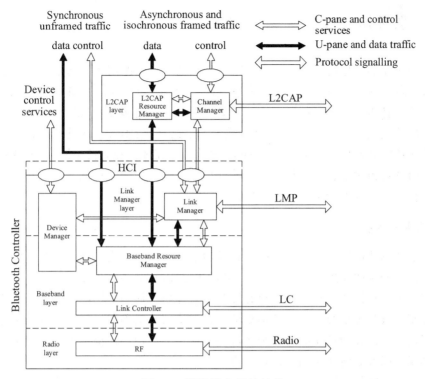

图 6.1 蓝牙核心系统结构

1. 蓝牙控制器

通常将蓝牙核心系统中的射频层、基带层和连接层归纳为一个子系统,称为蓝牙控制器。在蓝牙控制器和蓝牙系统其余部分(包括 L2CP、服务层及较高层的蓝牙主机)之间有标准的物理通信接口。蓝牙标准通过定义蓝牙控制器和蓝牙主机之间的常用接口,实现蓝牙控制器与蓝牙主机之间的互操作性。

2. 核心系统协议

蓝牙标准对所有设备间操作定义了标准的交互方式。蓝牙设备根据蓝牙协议标准来交换信号。蓝牙核心系统协议标准包含射频协议、链路控制协议、链路管理器协议和逻辑链路控制和适配协议(Logical Link Control and Adaptation,L2CAP)。

蓝牙核心系统通过多个服务接入点来提供服务,这些服务控制由控制蓝牙核心系统的基础服务原语组成。服务分为 3 种类型:用于修改蓝牙设备行为和模式的设备控制服务;用于创建、修改和释放通信载体(信道和链路)的传输控制服务,通过通信载体提交传输数据的数据服务。通常前两项服务被视为控制平面(C-plane)类,后一项则属于用户平面(U-plane)类服务。

3. L2CAP

L2CAP 层为应用和服务提供了基于信道的提取。它可以执行应用数据的分割和重组,并通过一个共享逻辑链路执行多个信道的复用或解复用。提交至 L2CAP 协议的应用数据可以负载于支持 L2CAP 协议的任意逻辑链路上。

6.2.6 蓝牙协议栈

蓝牙（Bluetooth）是近几年才出现和发展起来的一种短距离无线通信技术，它是一种综合技术，由许多组件和抽象层组成。蓝牙运行在 2.4 GHz 的非授权 ISM 频段，通信距离只有 l0 m 左右。蓝牙技术具有不同的通信方式，如点对点，点对多点和较复杂的散射网方式。蓝牙技术标准的开发主要是由早在 1998 年由爱立信、诺基亚、IBM、东芝和英特尔 5 家公司主导成立的蓝牙特殊利益集团（Bluetooth SIG）来完成。蓝牙特殊利益集团在 1999 年发布最早的 Bluetooth 1.0 规范版本，蓝牙技术标准的推出则是为了使得这种低成本低功耗的短距离无线通信技术在全球范围得到更广泛的使用。

1. 蓝牙协议栈简介

为了保证各制造商所生产的支持蓝牙无线通信技术的设备之间能够相互通信，蓝牙规范必须做出较详细的说明和规定。蓝牙规范 1.0 版本是 1999 年发布的最早版本，其主要包括两大部分：核心规范和协议子集规范，核心规范对蓝牙协议栈中各层的功能进行定义，规定系统通信、控制、服务等细节；协议子集规范由众多协议子集构成，每个协议子集详细描述了如何来利用蓝牙协议栈中定义的协议来实现一个特定的应用，还描述了各协议子集本身所需要的有关协议，以及如何使用和配置各层协议。

蓝牙协议栈的结构如图 6.2 所示，蓝牙协议栈与 ISO 制定的 OSI 模型有些不同。蓝牙协议议栈支持参与节点之间的 Ad-Hoc，并且对资源缺乏的设备进行功率保持和自适应调整，以便支持典型的网络协议的所有层，蓝牙协议是事件驱动的多任务运行方式，它本身作为一个独立的任务来运行，由操作系统协调它和应用程序之间的关系。

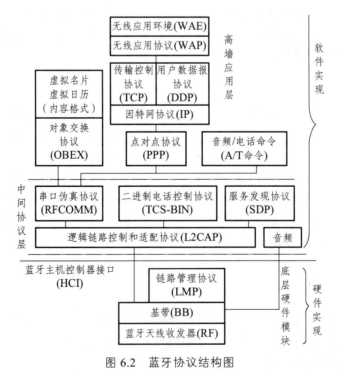

图 6.2 蓝牙协议结构图

2. 蓝牙协议栈分析

按照普遍的分类方法，把蓝牙协议栈中的协议组成分为以下三大类：

第一类是由蓝牙特殊利益集团专门针对蓝牙开发的核心规范（Specification of Bluetooth System-Core），其包括：无线层规范（Radio Specification，RF），基带规范（Base Band Specification），链路管理器协议（Link Manager Protocl，LMP），逻辑链路控制与适配协议（Logical Link Control and Adaptation Protocol Specification，L2CAPI），服务发现协议（Service Discovery Protocol，SDP），通信协议簇，主机控制接口功能协议簇，测试与兼容性和附件。

第二类是由蓝牙特殊利益集团基于现有的协议开发而成的协议子集规范（Specification of the Bluetooth System Profiles），包括：通用接口描述文件、服务与应用描述文件、无线电话描述文件、内部通信描述文件、串行接口描述文件、头戴设备描述文件、拨号网络描述文件、传真描述文件、局域网访问描述文件、通用交换描述文件、目标推送描述文件、文件传输描述文件、同步描述文件和附件。

第三类是蓝牙特殊利益集团采纳的其他组织制定的协议，即根据不同的应用需要来决定所采用的不同协议，例如图 6.2 中所显示的 PPP、TCP-/UDP、IP 和对象交换协议等。PPP 运行于串行接口协议上，实现点对点的通信；TCP/UDP 和 IP 都是互联网通信的基本协议，在蓝牙设备中通过采用这些协议可以实现与连接在互联网上的其他设备之间的通信；对象交换协议是采用简单和自发的方式交换对象，它提供了类似于 HTTP 的基本功能。

以上三部分组成了完整的蓝牙协议。在这协议中，核心的协议主要是无线层规范、基带层规范、链路管理器协议、逻辑链路控制与适配协议和服务发现协议，绝大部分的蓝牙设备都需要这 5 个协议，而其他的协议则根据应用的需要而定。下面就从功能、采用的主要技术和实现原理方面来对各子层协议进行介绍。

1）蓝牙无线层

蓝牙无线层，它是蓝牙规范定义的最底层，其主要是完成处理空中接口数据的发送和接收，包括载波产生、载波调制和发射功率控制等。在蓝牙规范中的无线层规范中定义了蓝牙无线层的技术指标，包括频率带宽、带外阻塞、允许的输出功率以及接收器的灵敏度等。基于蓝牙技术的设备运行在 2.4 GHz 的 ISM 频段，在 2.4 GHz 频段范围共分为 79 个信道，每个信道为 1 MHz，数据传输速率 1 Mb/s，蓝牙无线层采用跳频扩频（FHSS）技术，跳速为 1 600 hops/s，在 79 个信道中采用伪随机序列方式跳频。

蓝牙采用时分双工方式接收和发送数据，采用高斯移频键控（GFSK）作为调制技术。蓝牙设备工作在 ISM 频段，由于运行在该频段的无线设备比较多，蓝牙设备在工作过程中会受到来自家电、手机等无线电系统的干扰。为了提高蓝牙系统的抗干扰能力和防盗听能力，蓝牙采用了 FHSS 技术，蓝牙发射机以 2.4 GHz 为中心频率，按照所限定的速率从一个频率跳到另一个频率，不断地搜寻其中干扰较弱的信道，跳频的频率和顺序由发射机内部产生的伪随机码来控制，接收机则以相对应的跳频频率和顺序来接收。只有跳频频道和时间相位都与发射机相同，接收机才能正常对接收到的数据进行正常解调，而且一个频率上的干扰只会产生局部数据的丢失或者错误，而不会影响整个蓝牙系统的正常工作，因此，采用 FHSS 技术有效地提高了蓝牙系统的抗干扰能力和安全性。

FCC 规定，工作在 ISM 频段中不采用扩频技术的无线通信设备的最大发射功率不能超过

1 mW，如果想要获得更高的发射功率，必须采用扩频技术。采用扩频技术的无线通信设备的最大发射功率最高可达 100 mW。按照蓝牙规范中最大发射功率的不同，可把蓝牙设备分为 1～100 mW、0.25～2.5 mW、1 mW 三个功率等级，蓝牙设备制造商最常用的是 0.25～2.5 mW 这个功率等级。当然，对于蓝牙设备的实际的功率控制是通过接收机随时监测它自身的接收信号强度指示器实现的。

2）基带层

从图 6.2 可知，蓝牙协议栈中基带层位于蓝牙无线层之上。基带层定义了蓝牙设备相互通信过程中必需的编码/解码、跳频频率的生成和选择等技术。基带层规范还定义了各个蓝牙设备之间物理射频连接，以便组成一个微微网。在基带层可以组合电路交换和分组交换，为同步分组传输预留时间槽，一个分组可占 1 个、3 个或者 5 个信道，每个分组以不同跳频发送。同时，基带层还具有把数据封装成帧和信道管理的功能。

蓝牙可以提供点对点和点对多点的无线通信。在基于蓝牙的网络中，所有设备的地位都是平等的。这些设备在网络中具有主设备和从设备之分，一个主设备最多可以同时和 7 个从设备进行通信，一个主设备和一个或者多个从设备可以组成一个微微网（见图 6.3），微微网中的设备共享一个通信信道，而且每个微微网都有其独立的时序和跳频顺序。多个（最多可达 256 个）微微网可以形成一个散射网（见图 6.4）。每个微微网中只能有一个主设备，任何蓝牙设备既可以作为主设备，也可以作为从设备，也可以在作为一个微微网的主设备的同时又是另一个微微网的从设备。当出现同一设备属于多个微微网中的成员时，就使微微网之间的通信成为可能。因此，利用蓝牙技术可以组建点对点微微网、点对多点微微网和由多个微微网形成的散射网。

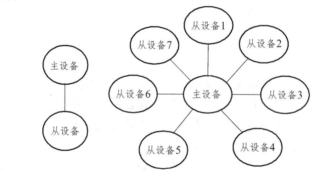

图 6.3　蓝牙微微网结构

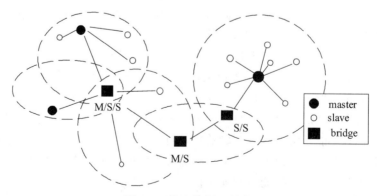

图 6.4　蓝牙散射网结构

一般来说，形成散射网的每个微微网都有一个主设备，而且每个设备都只有一个固定的角色。在图 6.4 中显示的是一种比较特殊的散射网，它由两个微微网组成的，散射网设备甲是微微网 1 的主设备，设备乙是微微网 2 的主设备，但是当这两个微微网组成一个散射网时，在微微网 2 中作为主设备的设备乙在微微网 1 中又扮演从设备的角色，那么相当于设备乙在整个散射网中扮演主/从设备的双重角色。

在基带中，为微微网的主设备和从设备之间提供了两种基本的物理链路类型，同步面向连接链路（SCO）和异步无连接链路（ACL）。

同步面向连接链路是主设备和从设备之间的对称、点对点的同步链路。SCO 链路不仅能传输数据分组，也能传输实时性要求高的语音分组，而且该链路主要用于传送语音。SCO 链路通过预先保留的时隙来连续地传输信息，它可以看成电路交换连接的一种类型，但是 SCO 链路不允许分组进行重传。微微网中的一个主设备与从设备最多只能同时建立三个 SCO 链路，不同主设备之间只能建立两个 SCO 链路。

ACL 链路提供了分组交换的机制，用于承载异步数据，它只能传输数据分组。在没有为 SCO 链路预留时隙时，主设备可以通过 ACL 链路与任何从设备进行数据交换；主设备在为同步 SCO 传输预留时隙后，把 ACL 传输分配在剩下的时隙中。可以看出，SCO 链路的优先级比 ACL 链路高。由于一个主设备和一个从设备之间只能存在一条 ACL 链路，可以通过重传发生错误的分组来保证数据的完整性和正确性。ACL 链路支持广播方式，主设备可以同时向微微网中的所有从设备发送消息，未指定从设备地址的 ACL 分组被认为是广播分组，可以被所有从设备接收。主设备负责控制 ACL 的带宽和传输的对称性。

蓝牙规范协议中还定义了 LC 信道、LM 信道、用户同步数据信道、用户异步数据信道和用户等时数据信道 5 种逻辑信道。在这 5 种信道中，LC 信道映射到分组头，其他信道映射到分组的有效载荷，用户同步数据信道只能映射到 SCO 分组，其他信道可以映射到 ACL 分组。

在蓝牙规范中，可以根据不同的方法来对分组进行分类。

根据分组的作用，分为用户数据分组和链路控制分组。用户数据分组又分为 SCO 分组和 ACL 分组，链路控制分组又分为 ID 分组，NULL 分组，FS 分组，POLL 分组。

根据分组携带的信息，分为语音分组、数据分组和基带数据分组。基带数据分组允许提示携带语音和数据，但是其中的语音字段不允许重传，数据字段可以重传。所有的语音和数据分组都附有不同级别的前向纠错或循环冗余校验编码，并可以进行加密，以保证传输的可靠性。

根据分组的长度，分为单时隙分组和多时隙分组（3 个或者 5 个时隙），每个时隙长度均为 625 μs。

蓝牙协议基带规范中定义了分组的一般格式，如表 6.1 所示。

表 6.1　分组的一般格式

访问码	分组头	净荷
72 b/68 b	54 b	0~2 745 b

这三个组成部分并不是必须全部包括的，也就是说，可以根据分组类型的不同包含不同

的组成部分。例如，在 ID 分组中可以只包括访问码，在 NULL 分组和 POLL 分组中只包括访问码和分组头。下面将对这三个部分进行简单介绍。

访问码：如果在分组格式中有分组头则访问码的长度为 72 b，否则为 68 b。访问码具有伪随机性，根据蓝牙设备的工作模式不同，可以具有不同的功能。它可以作为标识微微网的信道访问码，也可以作为用于特殊信令过程的设备访问码，还可以作为用于查询通信范围内蓝牙设备的查询访问码。

分组头：分组头的长度为 54 b，其中包含链路控制信息。

净荷：由表 6.1 可知，净荷的长度比较灵活，最长可达 2 745 b。净荷包含需要传送的有效信息，如语音字段和数据字段。

3）链路管理器协议

在链路管理中，其作用主要是由链路管理器来实现的。链路管理器主要完成基带连接的建立和管理，其中主要是微微网的管理和安全服务，完成链路配置、时序/同步、主从设备角色切换、信道控制和认证加密等功能。在信道控制中，所有信道控制的工作都由主设备管理；同时它还为上层的软件模块提供了不同的访问接入口，可以控制无线设备的工作周期和 QoS，并使微微网中的设备处于低功率模式。

概括起来，链路管理器实现的功能主要有以下三个方面：

（1）处理控制和协商基带分组的大小。

（2）链路管理和安全性管理，包括 SCO 和 ACL 链路的建立和关闭、链路的配置（蓝牙设备主/从角色的转换）、密钥的生成、交换和控制等。

（3）管理设备的功率和微微网中各设备的状态，如使微微网中的设备处于低功率模式。

蓝牙规范定义了在蓝牙设备的链路管理器之间传输的链路管理器协议数据单元（LMP_PDU），主要用于链路的管理、安全和控制。LMP_PDU 的优先级很高，甚至高于 SCO 分组传输，它也是 ACL 分组的净荷，作为单时隙分组在链路管理逻辑信道上传输。

（1）链路管理器协议链路的建立和关闭。

链路管理器（LM）负责蓝牙设备之间基带连接的建立和管理。LMP 不封装任何高层的 PDU，因而，LMP 事务与任何高层无关。在这里要注意的是：链路管理器之间的交互是非实时的。当一个蓝牙设备希望与其他蓝牙设备进行通信时，链路管理器通过控制基带建立一条 ALC 链路。ACL 链路的建立过程如图 6.5 所示，主设备的链路管理器首先发送链路管理器协议连接请求数据单元给从设备，从设备则对该请求进行响应，如果接受主设备的连接请求则返回链路管理器协议连接接受数据单元，否则返回链路管理器协议连接拒绝数据单元，但是不给出拒绝连接的原因。在连接请求被接受之后，主设备和从设备的链路管理器就对链路的相关参数进行协商。协商完了之后，主设备发送链路管理器协议连接完成数据单元，从设备则响应返回链路管理器协议接受数据单元。

在建立了 ACL 链路之后，可以使用 LMP 消息在已有的 ACL 链路上建立 SCO 链路，主设备和从设备都可以发起 SCO 链路的建立过程，当主设备发送请求建立一条 SCO 链路时，它发送一个链路管理协议 SCO 请求数据单元，从设备只需响应返回链路管理器协议接收数据单元来接受请求或者链路管理器协议拒绝数据单元来拒绝请求。

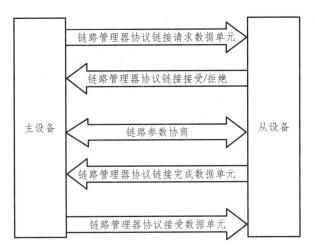

图 6.5　ACL 链路的建立过程

从设备也可以通过链管理器协议 SCO 请求数据单元发起 SCO 链路的建立。如图 6.6 所示，在前面的内容中讲述到，一个主设备可以同时和多个从设备建立 SCO 链路，那么从设备指定的某些参数可能已经被主设备的另外 SCO 链路所使用。所以从设备的链路管理器协议 SCO 请求中的参数是无效的。如果主设备拒绝建立 SCO 链路请求，则响应返回链路管理器协议请求拒绝数据单元。对蓝牙链路的关闭，主设备和从设备都可以发起。

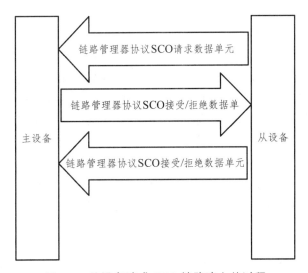

图 6.6　从设备请求 SCO 链路建立的过程

（2）主/从角色的切换。

一般情况下，在蓝牙微微网建立时，首先发出寻呼请求的设备默认为主设备，处于寻呼扫描的设备为从设备。主设备负责确定分组的大小、信道时间间隙、控制从设备的带宽和同步时序等。

一般应用中，都需要主设备和从设备的角色切换。在 LMP 中提供了实现主/从角色切换的方法。由图 6.7 来对主/从角色切换过程进行说明，图中左边的微微网由分别编号为 0、1、

2、3、4的设备组成，设备0为主设备，其他为从设备。当微微网中有设备请求角色切换时，则该设备发送转换请求，如果有设备接受角色切换，则进行响应返回接受请求。以图6.7为例，假如从设备1请求角色切换，主设备0接受请求，那么左边的微微网1就分成右边的微微网2和微微网3。在微微网1中原来编号为1的从设备在微微网3中则成了主设备，而在微微网1中原来编号为0的主设备在微微网3中成了从设备，但是在微微网2中，编号为0的设备仍然扮演主设备角色，编号为2、3、4的设备角色没有改变。从这可以看出，编号为0的设备扮演了双重角色，这样也完成了主/从角色切换。

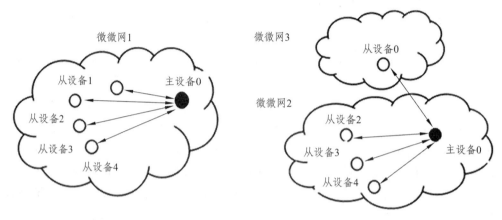

图6.7 主/从角色切换示意图

4）逻辑链路控制和适配协议层

逻辑链路控制和适配协议层（L2CAP）是蓝牙协议栈的核心组成部分，是其他协议实现的基础。它主要是完成协议的多路复用/分用、接收上层的分组分段传输、在接收端进行重组和处理服务质量等。在逻辑链路控制和适配协议层的流量控制和差错控制要依赖于基带层。逻辑链路控制和适配协议层提供三类逻辑信道：无连接信道，它支持无连接服务，而且是单向的，其主要用于从主设备到多个从设备的广播，提供可靠的数据报服务；面向连接信道，类似于HDLC，它支持面向连接的服务，每个信道都是双向的，且每个方向都指定了质量流规范，可用于双向通信；信令信道，它是一种保留信道，提供了两个L2CAP实体之间信令消息的交换。但是需要知道的是：逻辑链路控制和适配协议只能在基带上运行，而不能在其他的介质层上运行。

（1）信道复用。

在逻辑链路控制和适配协议中采用了复用技术，允许多个高层连接通过一条ACL链路传输数据，任何两个逻辑链路控制和适配协议端点之间可以建立多个连接。换句话说，蓝牙协议栈高层的多个不同的应用程序可以共享一条ACL链路，那么如何来区分各应用程序的分组呢？每个数据流都在不同的信道上运行，每个信道的端点都有一个唯一的信道标识符，逻辑链路控制和适配协议就是采用这个信道标识符来标识分组的。这样，当逻辑链路控制和适配协议接收到一个分组后，就可以正确地交给对应的处理程序。

（2）信道连接的建立、配置和断开。

逻辑链路控制和适配协议使用ACL链路来传输数据。逻辑链路控制和适配协议可以向高层协议和应用程序提供面向连接和无连接两种数据服务。下面就面向连接的信道的建立、配置和断开进行介绍。

首先是建立连接阶段，任何一个设备（本地设备）的高层协议层发送一个连接请求到逻辑链路控制和适配协议层。如果当时没有可用的 ACL 链路，逻辑链路控制和适配协议再发送一个连接请求到低层协议层，然后通过空中接口传输到另一个需建立连接的设备（远程设备）的低层协议层，然后再向上传递到逻辑链路控制和适配协议层。这个过程与 TCP/IP 协议传送报文的过程很相似。

在逻辑链路控制和适配协议连接建立之后，还不能执行数据传输功能，必须要对信道进行配置才可以。一般情况下，该过程依次由以下几个步骤完成，如图 6.8 所示。

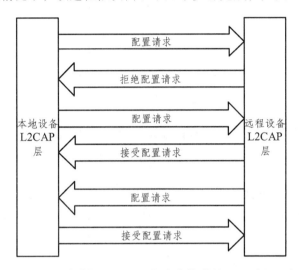

图 6.8 逻辑链路控制和适配协议中信道的配置过程示意图

本地设备发送配置请求给远程设备，请求中包含了一个通信方向上的信道配置参数。远程设备对这个请求做出响应，它可以接受也可以拒绝该请求。

当远程设备拒绝了请求时，则本地设备和远程设备进入配置协商阶段。本地设备改变其配置参数，然后重发配置请求，直到远程设备接受请求为止。

在这个通信方向配置好了后，远程设备发送相反通信方向上的配置请求。如果这两个设备在限定的时间内就参数的配置还没有达成一致，它们将放弃信道的配置并关闭连接。如果达成一致，则配置完成。此时，信道就可以进行数据的发送和接收。

逻辑链路控制和适配协议中信道的断开有两种方式：一种是在数据传输结束后，高层协议将发送连接关闭请求给逻辑链路控制和适配协议层。逻辑链路控制和适配协议层的信道中每个设备都可以发起关闭连接的请求。当逻辑链路控制和适配协议接收到关闭连接请求分组后，通过低层向信道另一端的逻辑链路控制和适配协议发送该连接关闭请求。接收到连接关闭请求的逻辑链路控制和适配协议端将对其响应并返回信息，其过程如图 6.9 所示。

另一方式是因为超时而断开连接。在逻辑链路控制和适配协议层发送一个信号后都将启动一个响应超时定时器，定时器的时间值可以自主来设定。当超过设定的时间值还没有收到对应的响应分组时，就会断开连接。如果是重发分组，则把定时器的时间值设置为原来的 2 倍就可以了。当然，时间的设定值有个最大限度。

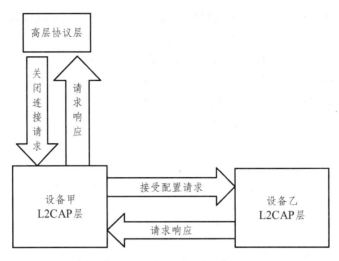

图 6.9　逻辑链路控制和适配协议中信道关闭过程示意图

5）服务发现协议

服务发现协议层即 SDP 层，实现查询服务，对连接到某请求服务的详细属性进行查询；建立到远程设备的 L2CAP 连接，建立一个使用某服务的独立连接，下面就服务发现协议的重点内容进行探讨。

（1）SDP 的客户机/服务器模型。

服务发现协议是一种客户机/服务器结构的协议。SDP 服务器主要是为其他的蓝牙设备提供服务，而 SDP 客户机是在有效通信范围内享用服务的对象。任何一个蓝牙设备都可以同时作为服务器和客户机，每个 SDP 服务器都有自己的数据库，与服务有关的信息存放在 SDP 数据库中。SDP 客户机和服务器之间要进行服务信息的交换，则事先要在它们之间建立 L2CAP 链路，L2CAP 链路建立之后，就可以进行服务信息的查询。一个 SDP 客户机必须按照一定的步骤来查找 SDP 服务器提供的服务，其步骤如下：

① 与远程设备建立 L2CAP 链路连接；

② 搜索 SDP 服务器上指定的服务类型或者浏览事务列表；

③ 获得连接到指定服务所需要的属性值；

④ 建立一个独立的非 SDP 连接来使用连接到的指定服务。

（2）SDP 数据库。

SDP 数据库中存放的是 SDP 服务器能够提供的所有服务的记录列表：一条服务记录包括了描述一个给定服务的所有信息，它是由一系列属性组成的。服务记录中的每个属性值都描述了服务的一个不同特征。服务记录中的属性值可以分为通用服务属性和专用服务属性。通用服务属性是所有类型的服务都可能包括的信息，它可以被所有类型的服务使用，每个服务的服务记录中并不一定包括所有的通用服务属性，但是有两个通用服务属性是所有的通用服务都必须包括的，分别是服务类型属性和服务记录句柄。服务类型属性定义了服务的类型，其属性 ID 为 0x0001；服务记录句柄作为服务记录的指针，唯一地标识了一个 SDP 服务器中的每条服务记录，其属性 ID 为 0x0000，属性值是一个 32 位的无符号整数。专用服务属性与一个特定的服务类型有关，根据服务类型不同其应用也不同。

（3）通用唯一标识符。

在蓝牙协议的 1.0 版本中的 SDP 部分只定义了一些通用的服务。在实际应用中，为了保证任何独立创建的服务之间不发生冲突，通过为每个服务定义分配一个通用唯一标识符（UUID）来解决该问题。UUID 是一个长度为 128 位的数值，它是通过一定的算法计算出来的，并不是随便构造的，这样就使得 UUID 不会重复。在上面提到过，每个服务记录都有一个 UUID 属性，它可以包含在 SDP 查询消息中，然后发送给服务器，以便查询该服务器是否支持与指定 UUID 匹配的服务。

（4）SDP 消息。

SDP 消息为客户机发现服务器所支持的服务及服务属性提供了方法，SP 客户机和服务器之间需要通过交换消息来获得服务类型及所需要的信息，这些用于交换的消息被封装为 SDP 协议数据单元进行传输。客户机通过两种方式来发现服务器提供的服务和服务属性，一种是浏览服务器中所有可用的服务列表来查找需要的服务，另一种是特定的服务查询。前者是客户机先从根节点开始浏览，然后是各个叶节点，逐层往下；后者是客户机已经知道比了它正在搜寻的服务器中服务的 UUID，就可以直接在服务查询消息中包含这个 UUID，可以直接在服务查询信息中包含这个 UUID 值，蓝牙的 SDP 具有以下两个优点：

① 简单性，每个蓝牙应用模式几乎都要用到服务发现协议，这就要求执行服务发现协议的过程尽量简单。

② SDP 是经过优化的运行于 L2CAP 之上的协议，它有限的搜索能力及非文本的描述方式具有良好的紧凑性和灵活性，可以减少蓝牙设备通信过程的初始化时间。

无论客户机是通过浏览服务器上的层次服务列表来查找服务，还是查找某个特定的服务，一般都要按照以下几个步骤进行，如图 6.10 所示。

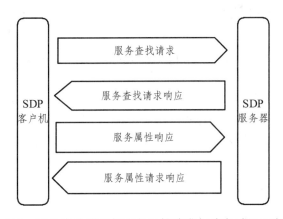

图 6.10　服务查找请求与服务属性请求与响应过程示意图

首先，客户机发送一个服务查找请求消息给服务器，服务查找消息中包含了有 UUID 的服务查找模式，服务器返回的最大匹配的服务记录数，以及延续状态等参数。如果服务器有与服务查找模式相匹配的服务，它返回一个消息，在消息中包含一个或多个满足要求的服务句柄，然后，客户机用获得的服务句柄向服务器发送一个服务属性请求消息，获取服务的通用和专用服务属性，为后续的服务连接提供足够的信息，服务器返回与服务句柄有关的属性值。

由于在蓝牙规范 1.0 中的 SDP 部分没有指定接入服务的方式，因此在完成上述过程后，客户机利用所获得的服务属性，采用其他的协议来与服务器建立连接，以便接入和使用该服务。

为了加快服务查询和获得服务属性的速度，SDP 还提供了一种服务查找属性请求消息，它实际上是服务查找请求和服务属性请求的结合。客户机只需要发送一个包括了需要查找的服务和要求返回的服务属性的请求，服务器就可以返回匹配的服务句柄及相关服务属性，这种方式在需要访问大量服务记录的时候可以有效提高访问效率。

6.2.7　蓝牙技术的发展趋势

在 Bluetooth SIG 发布 Bluetooth1.0 规范后，又先后发布了 V1.1 和 V1.2 版本。由于其他无线通信技术的不断出现，蓝牙的高传输速率变得越来越没有竞争优势，蓝牙和 V1.1 和 V1.2 的数据传输速率都不超过 1 Mb/s，直到 2005 年 3 月，Bluetooth SIG 发布了新的标准（Bluetooth 2.0+DR Enhanced Date Rate）将传输速率提升至 2 Mb/s。蓝牙的另一大问题是它的专利主要被几家创始公司所拥有，并且 Bluetooth SIG 在与 IEEE 的合作过程中，对 802.15 的工作进行了限制，不允许其对蓝牙标准进行过多的修改，这使得蓝牙作为一个国际标准推广受到影响。计算机行业，移动通信行业和家电行业都对蓝牙技术十分青睐，认为蓝牙技术将对未来的无线移动通信业务产生巨大的促进作用。蓝牙技术持续发展的最终形态脱离了以手机为核心的发展框架，在各类 PC 周边产品之间以蓝牙技术传输资料的应用正在同步进行，而不局限于手机架构下。蓝牙技术已经被公认为无线数据通信最为重要的发明之一。

6.2.8　蓝牙的应用规范

蓝牙规范的应用模式有很多，归纳起来主要包括以下四种应用模式：

1. 通用访问应用（GAP）模式

定义了两个蓝牙单元如何互发现和建立连接，它是用来处理连接设备之间的相互发现和建立连接的规则，保证两个蓝牙设备，不管是哪一家厂商的产品，都能够发现对方设备支持何种应用，并能够交换信息。

2. 服务发现应用（SDAP）模式

定义了发现注册在其他蓝牙设备中的服务过程，并且可获得与这些服务相关的信息。

3. 串口应用（5PP）模式

定义了在两个蓝牙设备间基于 RFCOMM 建立虚拟的串口连接的过程和要求。

4. 通用对象交换应用（GOEP）模式

定义了处理对象交换的协议和步骤，文件传输应用和同步应用都是基于这一应用的，笔记本式计算机、PDA（掌上计算机）、移动电话是这一应用模式的典型应用载体。

6.2.9 蓝牙的安全问题

蓝牙网络与任何一种通信网络一样，会面对各种问题，如假冒、窃听、未授权访问和拒绝服务等，因此，蓝牙协议体系就需要设立安全管理机制以保证通信的可靠性。

蓝牙安全体系结构为蓝牙设备提出了三种安全模式：

安全模式 1：蓝牙设备没有受到任何安全保护的模式。

安全模式 2：服务级安全模式，它是建立在 L2CAP 层以上的安全保护模式。

安全模式 3：链路级安全模式，即在 LMP 连接建立之前要进行鉴权或数据加密。

目前，市场上已经推出面向 PC 机、笔记本式计算机、手机、PDA、数字照相机的蓝牙通信功能，随着移动通信市场的飞速发展，具有价格低廉、应用方便等优势的蓝牙技术将大有发展。

6.3 项目实施

蓝牙转串口模块，采用正点原子的 ATK-HC05-V13。该模块是一款高性能的主从一体蓝牙转串口模块，可以同各种带蓝牙功能的计算机、手机、PDA 等智能终端配对。其支持的波特率范围较宽：4 800～1 382 400，且兼容 5 V 或 3.3 V 单片机系统，实现与产品的便捷连接。该模块各参数如表 6.2 和表 6.3 所示。

表 6.2　ATK-HC05 基本特性

项 目	说 明
接口特性	TTL，兼容 3.3 V/5 V 单片机系统
支持波特率	4 800、9 600（默认）、19 200、38 400、57 600、115 200、230 400、460 800、921 600、1 382 400
其他特性	主从一体，指令切换，默认为从机；带状态指示灯，带配对状态输出
通信距离	10 m（空旷地）
工作温度	−25～75 ℃
模块尺寸	16 mm×32 mm

表 6.3　ATK-HC05 电气特性

项 目	说 明
工作电压	DC 3.3～5.0 V
工作电流	配对中：30～40 mA；配对完毕未通信：1～8 mA；通信中：5～20 mA
Voh	3.3 V@VCC = 3.3 V　　3.7 V@VCC=5.0 V
Vol	10 m（空旷地）
Vih	−25～75 ℃
Vil	16 mm×32 mm

模块通过 6 个 2.54 mm 间距的排针与外部连接，其外观如图 6.11 所示。

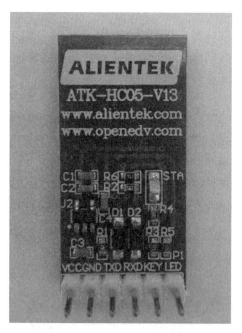

图 6.11　ATK-HC05 模块外观图

图 6.11 中，从右到左依次为模块引出的 PIN1 ~ PIN6 脚，各引脚的详细描述如表 6.4 所示。

表 6.4　ATK-HC05 模块各引脚功能描述

序　号	名　　称	说　　明
1	LED	配对状态输出；配对成功输出高电平，未配对则输出低电平
2	KEY	用于进入 AT 状态；高电平有效（悬空默认为低电平）
3	RXD	模块串口接收脚（TTL 电平，不能直接接 RS232 电平），可接单片机的 TXD
4	TXD	模块串口发送脚（TTL 电平，不能直接接 RS232 电平），可接单片机的 RXD
5	GND	地
6	VCC	电源（3.3 ~ 5.0 V）

另外，模块自带了一个状态指示灯：STA。该灯有 3 种状态，分别为：

（1）在模块上电前或上电时，将 KEY 设置为高电平（直接接 VCC），此时 STA 慢闪，即 1 s 亮 1 次，模块进入 AT 状态。

（2）在模块上电的时候，将 KEY 悬空或接 GND，此时 STA 快闪，即 1s2 次，表示模块进入可配对状态。如果此时将 KEY 再拉高，模块也会进入 AT 状态，但 STA 依旧保持快闪。

（3）模块配对成功，此时 STA 双闪，即一次闪 2 下，2 s 闪一次。

任务 1　AT 指令说明及 PC 端测试

蓝牙串口模块所有功能都是通过 AT 指令集控制，下面主要介绍用户常用的 AT 指令。

1. 进入 AT 状态

有两种方法使模块进入 AT 指令状态：方法 1 是上电时或上电前将 KEY 引脚设置为 VCC，上电后，模块即进入 AT 指令状态；方法 2 是模块上电后，通过将 KEY 接 VCC，使模块进入 AT 状态。

方法 1（推荐）进入 AT 状态后，模块的波特率为 38 400，数据位为 8 位，停止位为 1 位。方法 2 进入 AT 状态后，模块波特率和通信波特率一致。

2. 指令结构

模块的指令结构为：AT+<CMD><=PARAM>，其中 CMD（指令）和 PARAM（参数）都是可选的，不过务必在发送末尾添加回车符（\r\n），否则模块不响应，如要查看模块的版本：

串口发送：

AT+VERSION？\r\n

模块回应：

+VERSION:2.0-20100601

OK

3. 常用指令说明及测试

将本模块连接电脑串口，测试模块的指令，注意模块不能和 RS232 串口直连。

取出 USB 转 TTL 电平模块，如图 6.12 所示。

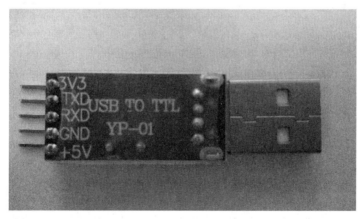

图 6.12　USB 转 TTL 电平模块

将蓝牙串口模块的 VCC 引脚接 USB 转 TTL 电平模块的 3.3 V 引脚或 5 V 引脚，KEY 引脚也接 3.3 V 引脚或 5 V 引脚（将 KEY 拉高，以进入 AT 状态），二者的 TXD、RXD 交叉连接，GND 引脚相连接，如图 6.13 所示。

图 6.13 蓝牙串口模块和 USB 转 TTL 电平模块间的连接

连接完毕且成功后，打开"光盘/软件/项目 6"目录下的串口调试助手 sscom33.exe，并选择串口号（此处为 COM3），设置波特率为 38 400，选中发送新行，如图 6.14 所示。

图 6.14 串口助手的配置

1）修改模块主从指令

通过指令 AT+ROLE? 来查看模块的主从状态；通过指令"AT+ROLE=0"或"AT+ROLE=1"来设置模块为从机或主机。如图 6.15 中，先查询模块的主从状态，再设置模块为另一种对应状态。

图中表明，发送查询指令后，得到返回值：+ROLE:0，查询模块为从机；利用 AT 命令设置模块为主机，返回 OK；再次查询模块状态，得到返回值：+ROLE:1。注意：串口调试助手要勾选"发送新行"，这样就会自动发送回车。

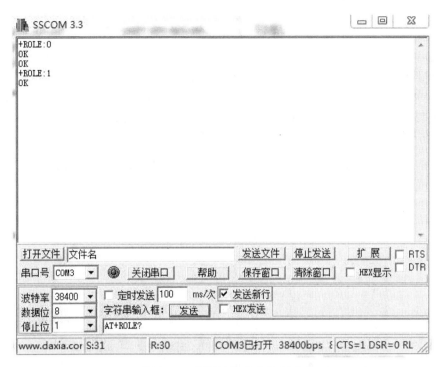

图 6.15　查看并修改主从指令

2）设置记忆指令

指令 AT+CMODE=1，设置模块可以对任意地址的蓝牙模块进行配对，模块的默认设置为该参数。

指令 AT+CMODE=0，设置模块为指定地址配对，如果先设置模块的配对地址为任意地址，然后配对，接下去使用该指令，则模块会记住最后一次配对的地址，下次上电会一直搜索该地址的模块，直到搜索到为止。

3）修改通信波特率指令

AT+UART=<Param1>，<Param2>，<Param3>，该指令用于设置串口波特率、停止位、校验位等。Param1 为波特率，可选项有：4 800、9 600、19 200、38 400、57 600、115 200、230 400、460 800、921 600、1 382 400；Param2 为停止位选择，0 表示 1 位停止位，1 表示 2 位停止位；Param3 为校验位选择，0 表示没有校验位（None），1 表示奇校验（Odd），2 表示偶校验（Even）。

若发送指令：AT+UART = 9 600，0，0，则是设置通信波特率为 9 600，1 位停止位，无校验位，该设置也是模块的默认设置。

4）修改密码指令

AT+PSWD=<password>，该指令用于设置模块的配对密码，password 必须为 4 个字节长度。

5）修改蓝牙模块名字

AT+NAME=<name>，该指令用于设置模块的名字，name 为所要设置的模块名，必须为 ASCII 字符，且最长不能超过 32 个字符。如发送指令：AT+NAME=QDSKZH，收到 OK 的回应后，再发送指令：AT+NAME？，会返回模块当前名字"QDSKZH"。

任务 2　蓝牙模块与手机连接

ATK-HC05 模块可以与多种蓝牙主机设备连接，这里以智能手机为例进行说明。

首先，USB 转 TTL 电平模块和 ATK-HC05 连接并插到计算机上，使模块正常工作，并确保蓝牙模块为从机。设置串口调试助手的波特率等信息，通过拉高 KEY（KEY 接 VCC），可以用 AT 指令查询得到模块配置，如图 6.16 所示。

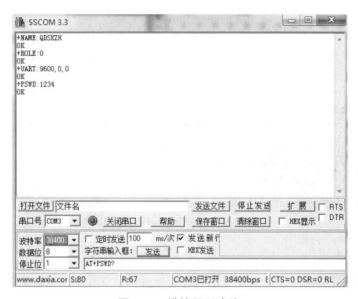

图 6.16　模块配置查询

从图 6.16 中可以看出，模块当前名字为 QDSKZH，从机模式，波特率为 9 600，1 个停止位，无校验位，密码为 1234。

注：查询完以后，务必先将 KEY 断开（或者接 GND），蓝牙模块才可以正常收发数据，否则不能正常收发数据。

手机上安装蓝牙串口助手 v1.97.apk（该软件在"光盘/软件/项目 6/"目录下）。安装完软件后，打开该软件，进入搜索蓝牙设备界面，如图 6.17 所示。

图 6.17　智能手机搜索蓝牙设备

从图 6.17 可以看出，手机已经搜索到蓝牙转串口模块：QDSKZH，点击这个设备，即进入选择操作模式，选择"实时模式"，并输入配对密码 1234，点击确定后显示蓝牙模块与手机连接成功。具体流程如图 6.18 所示。

图 6.18　蓝牙模块与手机连接的流程

在 PC 端的串口工具 SSCOM3.3 中，串口号选择 COM3，波特率设为 9 600，其他默认，然后打开串口。手机端输入"QDSKZH"，再输入一个回车符，点击发送，会在串口工具的接收窗口收到"QDSKZH"。在串口工具的发送处输入"COME TO Phone"，并点击发送，会在手机端的接收处接收到这些字符。图 6.19 为蓝牙模块利用电脑端串口工具和手机端利用蓝牙串口通信助手进行的相互通信。

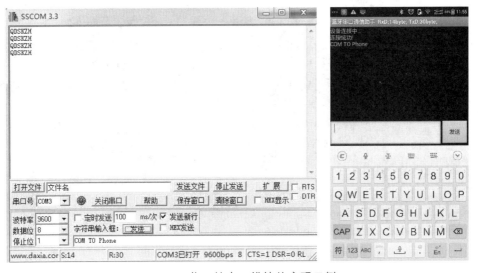

图 6.19　蓝牙转串口模块的实现示例

6.4 项目实训——手机与车载终端蓝牙通信测试

采用实验箱串口模块作为 DB9 串口转 TTL 电平串口模块，用杜邦线将蓝牙转串口模块和 DB9 串口转 TTL 电平串口模块的 VCC、GND、TXD、RXD、KEY 对应连接，其中 VCC 选择 3.3 V/5 V（实验箱模块电源底板 J500 的 PIN1、PIN2 为 3.3 V，J501 的 PIN1、PIN2 为 5 V）、RXD、TXD 直连（实验箱串口模块中 J3 的 PIN1 为 TXD，PIN2 为 RXD），KEY 接高电平，如表 6.5 所示。

表 6.5 模块间的引脚连接

ATK-HC05	串口模块/电源底板
VCC	J500：PIN1、PIN2，3.3 V；J501：PIN1、PIN2，5 V
GND	J500/J501：PIN13、PIN14；J501：PIN5、PIN6
TXD	J3：PIN1（TTL 电平）
RXD	J3：PIN2（TTL 电平）
KEY	J500：PIN1、PIN2，3.3 V；J501：PIN1、PIN2，5 V

若用 J500 的引脚为模块提供 3.3 V 的 TTL 电平，则连接情况如图 6.20 所示，图中标识出了蓝牙串口模块的 VCC、GND、TXD、RXD 这四个引脚和实验箱上串口模块、电源底板上对应引脚的连接。

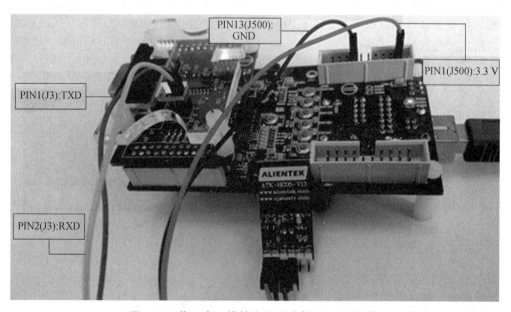

图 6.20 蓝牙串口模块和电源底板的 J500 连接

若用 J501 的引脚为模块提供 5 V 的 TLL 电平，则连接如图 6.21 所示。

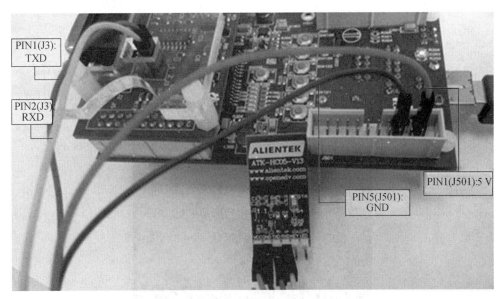

图 6.21　蓝牙串口模块和电源底板的 J501 连接

取出一根直连（串口两端一公一母）串口线，连接 DB9 串口转 TTL 电平串口模块和网关 COM2 口。打开网关，依次点击界面上的"通信设置"→"串口通信"，进入通信界面。

注意，此时串口通信的波特率是 115 200,蓝牙串口和网关端串口的通信波特率务必相同，可在电脑端输入"AT+BAUD = 115 200，0，0"来设置蓝牙串口模块的通信波特率。

打开所用实验箱电源底板的开关，智能手机和模块成功连接后，手机端输入"QingZhi2016"，网关端串口通信界面的接收区会收到该信息；在发送区输入发送数据如"Bluetooth Test"，则在手机端会接收到网关发送的信息，如图 6.22、图 6.23 所示。

图 6.22　手机和网关间的蓝牙通信——网关端

图 6.23　手机和网关间的蓝牙通信——手机端

思考与练习

1. 蓝牙技术采用的主要协议是什么？

2. 请简要回答蓝牙技术的特点。

3. 请简述蓝牙、ZigBee 和 WiFi 技术的主要区别。

项目 7　远程数据传输子系统设计与实施

7.1　项目描述

车载终端设有移动通信功能,利用 3 G 通信模块和云平台服务器进行数据传输,包括 GPS 定位信息、RFID 标签信息、传感器数据、OBD 模块数据和视频数据。手机终端登录系统后,其通信模块利用 3 G 方式来调用服务器端的 Web Service 服务,从而查看车辆位置、车辆行驶的轨迹信息、报警信息等。

7.2　项目知识储备

7.2.1　移动通信基础

1. 移动通信的定义

移动通信的英文是 Mobile Communications,是指通信双方有一方或两方处于运动中的通信,是一种沟通移动用户与固定用户之间或移动用户之间的通信方式。移动通信包括陆、海、空的通信,采用的频段遍及低频、中频、高频、甚高频和特高频。

2. 移动通信发展历程

1)1 G 移动通信标准

第一代是模拟蜂窝移动通信网,时间是 20 世纪七十年代中期至八十年代中期。

1978 年,美国贝尔实验室研制成功先进移动电话系统 AMPS,建成了蜂窝状移动通信系统。而其他发达国家也相继开发出蜂窝式移动通信网。这一阶段相对于以前的移动通信系统,最重要的突破是贝尔实验室在七十年代提出的蜂窝网的概念。蜂窝网,即小区制,由于实现了频率复用,极大提高了系统容量。

第一代移动通信系统的典型代表是美国的 AMPS 系统和后来的改进型系统 TACS,以及 NMT 和 NTT 等。AMPS(先进的移动电话系统)使用模拟蜂窝传输的 800 MHz 频带,在北美,南美和部分环太平洋国家广泛使用;TACS(总接入通信系统)使用 900 MHz 频带,分 ETACS(欧洲)和 NTACS(日本)两种版本,英国,日本和部分亚洲国家广泛使用此标准。

1987 年 11 月 18 日，第一个模拟蜂窝移动电话系统在广东省建成并投入商用。

第一代移动通信系统的主要特点是采用频分复用，语音信号为模拟调制，每隔 30 kHz/25 kHz 一个模拟用户信道。第一代系统在商业上取得了巨大的成功，但是其弊端也日渐显露出来：频谱利用率低、业务种类有限、无高速数据业务、保密性差、易被窃听和盗号、设备成本高、体积大，重量大。

第一代移动通信最大特点是语音终端移动化。

2）2 G 移动通信标准

第二代移动通信系统是为了解决模拟系统中存在的这些根本性技术缺陷，通过数字移动通信技术发展起来的，以 GSM 和 IS-95 为代表，时间是从 20 世纪 80 年代中期开始。欧洲首先推出了泛欧数字移动通信网（GSM）的体系。随后，美国和日本也制订了各自的数字移动通信体制。数字移动通信相对于模拟移动通信，提高了频谱利用率，支持多种业务服务，并与 ISDN 等兼容。第二代移动通信系统以传输话音和低速数据业务为目的，因此又称为窄带数字通信系统。第二代数字蜂窝移动通信系统的典型代表是美国的 DAMPS，IS-95 系统和欧洲的 GSM 系统。

GSM（全球移动通信系统）发源于欧洲，它是作为全球数字蜂窝通信的 DMA 标准而设计的，支持 64 kb/s 的数据速率，可与 ISDN 互连。GSM 使用 900 MHz 频带，使用 1 800 MHz 频带的称为 DCS1800。GSM 采用 FDD 双工方式和 TDMA 多址方式，每载频支持 8 个信道，信号带宽 200 kHz。GSM 标准体制较为完善，技术相对成熟，不足之处是相对于模拟系统容量增加不多，仅仅为模拟系统的两倍左右，无法和模拟系统兼容。

DAMPS（先进的数字移动电话系统）也称 IS-54（北美数字蜂窝），使用 800 MHz 频带，是两种北美数字蜂窝标准中推出较早的一种，指定使用 TDMA 多址方式。

IS-95 是北美的另一种数字蜂窝标准，使用 800 MHz 或 1 900 MHz 频带，指定使用 CDMA 多址方式，已成为美国 PCS（个人通信系统）网的首选技术。

1995 年，GSM 数字电话网正式开通。

2002 年中国联通于 1 月 8 日正式开通了 CDMA 网络并投入商用。

由于第二代移动通信以传输话音和低速数据业务为目的，从 1996 年开始，为了解决中速数据传输问题，又出现了 2.5 G 的移动通信系统，如 GPRS 和 IS-95B。

第二代移动通信最大特点是数字化。

3）3 G 移动通信标准

由于网络的发展，数据和多媒体通信的发展势头很快，所以，第三代移动通信的目标就是移动宽带多媒体通信。第三代移动通信系统最早由国际电信联盟（ITU）于 1985 年提出，当时称为未来公众陆地移动通信系统（FPLMTS，Future Public Land Mobile Telecommunication System），1996 年更名为 IMT-2000（International Mobile Telecommunication-2000），意即该系统工作在 2 000 MHz 频段，最高业务速率可达 2 000 kb/s，为实现上述目标，对 3 G 无线传输技术（RTT：Radio Transmission Technology）提出了以下要求：高速传输以支持多媒体业务，室内环境至少 2 Mb/s，室内外步行环境至少 384 kb/s，室外车辆运动中至少 144 kb/s，卫星移动环境至少 9.6 kb/s；传输速率能够按需分配；上下行链路能适应不对称需求。

由于自有的技术优势，CDMA 技术已经成为第三代移动通信的核心技术。

第三代移动通信的主要体制有 WCDMA，CDMA2000 和 TD-SCDMA。1999 年 11 月 5 日，国际电联 ITU-R TG8/1 第 18 次会议通过了"IMT-2000 无线接口技术规范"建议，其中我国提出的 TD-SCDMA 技术写在了第三代无线接口规范建议的 IMT-2000 CDMA TDD 部分中。

（1）CDMA2000。

直接序列扩频码分多址，频分双工 FDD 方式。

EV-DO Rel A 版本可在 1.25 MHz 的带宽内提供最高 3.1 Mb/s 的下行数据传输速率。

（2）WCDMA。

直接序列扩频码分多址，频分双工 FDD 方式。

基于 R99/R4 版本，扩展到 R5，R6，可在 5 MHz 的带宽内，提供最高 21 Mb/s 的用户数据传输速率。

（3）TD-SCDMA。

时分双工 TDD 与 FDMA/TDMA/CDMA 相结合。

基于 R4 版本，可在 1.6 MHz 的带宽内，提供最高 384 kb/s 的用户数据传输速率。

第三代移动通信最大特点是移动终端智能化。

从移动通信发展的历史我们可以看到，在第一、二代通信系统中，中国由于起步晚，基本没有参与，虽然中国市场巨大，但是由于专利技术的空白，发展饱受专利限制之苦，也明白了一流企业做标准，二流公司做技术，三流公司做产品的道理。中国发展移动通信事业不能永远靠国外的技术，必须要有自己的技术标准。1998 年，原中国邮电部电信科学技术研究院（现大唐电信科技产业集团）向 ITU 提出了 TD-SCDMA 标准。在中国 2 G 移动通信市场形成移动（GSM）、联通（GSM）、电信（CDMA）三分天下的格局后，考虑到移动一家独大的实际情况，工信部决定由中国移动来承担推动 TD-SCDMA 发展的重任，并于 2009 年正式向中国移动颁发了 TD-SCDMA 业务的经营许可。

虽然三种 3 G 移动通信系统几乎同时在中国市场开始运行，但是，得到中国政府大楼推进的 TD 系统大发展却不尽人意，甚至移动有被拖累而缩小了与其他两家运营商市场份额差距的感觉。根本原因有三方面的因素：

一是技术因素。由于时分双工体制自身的特点，TD 有四个主要缺点：

TD 同步要求高，需要 GPS 同步，同步的准确程度影响整个系统是否正常工作；

TD 码资源受限，只有 16 个码，远远少于业务需求所需要的码数量；

干扰问题上下行、本小区、邻小区都可能存在干扰；

终端允许移动速度和小区覆盖半径等方面落后于频分双工体制。

二是专利因素。TD-SCDMA 原标准研究方为西门子，为了独立出 WCDMA，西门子将其核心专利卖给了大唐电信。所以，TD-SCDMA 的专利主要分布在诺基亚（32%）、爱立信（23%）、西门子（11%）手中，大唐仅占 7%。

三是终端因素。由于中国庞大的通信市场，该标准虽然受到各大主要电信设备制造厂商的重视，全球一半以上的设备厂商都宣布可以生产支持 TD-SCDMA 标准的电信设备，但是出于自身利益和对新游戏参与者实力的怀疑，这些厂商在实际行动上可以说非常迟缓，严重言行不一，尤其是在终端的研发和生产上表现得十分冷淡。

上述三大原因导致中国移动也没有全力推动的热情。

LTE 并不是 4 G（第四代移动通信系统）。LTE 英文全称 Long Term Evolution，翻译成汉语就是长期演进，LTE 是现有 3 G 移动通信技术在 4 G 应用前的最终版本，采用了很多原计划用于 4 G 的技术如 OFDM、MIMO 等，在一定程度上可以说是 4 G 技术在 3 G 频段上的应用。和现有的 3 G 及 3 G+技术相比，LTE 除了具有技术上的优越性之外，也提供了更加接近 4 G 的一个台阶，使得向未来 4 G 的演进相对平滑，是现有 3 G 技术向 4 G 演进的必经之路，你可以称它为 3.9 G，但它不是 4 G。

3. 移动通信工作频段

在中国，GSM 的频段是这样划分的。

PGSM900M 频段：上行 890～915 MHz，下行 935～960 MHz，上下行各 25 MHz 频宽，其中上下行之间 45 MHz 间隔。

EGSM900M 频段：上行 880～890 MHz，下行 925～935 MHz，上下行各 10 MHz 频宽，其中上下行之间 45 MHz 间隔。

GSM1800 的频段上行链路为 1 710～1 785 MHz，下行链路为 1 805～1 880 MHz，上下行各 75 MHz 频宽，其中上下行之间 95 MHz 间隔，如图 7.2 所示。

具体到中国移动和中国联通又是这样区分的。

（1）中国移动：

900 M 频段：上行 885～909 MHz（5 MHz EGSM 频段+19 MHz PGSM 频段）。

1800 M 频段：上行 1 710～1 725 MHz，下行 1 805～1 820 MHz。

（2）中国联通：

900 M 频段：上行 909～915 MHz（6 MHz PGSM 频段）。

1800 M 频段：上行 1 740～1 755 MHz，下行 1 835～1 850 MHz。

在 CDMA 的 IS-95 标准引入中国并由中国联通运营后，国家给 CDMA 也划分了 10 MHz 的频段，那就是：上行 825～835 MHz，下行 870～880 MHz。和 GSM900M 一样，上下行之间的间隔也是 45 MHz，如图 7.1 所示。

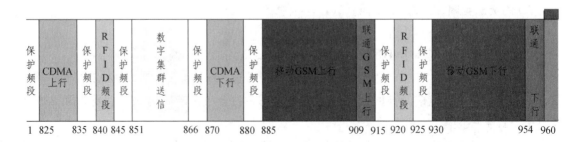

图 7.1　900 MHz 频段划分情况

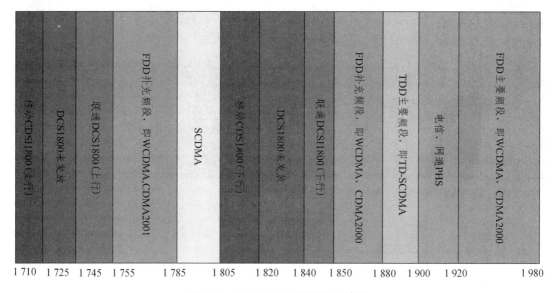

图 7.2　1 800 MHz 频段划分情况

2009 年 1 月 7 日，工业和信息化部为中国移动、中国电信和中国联通发放了 3 张第三代移动通信（3 G）牌照。其中，中国移动获得 TD-SCDMA 牌照，中国联通和中国电信分别获得 WCDMA 和 CDMA2000 牌照，3 大标准的频段也随之敲定，如图 7.3 所示。

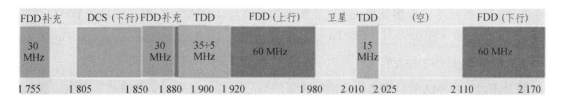

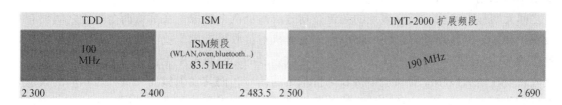

图 7.3　3 G 频段划分情况

其中，中国移动的 TD-SCDMA 获得了 1 880 ～ 1 920 MHz，2 010 ～ 2 025 MHz 两个频段，其中 1 880 ～ 1 920 MHz 原用于发展小灵通，小灵通 2011 年年底清频退网后此频段划归 TD。值得注意的是，TD-SCDMA 是 TDD 方式，所以不像我们上述的 GSM 和 CDMA 有上下行频段之分。

中国联通的 WCDMA 获得了上行 1 940 ～ 1 955 MHz，下行 2 130 ～ 2 145 MHz，上下行各 15 MHz 频宽，其中上下行之间 90 MHz 间隔。

中国电信的 CDMA2000 获得了上行 1 920 ～ 1 935 MHz，下行 2 110 ～ 2 125 MHz，上下行各 15 MHz 频宽，其中上下行之间 90 MHz 间隔。

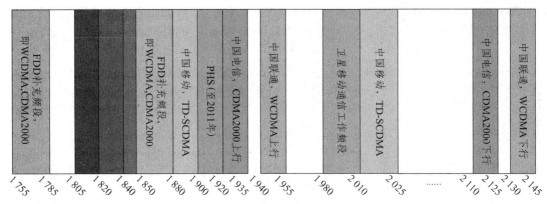

图 7.4 运营商频段分配情况

4. 移动通信的多址方式

1）多址技术

在无线通信系统中，移动台之间必须经过基站转发才能交换数据，多用户同时通过同一个基站和其他用户进行通信，必须对不同用户和基站发出的信号赋予不同特征。这些特征使基站能从众多手机发射的信号中区分出是哪一个用户的手机发出来的信号，各用户的手机能在基站发出的信号中识别出哪一个是发给自己的信号，这种方法就是多址技术。在无线通信系统中，使用多址技术寻址。

根据信道特征不同，多址接入方式主要有频分多址（FDMA）、时分多址（TDMA）、码分多址（CDMA）和空分多址（SDMA）。

2）频分多址（FDMA）

频分多址（FDMA）是把通信系统的总频段划分成若干个等间隔的频道（或称信道）分配给不同的用户使用。这些频道互不交叠，其宽度应能传输一路数字话音信息，而在相邻频道之间无明显的串扰。频分多址的频道被划分成高低两个频段，在高低两个频段之间留有一段保护频带，其作用是防止同一部电台的发射机对接收机产生干扰。如果基站的发射机在高频段的某一频道中工作时，其接收机必须在低频段的某一频道中工作；与此对应，移动台的接收机要在高频段相应的频道中接收来自基站的信号，而其发射机要在低频段相应的频道中发射送往基站的信号。这种通信系统的基站必须同时发射和接收多个不同频率的信号，任意两个移动用户之间进行通信都必须经过基站的中转，因而必须同时占用4个频道才能实现双工通信。不过，移动台在通信时所占用的频道并不是固定指配的，它通常是在通信建立阶段由系统控制中心临时分配的，通信结束后，移动台将退出它占用的频道，这些频道又可以重新给别的用户使用。

3）时分多址（TDMA）

时分多址（TDMA）是先把总频段上分割若干个等间隔的频道，每个频道再分割成若干个时隙（无论帧或时隙都是互不重叠的），然后根据一定的时隙分配原则，使各个移动台只能在该频段按指定的时隙向基站发送信号，基站可以分别在各时隙中接收到各移动台的信号而不混扰。同时，基站发向多个移动台的信号都按顺序安排在预定的时隙中传输，各移动台只要在指定的时隙内接收，就能在合路的信号中把发给它的信号区分出来。TDMA 通信系统的信号传输分为正向和反向传输，其中基站向移动台传输，常称正向传输或下行传输，移动台向基站传输，常称反向传输或上行传输。FDMA 是把频率分段，TDMA 是先把频率分段后再从时间上分段。

4）码分多址（CDMA）

（1）用户容量与带宽的矛盾——香农定理。

在 2G 时代，主要是语音业务，数据业务很少，但随着时代的发展，移动数据业务的需求越来越多，增长迅速。为了增加用户容量，FDMA 和 TDMA 是将总频段分成一个个小频段，频段越窄，数量就越多，TDMA 时间片越小，信道就越多，用户容量就越多，回顾一下概述的知识，香农定理告诉我们，频段越窄，信道容量越小，带宽越窄，数据传输速率越低，所以说既要扩容，又要提速，是摆在移动通信面前的一道难题。

（2）高通公司的"鸡尾酒晚会"。

CDMA 很难理解，以至于当美国高通公司推出 CDMA 的时候，大家都理解不了，高通公司在推广 CDMA 的时候不得不提出了一个著名的"鸡尾酒晚会"来说明（高通公司正是凭借着 CDMA 一跃成为全球最著名的通信商）。

高通把各种无线技术比喻为在一个大厦中的聚会。

如果聚会上的交流基于 FDMA 技术，每个一对一的谈话都将在独立的房间内举行，这个房间就代表了分配给你的频段。你和你的朋友在房间内谈话，彼此可以互相清晰地听见对方谈话，既然房间里只有你们两人，那么声音大一点也无所谓（对于 GSM 这样的 FDMA、TDMA 系统，功率控制远没有 CDMA 系统重要）。假如一个大厦只有 20 个房间，那么一次就只能有 20 场会谈，假如有几百人来赴宴，其他人就要意兴阑珊地离开了。

为了解决这个缺陷，用 TDMA 技术来补充是个不错的选择。同样几百人的宴会，每对客人可以进入房间进行一对一的会谈，但是不能谈太久就得让给下对客人，比如说 30 s 后就将房间让出来，这样通过依次轮替的方法可以让更多的人有交谈的机会，从而提高了容量。

而 CDMA 更像是鸡尾酒宴会，大家可以在一个大房间里进行交谈。既然都是在一个屋子里，如果都是用中文说话，那麻烦就大了，你会不断地被无关人的说话所干扰，甚至无法和你想交流的对象进行正常的交流。这时候如果大家所采用的编码方式不同，比如你用中文，张三用英语，李四用意大利语，王五用西班牙语，情况就会好得多。对方用中文作为"扩频码"和你说话，尽管背景噪声很嘈杂，但是你还是可以很好地分辨出他的声音，可以正常交流。这时候张三说的英语的声波过来干扰了，怎么办呢，这时候你的大脑就相当于处理机，只当是背景噪声直接过滤。

（3）正交扩频码。

说到这里，相信大家也明白扩频码大致是怎么回事了。但是估计很快就有人会有疑问，在"鸡尾酒宴会"中，要找到两两正交的扩频码是很简单的事情，比如英语和汉语、韩语与日语，差别都非常大，几乎可以理解为完全没有什么相关性。而数字通信所使用的都是"0"和"1"（按习惯分别用电平值"+1"和"−1"表示），果真能找到那么多没有交集、完全不相关的序列吗？

在这里得首先搞清楚对于两个序列，什么叫作不相关？定义很简单，两个序列对应位相乘的结果加起来等于 0 就叫作不相关。比如说{+1，－1}和{+1，+1}两个序列，相乘的结果就是 1x1+1x（－1）=0，等于 0 就说明不相关。

我们很容易就能推出一大堆这样的序列，比如{+1，+1，+1，+1}和{+1，+1，－1，－1}，可以一直推演下去。只要把原始数据用这个序列来编码，就可以让不同原始数据进行正交。我们把用这个序列对原始数据进行编码的过程叫作扩频，在接收端叫作解扩，而这个序列就叫作扩频码。扩频码都产自 Walsh 序列，在 CDMA2000 中，扩频码也称为 Walsh 码，而在 WCDMA 和 TD-SCDMA 中则称为 OVSF（Orthogonal Variable Spreading Factor，正交可变扩频因子）码，其实两者来源都一样，只是生成方式略有不同而已。

（4）CDMA 的定义。

所以，现在可以给 CDMA 下个定义了。CDMA 是各发送端用各不相同、相互正交的地址码调制其所发送的信号，在接收端利用码型的正交性，用地址码解扩，从而将该信号还原出来的过程。在 CDMA 移动通信中，各移动台传输信息所用的信号不是靠频率的不同或时隙的不同来区分，而是用各自不同的编码序列来区分。

CDMA 的特点是：网内所有用户共享同一频段，共同占用整个带宽。根据香农定理，带宽增加了，传输速率肯定提高了，至于用户数量，只跟地址码有关，地址码的数量是很多的。几种多址技术示意图如图 7.5 所示。

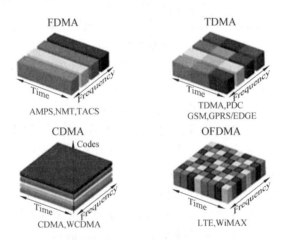

图 7.5 几种多址技术示意图

5）空分多址（SDMA）

将电波在空中分割成不同的波束，与不同位置的移动台实现通信,多址信道是不同的窄波束。就像舞台上面的追光灯一样，如图 7.6 所示。

5. 移动通信的服务区域覆盖

根据无线电波的传输特性，一个基站台发射的电磁波只能在有限的地理区域内被移动台接收，这个能为移动用户提供服务的范围称为无线覆盖区。

图 7.6 SDMA 示意图

按照无线覆盖区的范围，移动通信网的体制分为小容量的大区制和大容量的小区制两大类，如图 7.7 所示。

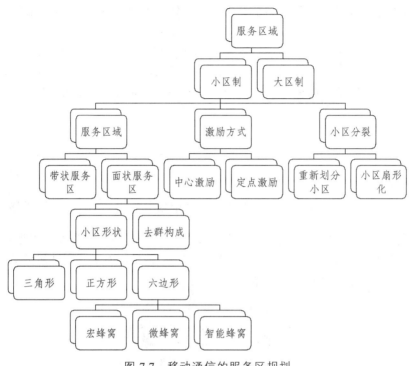

图 7.7 移动通信的服务区规划

1）大区制

大区制，就是在一个比较大的服务区内，只设有一个基站，并由它负责移动通信的联络和控制。

通常为了扩大服务区域的范围，基地站天线架设得很高，发射机输出功率也较大，覆盖半径大（服务区半径通常可为 20～50 km）。在服务区内的所有信道的频率都不能重复 。

大区制的优点是简单、投资少、见效快。缺点是频率利用率低、通信容量小（容纳的用户数有限，通常只有几百用户）。大区制一般在客户较少的地区，或在开展移动通信业务的初期使用。

2）小区制

小区制是把整个服务区域划分为若干个小区，每个小区分别设置一个基地站，负责本区移动通信的联络和控制。每个小区的半径可视用户的分布密度从一至数十公里。每个小区能服务的用户数由小区的信道数决定，每个小区和相隔较远的其他小区可重复使用相同频率，称为频率复用。

小区制的优点是频率利用率高（不相邻小区频率重复使用）、整体容量大。

3）服务区域

通常服务区根据不同的业务要求、用户区域分布、地形以及不产生相互干扰等因素可分为带状服务区和面状服务区。

（1）带状服务区。

服务区域用户的分布呈带状或者条状。例如铁路的列车无线电话、长途汽车无线电话、内河航运的无线电话系统、沿海岸线的移动通信系统等都是带状服务区，如图7.8所示。

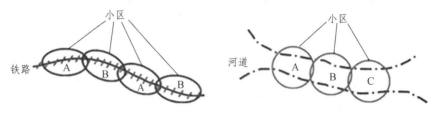

图 7.8　带状服务区

（2）面状服务区。

服务区更多的是呈广阔的面状，在面状服务区中划分为更多的小区，组成移动通信网络，如图7.9所示。

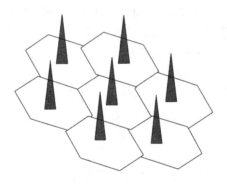

图 7.9　面状服务区

4）小区的形状

假设整个服务区的地形平坦、地物相同且基站采用全向天线，基站辐射区域大体是一个圆形。

为了不留空隙的覆盖整个平面服务区，一个个圆形的辐射小区之间会有大量的重叠区域。为了使多个小区彼此邻接、无空隙、无重叠地覆盖整个服务区，常用圆的内接正多边形来近似圆，在这些正多边形中，能够全面无空隙、重叠的覆盖整个区域的就只有正六边形，如图7.10所示。

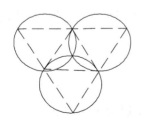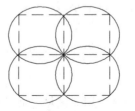

图 7.10　正六边形适合面状服务区

三种小区形状的比较：正六边形相邻小区的中心间隔最大，小区的有效面积最大，重叠区域宽度和面积最小，如表 7.1 所示。

表 7.1　三种小区形状比较

小区形状	正三角形	正方形	正六边形
邻区距离	r	$\sqrt{2}\,r$	$\sqrt{3}\,r$
小区面积	$1.3r^2$	$2r^2$	$2.6r^2$
交叠区宽度	r	$0.59r$	$0.27r$
交叠区面积	$1.2\pi r^2$	$0.73\pi r^2$	$0.35\pi r^2$

5）宏蜂窝、微蜂窝与智能蜂窝（Cell）

宏蜂窝小区的覆盖半径大多为 1 ~ 35 km。存在问题：一是"盲点"，由于电波在传播过程中遇到障碍物而造成的阴影区域，该区域通信质量严重低劣；二是"热点"，由于空间业务负荷的不均匀分布而形成的业务繁忙区域，但其他区域可能业务很少。

微蜂窝小区的覆盖半径大多为 30 ~ 300 m。应用范围：解决"盲点"问题，提高覆盖率，应用于一些宏蜂窝很难覆盖到的盲点地区，如地铁、地下室；解决"热点"问题，提高容量，主要应用在高话务量地区，如繁华的商业街、购物中心、体育场等。

智能蜂窝技术基站采用具有高分辨阵列信号处理能力的自适应天线系统，智能地监测移动台所处的位置，并以一定的方式将确定的信号功率传递给移动台的蜂窝小区。对于上行链路而言，采用自适应天线阵接收技术，可以极大地降低多址干扰，增加系统容量；对于下行链路而言，则可以将信号的有效区域控制在移动台附近半径为 100 ~ 200 倍波长的范围内，使同道干扰大小为减小。

6）区群与频率复用

由若干个小区（cell，通常是 3 个、4 个或 7 个）构成一个区群，区群内不能使用相同的频道。区群的组成应满足两个条件：一是区群之间可以邻接；二是邻接之后的区群应保证各个相邻同信道小区之间的距离相等。

频率复用也称频率再用，就是重复使用频率，在 GSM 网络中频率复用就是使同一频率覆盖不同的区域，这些使用同一频率的区域彼此需要相隔一定的距离（称为同频复用距离），以满足将同频干扰抑制到允许的指标以内。

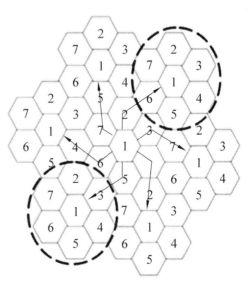

图 7.11　区群与频率复用

7）中心激励与顶点激励

中心激励与顶点激励就是指小区中基站架设的位置。

在每个小区中，基站可以架设在小区的中心，用全向天线形成 360° 的圆形覆盖区，这就是中心激励方式，如图 7.12（a）所示。

基站架设在每个正六边形的三个顶点上，并用三个互成 120° 的扇形张角覆盖的定向天线覆盖整个小区，这就是顶点激励，如图 7.12（b），（c）所示。

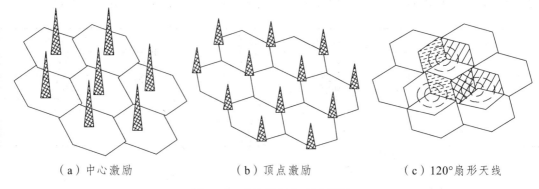

（a）中心激励　　　　　　　　（b）顶点激励　　　　　　　　（c）120°扇形天线

图 7.12　中心激励与顶点激励

8）小区分裂

移动通信网初期，各小区大小相等，容量相同，随着城市建设和用户数的增加，用户密度不再相等。为了适应这种情况，在高用户密度地区，将小区面积划小，或将小区中的基站全向覆盖改为定向覆盖，使每个小区分配的频道数增多，满足话务量增大的需要，这种技术称为小区分裂，如图 7.13 所示。

◎　原基站　　　　　　　　◎　新基站

图 7.13　小区分裂

9）小区扇形化

为了提高小区通信容量，还可以把小区分成几个扇区，每个扇区使用一组不同的信道，并采用一副定向天线来覆盖每个扇区。每个扇区都可以看作一个新的小区，这叫作小区扇形化。

7.2.2　移动通信系统的组成——以 GSM 网络为例

GSM 数字蜂窝通信系统的主要组成部分可分为移动台、基站子系统和网络子系统。基站子系统（简称基站 BS）由基站收发信台（BTS）和基站控制器（BSC）组成；网络子系统由移动交换中心（MSC）和操作维护中心（OMC）以及原地位置寄存器（HLR）、访问位置寄存器（VLR）、鉴权中心（AUC）和设备标志寄存器（EIR）等组成，如图 7.14 所示。

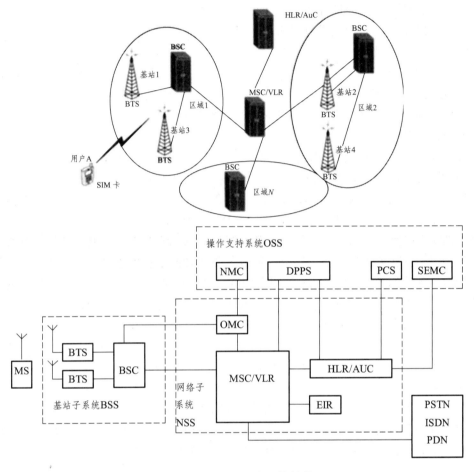

图 7.14　GSM 系统网络结构

移动台（MS）即便携台（手机）或车载台，也可以配有终端设备（TE）或终端适配器（TA）。移动台是物理设备，它还必须包含用户识别模块（SIM），SIM 卡和硬件设备一起组成移动台。没有 SIM 卡，MS 是不能接入 GSM 网络的（紧急业务除外）。

基站收发信台（BTS）包括无线传输所需要的各种硬件和软件，如发射机，接收机，支持各种小区结构（如全向、扇形、星状和链状）所需要的天线，连接基站控制器的接口电路以及收发台本身所需要的检测和控制装置等。

基站控制器（BSC）是基站收发信台和移动交换中心之间的连接点，也为基站收发信台和操作维修中心之间交换信息提供接口。一个基站控制器通常控制几个基站收发信台，其主要功能是进行无线信道管理、实施呼叫和通信链路的建立和拆除，并为本控制区内移动台的过区切换进行控制等。

移动交换中心（MSC）是蜂窝通信网络的核心，其主要功能是对位于本 MSC 控制区域内的移动用户进行通信控制和管理。例如：

- 信道的管理和分配；
- 呼叫的处理和控制；
- 过区切换和漫游的控制；
- 用户位置信息的登记与管理；
- 用户号码和移动设备号码的登记和管理；
- 服务类型的控制；
- 对用户实施鉴权；
- 为系统中连接别的 MSC 及为其他公用通信网络，如公用交换电信网（PSTN）、综合业务数字网（ISDN）和公用数据网（PDN）提供链路接口，保证用户在转移或漫游的过程中实现无间隙的服务。

由此可见，MSC 的功能与固定网络的交换设备有相似之处（如呼叫的接续和信息的交换），也有特殊的要求（如无线资源的管理和适应用户移动性的控制）。

原地位置寄存器（HLR）是一种用来存储本地用户位置信息的数据库。在蜂窝通信网中，通常设置若干个 HLR，每个用户都必须在某个 HLR（相当于该用户的原籍）中登记。登记的内容分为两类：一种是永久性的参数，如用户号码、移动设备号码、接入的优先等级、预定的业务类型以及保密参数等；另一种是暂时性的需要随时更新的参数，即用户当前所处位置的有关参数，即使用户漫游到 HLR 所服务的区域外，HLR 也要登记由该区传送来的位置信息。这样做的目的是保证当呼叫任何一个不知处于哪一个地区的移动用户时，均可由该移动用户的原地位置寄存器获知它当时处于哪一个地区，进而建立起通信链路。

访问位置寄存（VLR）是一种用于存储来访用户位置信息的数据库。一个 VLR 通常为一个 MSC 控制区服务，也可为几个相邻 MSC 控制区服务。当移动用户漫游到新的 MSC 控制区时，它必须向该地区的 VLR 申请登记。VLR 要从该用户的 HLR 查询有关的参数，要给该用户分配一个新的漫游号码（MSRN），并通知其 HLR 修改该用户的位置信息，准备为其他用户呼叫此移动用户时提供路由信息。如果移动用户由一个 VLR 服务区移动到另一个 VLR 服务区时，HLR 在修改该用户的位置信息后，还要通知原来的 VLR，删除此移动用户的位置信息。

鉴权中心（AUC）的作用是可靠地识别用户的身份，只允许有权用户接入网络并获得服务。

设备标志寄存器（EIR）是存储移动台设备参数的数据库，用于对移动设备的鉴别和监视，并拒绝非移动台入网。

操作和维护中心（OMC）的任务是对全网进行监控和操作，例如系统的自检，报警与备用设备的激活，系统的故障诊断与处理，话务量的统计和计费数据的记录与传递，以及各种资料的收集、分析与显示等。

7.2.3 移动通信系统的编号计划——以 GSM 系统为例

对于 GSM 的编号计划而言，需要满足两个条件。首先，必须满足唯一性。要是你的手机号与别人的相同，或者某个信令点的编码和另一个信令点的编码相同，那整个就乱套了。其次是方便检索。大家都知道有个叫"手机归属地查询"的软件，其诀窍就是这个软件有一个数据库，数据库可以根据手机号码的第 4 ～ 7 位来判定手机的归属地，比如说 133-0731-XXXX，一看中间的 0731，就知道是来自长沙的。这种编号方式很重要，极大地方便了 HLR 的寻址。

在 GSM 网络里，有 4 个号码极其重要，分别是 MSISDN 号、IMSI 号、LAI 号、CGI 号，下面就对这 4 个号码分别进行讨论。

1. 移动台的国际 ISDN 号码（MSISDN）

MSISDN（Mobile Station International ISDN Number），就是用户的手机号码。

MSISDN 号码的格式为

$$MSISDN = CC+NDC+SN$$

式中　CC（Country Code）——国家码，即在国际长途电话通信网中要使用的标识号，中国为 86，虽然很多人并不打国际电话，但是对于这个号码应该并不陌生，发短信的时候经常看见一条来自"86139XXXXXXXX"的短信，说明虽然用户是给国内的手机用户发短信，但是运营商还是把这个国家码给加上了；

NDC（National Destionation Code）——国内目的地码，即网络接入号，也就是平时手机拨号的前 3 位。中国移动 GSM 网的接入号为"134 ～ 139""150 ～ 152""157 ～ 159"，中国联通 GSM 网的接入号为"130 ～ 132""155 ～ 156"；

SN（Subcriber Number）——用户号码，采用等长 8 位编号计划。

MSISDN 的前面部分 CC+NDC+H0H1H2H3 其实就是用户所属 HLR 的地址。

如一个 GSM 联通手机号码为 861300737XXXX，86 是国家码（CC）；130 是 NDC，用于识别网络接入号；0737XXXX 是用户号码的 SN，其中 0737 用于识别归属区，说明这是一个湖南益阳的用户。

2. 国际移动用户识别码（IMSI）

值得说明的一点是，虽然作为用户的我们平时都是用的 MSISDN 号，但对于通信设备识别用户而言，它们有自己的方式，并不用 MSISDN 号，而是使用自己的一套编号计划。

为了在无线路径和整个 GSM 移动通信网上正确地识别某个移动用户，就必须为移动用户分配一个特定的识别码。这个识别码称为国际移动用户识别码（IMSI，International Mobile Subscriber Identity），用于 GSM 移动通信网的所有信令中，存储在用户识别模块（SIM）、HLR、VLR 中。

MSISDN 与 IMSI 的关系有点类似于一个人的姓名与身份证号的关系，虽然我们平时都是以姓名相称呼，但是公安局也好、民政局也罢，还是通过身份证号来唯一地识别个体。就像姓名还可以去修改，但是身份证号却不会变一样，用户也可以去运营商处修改号码，只要 SIM 卡没扔，你的 IMSI 号还是不会变。

IMSI 号码结构为：

$$IMSI = MCC+MNC+MSIN$$

式中　MCC（Mobile Country Code）——移动国家号码，由 3 位数字组成，唯一地识别移动用户所属的国家，我国为 460；

MNC（Mobile Network Code）——移动网号，由 2 位数字组成，用于识别移动用户所归属的移动网，中国移动的 GSM PLMN 网为 00，中国联通的 GSM PLMN 网为 01；

MSIN（Mobile Station Identity Number）——移动用户识别码，采用等长 10 位数字构成，用于唯一地识别国内 GSM 移动通信网中的移动用户。

3. 位置区识别码（LAI，Location Area Identity）

LAI 代表 MSC 业务区的不同位置区，用于移动用户的位置更新。现网中通常一个 BSC 分配一个 LAI 号，这样比较简单。其号码结构为：

$$LAI = MCC + MNC + LAC$$

式中　MCC——移动用户国家码，用于识别一个国家，同 IMSI 中的前 3 位数字；

MNC——移动网号，用于识别国内的 GSM 网，同 IMSI 中的 MNC；

LAC——位置区号码，用于识别一个 GSM 网中的位置区，LAC 的最大长度为 16 bit，在一个 GSM PLMN 中可定义 65 536 个不同的位置区。

4. 全球小区识别码（CGI，Cell Global Identifier）

如果说 LAI 能精确到某个用户处于哪个区域的话，那么 CGI 号就可以区分到这个用户具体是在哪个基站的哪个扇区下了。通常情况下，一个基站有 3 个扇区。它的结构是在位置区识别码（LAI）后加上一个小区识别码（Cl，Cell Identity），其结构为：

$$CGI = MCC + MNC + LAC + CI$$

式中　MCC——移动用户国家码，用于识别一个国家；

MNC——移动网号，用于识别国内的 GSM 网；

LAC——位置区号码（在一个 GSMPLMN 中，可定义 65 536 个不同的位置区）；

CI——小区识别代码。

到这里 GSM 的网络结构和编号计划就探讨完了，至于其他的 MSRN 号、HONR 号、TMSI 号、BSIC 号、IMEI 号，大家查找相关资料，就不在这里讨论了。

7.3　项目实施

任务 1　硬件测试环境搭建

本项目采用了 3G DTU 模块。

1. 路由器的映射

如果用户经过路由器上网，首先要对路由器进行映射设置，否则数据到路由之后不知道分配给哪个内部 IP 地址，最终也不能连接到服务器端。对于路由器的设置大致相同，在此只用 D-LINK 路由器举例。

在电脑开始程序里打开控制面板，并找到网络和共享中心，如图 7.15 所示。

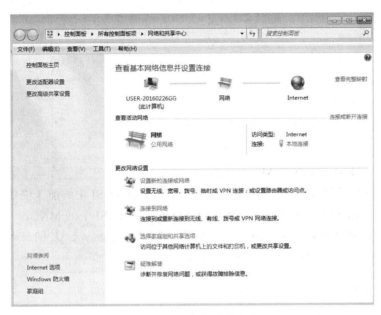

图 7.15　网络和共享中心

单击"本地连接"，出现本地连接状态的窗口，如图 7.16 所示。

图 7.16　本地连接状态

单击"详细信息"按钮，出现网络连接详细信息的窗口，如图 7.17 所示。

图 7.17　网络连接详细信息

由图 7.17 可知，其中本机经过路由后的 IP 地址是 192.168.0.90，默认网关为 192.168.0.1，则在浏览器地址栏输入网关：192.168.0.1，进入登录界面，如图 7.18 所示。

图 7.18　D-Link 登录界面

输入路由器的用户名和密码，登录路由器设置界面，如图 7.19 所示。

图 7.19　路由器设置界面

点击"高级选项"，进入"端口映射"界面。这里的 IP 是 192.168.0.90，所以映射的 IP 地址也是 192.168.0.90（请注意这里把端口设置为 2 000，稍后的服务器和 DTU 的端口也要设置为 2 000，否则是连不通的），如图 7.20 所示。

图 7.20　地址映射

至此，我们完成了对路由器的映射。不同的路由器设置方法大同小异，参考相关资料就可以轻松完成。

2. 查本机的公网 IP 地址

登陆 www.ip138.com，可以看到公网 IP 是 219.147.22.46，如图 7.21 所示，下文会用到这个公网 IP。

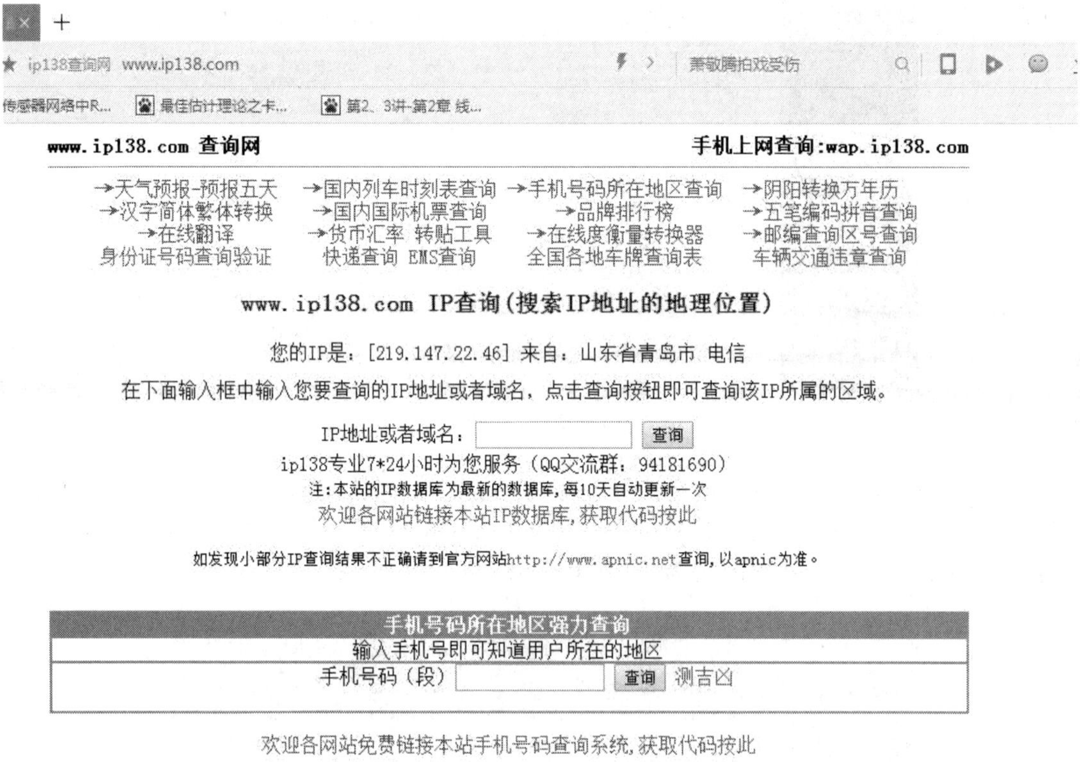

图 7.21　查看公网 IP

3. 硬件准备，设备连接

（1）将天线与 DTU 相连。

（2）将设备支持的 SIM 卡放入 DTU 卡座内（设备内置卡座旁有个黄色按点，用尖物体按下就弹出卡槽）。

（3）将 DTU 与计算机用串口延长线连接起来。

（4）将提前准备好的外接电源插在 DTU 的 DC 电源孔上，另一头上电。

4. 配置 DTU

（1）在目录"光盘/软件/项目 7"下，双击"IP MODEM 网关配置软件 V2.91.exe"（该版本为升级版本），打开 DTU 配置软件，界面如图 7.22 所示。

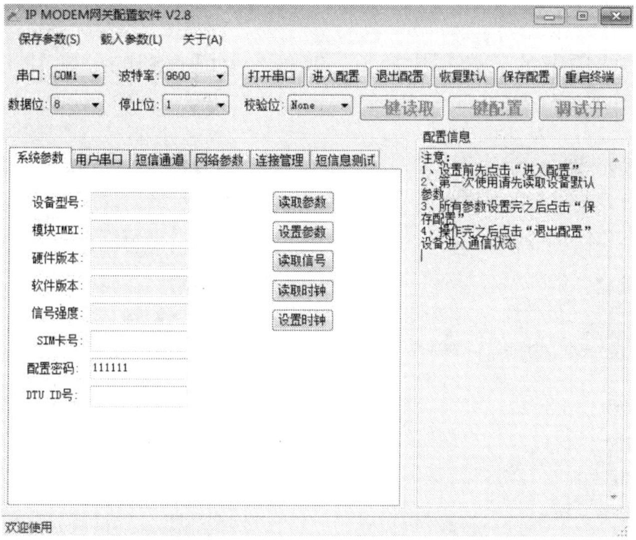

图 7.22　打开 DTU 配置软件

首先对左上侧的"串口参数"进行设置，用户可根据实际情况选择相应的串口号【右击"计算机"，点击"管理"→"设备管理器"→"端口（COM 和 LPT）"，就可找到端口显示，当前本机串口号是 COM1】，在配置软件选择串口号，并设置波特率为 9 600，停止位为 1，校验位 None，如图 7.23 所示。

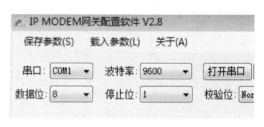

图 7.23　配置软件的参数设置

（2）读取 DTU 参数。

单击"打开串口"按钮，再单击"进入配置"，如图 7.24 所示。通过点击"读取参数"按钮对 DTU 的参数进行读取。

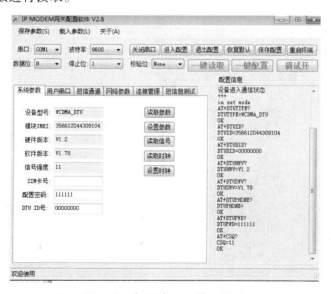

图 7.24　打开串口，进入配置

（3）设置参数。

在"网络参数"选项卡的"数据中心 0"处写入上面查到的公网 IP 地址，在"中心端口 0"处写入 2 000，如图 7.25 所示。用鼠标左键单击"设置参数"按钮，最后"退出配置"。

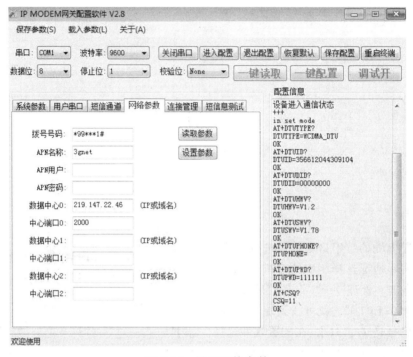

图 7.25　设置网络参数

5. 服务器部分

解压"光盘/软件/项目 7"目录下的压缩包"3G DTU TCP&UDPDebug 测试软件.rar"，在解压缩后的文件夹中，双击软件"TCPUDPDbg.exe"，打开服务器软件，界面如图 7.26 所示。

图 7.26　服务器软件界面

　　单击"创建服务器"，界面如图所示，设置"本机端口"为 2 000（该端口在前文路由器中已设置），如图 7.27 所示。如果不经过路由，只需将此处的"监听端口"和 DTU 处的"主数据中心端口"设置成一样即可。注意：指定 IP 不要打勾。

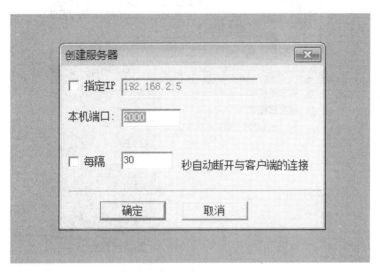

图 7.27　创建服务器

点击"确定"，界面如图 7.28 所示。

图 7.28　创建服务器完毕

　　关闭所有防火墙，然后单击"启动服务器"按钮，等待上线，大约需要等待 10 ~ 30 s 的时间，此时服务器软件界面如图 7.29 所示。

图 7.29　启动服务器

6. 上　线

成功上线的界面如图 7.30 所示。

图 7.30　成功上线

图中的客户端就是 DTU 的连接，通过上图可以看到是在线状态。

任务 2　数据传输测试

显示上线后，可以给 DTU 发送数据，在此以串口调试助手为例进行数据发送。在 TCP&UDP 测试工具窗口，退出并关闭参数配置，解除串口占用，然后打开串口调试助手（超级终端也可，只要能通过串口把数据送给 DTU）。选择串口 1，波特率和 DTU 的设为一致即 9 600，如图 7.31 所示。此时，就可在串口调试助手写入数据。

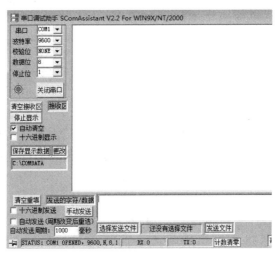

图 7.31　打开并设置串口调试助手

服务器向 DTU 发送的十六进制数据是 01 02 03 04 05，DTU 通过串口助手向服务器发送的十六进制数据是 06 07 08 09 10。其中，服务器端发送接收数据如图 7.32 所示。

图 7.32　服务器收发数据

DTU 发送接收数据如图 7.33 所示。

图 7.33　DTU 收发数据

上面所述的数据传输是 DTU 应用最简单的一个方案，它还有其他更广泛和灵活的应用，可根据实际需要进行定制，如短信收发、服务器连接等。因为 DTU 是透明输入输出，所以不必考虑编解码的问题，也不必考虑传输方式的问题。

任务 3　车载网关 3 G 通信与服务器的连接

1. 路由器设置

按照任务 1 步骤，先建立路由器映射，再进行路由配置。

通过查看本地连接，得知默认网关为 192.168.0.1，在浏览器地址栏输入"192.168.0.1"进入登录界面。输入路由器的用户名和密码，进入路由器设置界面，点击"高级选项"，进入"端口映射"界面。当前主机的 IP 是 192.168.0.90，因此映射的 IP 地址也是 192.168.0.90。注意，此时设置端口号为 10002，如图 7.34 所示。

图 7.34　路由器设置

2. 服务器设置

按照任务 1 服务器设置部分搭建步骤，解压"光盘/软件/项目 7"目录下的压缩包"3G DTU TCP&UDPDebug 测试软件.rar"，在解压缩后的文件夹中，双击软件"TCPUDPDbg.exe"，打开服务器配置软件，创建服务器，设置端口号为"10002"，并启动服务器，启动结果如图 7.35 所示。

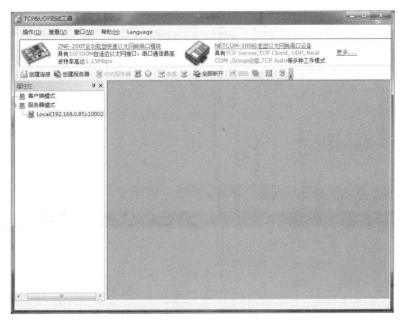

图 7.35　创建 PC 端服务器

将联通 3G SIM 卡插入网关卡槽中，再给网关上电，进入"通信配置"→"网络配置"界面。选择 WCDMA，进行 3G 网络配置，如图 7.36 所示。

图 7.36　网络配置

点击"连接"，会提示连接成功，如图 7.37 所示。

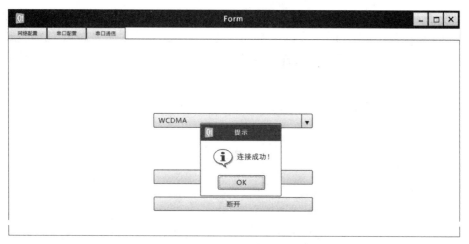

图 7.37　3 G 连接成功

返回主页面，进入"服务器设置"界面，如图 7.38 所示。

图 7.38　服务器配置界面

输入服务器 IP 地址和端口号，点击设置，如图 7.39 所示。注意：端口号和之前设置的服务器端口号相同。

图 7.39　输入服务器 IP 地址和端口号

若网关成功连接到服务器，PC 服务器软件显示连入客户端，如图 7.40 所示。

图 7.40　网关成功连接到服务器

7.4　项目实训——通过 3 G 网络传输 GPS 数据

DTU 模块将 GPS 模块数据通过 3 G 通信协议传送到服务器

1. DTU 设置

（1）双击 DTU 配置软件图标"光盘/软件/项目 7"下的 DTU 配置软件，如图 7.41 所示。

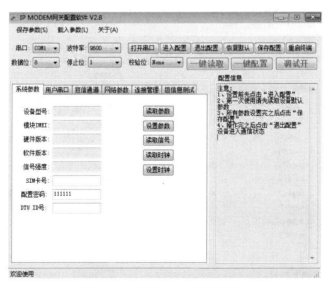

图 7.41　打开 DTU 配置软件

在此，先对左上侧的"串口参数"进行设置，用户可根据实际情况选择相应的串口号（当前主机是 COM1），波特率为 9 600，停止位为 1，校验位 None，如图 7.42 所示。

（2）依次点击"打开串口"→"进入配置"，通过点击"读取参数"按钮对 DTU 的参数进行读取，如图 7.43 所示。

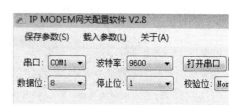

图 7.42　设置串口参数

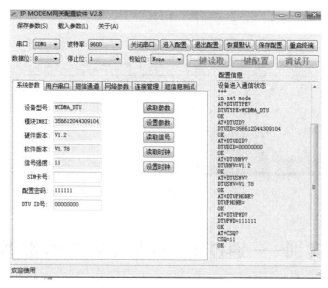

图 7.43　读取 DTU 的参数

（3）如图 7.44 所示，在"网络参数"选项卡的"数据中心 0"处写入上文查到的公网 IP 地址，在"中心端口 0"处写入 2 000，然后单击"设置参数"按钮，最后"退出配置"。

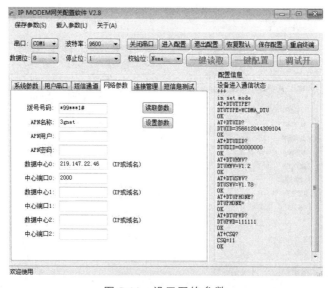

图 7.44　设置网络参数

2. 服务器设置

双击前面用到的服务器软件"TCPUDPDbg.exe"，打开服务器软件，如图 7.45 所示。

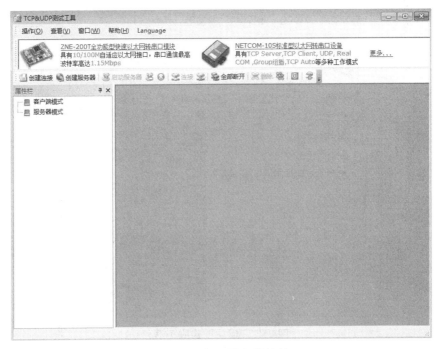

图 7.45　打开服务器软件

单击"创建服务器"，设置本机端口为 2 000（注：该端口号在路由器中已做设置），如图 7.46 所示。如果不经过路由，只要将这里的"监听端口"和 DTU 处的"主数据中心端口"设置成一样的即可。注意指定 IP 不要打勾。

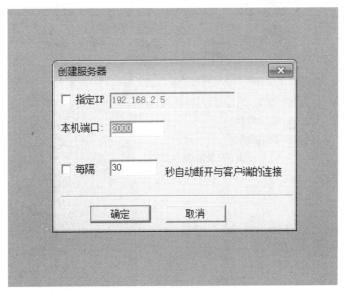

图 7.46　创建服务器

然后点击"确定",如图 7.47 所示。

图 7.47　成功创建服务器

关闭所有的防火墙,单击"启动服务器"按钮,等待上线,大约需要等待 10~30 s 的时间,如图 7.48 所示。

图 7.48　启动服务器

服务器上线，如图 7.49 所示。

图 7.49　服务器上线

图中的绿色的客户端就是 DTU 的连接，通过图 7.49 可以看到服务器是在线状态。将 GPS 模块与 DTU 串口线连接如图 7.50 所示。

图 7.50　GPS 模块与 DTU 串口线连接图

给协调器供电，打开 GPS 模块开关，如图 7.51 所示。

图 7.51　给协调器供电

服务器接收到 GPS 数据，如图 7.52 所示。

图 7.52　服务器接收到 GPS 数据

思考与练习

一、选择题

1. 常用的多址技术有哪几种？（　　　）
   A. 频分多址（FDMA）
   B. 时分多址（TDMA）
   C. 码分多址（CDMA）
   D. 空分多址（SDMA）

2. 我国目前有三大运营商获得了 3 G 牌照，其中，CDMA2000 是由（　　　）在运营。
   A. 中国联通
   B. 中国移动
   C. 中国电信
   D. 中国铁通

3. 在网络子系统中，（　　　）的作用是存储用户的密钥，保证系统能可靠识别用户的标志，并能对业务通道进行加密。
   A. MSC
   B. OMC
   C. AUC
   D. EIR

4. 根据通信原理中香农公式原理，采用扩频通信的基本原理是用频带换取（　　　）。
   A. 信噪比
   B. 传输功率
   C. 误码率
   D. 误块率

5. 为正确地识别某个移动用户而给该用户分配的一个特定的识别码，该码存储在用户的 SIM 卡、HLR、VLR 中，该码是（　　　）。
   A. 移动用户 ISDN 号码 MSISDN
   B. 国际移动用户识别码 IMSI
   C. 移动用户漫游号码 MSRN
   D. 临时移动用户识别码 TMSI

6. GSM 系统采用 TDMA，每个载波分为（　　　）时隙。
   A. 4
   B. 8
   C. 16
   D. 32

7. 移动台可以任意移动但不需要进行位置更新的区域称为（　　　）。
   A. 小区
   B. 基站区
   C. 位置区
   D. MSC 区

二、简答题

1. 简述为什么选用正六边形作为小区的基本图形。
2. 简述大区制与小区制的区别。为什么小区制能满足用户增长需求？
3. 简述蜂窝移动通信系统中，用来提高频谱利用率的技术。

参考文献

［1］ 郎为民. 大话物联网[M]. 北京：人民邮电出版社，2011.

［2］ 郑阿奇. Visual C++ 网络编程教程[M]. 北京：电子工业出版社，2013.

［3］ 杨波，周亚宁. 大话通信——通信基础知识读本[M]. 北京：人民邮电出版社，2009.

［4］ 张鸿涛，徐连明，刘臻. 物联网关键技术及系统应用（第二版）[M]. 北京：机械工业出版社，2016.

［5］ 杨琳芳，杨黎. 无线传感网络技术与应用项目化教程[M]. 北京：机械工业出版社，2016.

［6］ 曾宪武，高剑. 物联网通信技术[M]. 西安：西安电子科技大学出版社，2014.

［7］ 黄玉兰. 物联网传感器技术与应用[M]. 北京：人民邮电出版社，2014.